W0254033

ALLE ZEIT WACH
1842

Ultraschallseminar

Herausgegeben von
H. Lutz B.-J. Hackelöer G. van Kaick

H. Lutz B.-J. Hackelöer
G. van Kaick U. Räth

Ultraschall-anatomie

Mit 221 Abbildungen

Springer-Verlag
Berlin Heidelberg New York Tokyo

Prof. Dr. med. HARALD LUTZ
Medizinische Klinik I,
Städtische Krankenanstalten,
D-8580 Bayreuth

Prof. Dr. med. BERNHARD-JOACHIM HACKELÖER
Universitäts-Frauenklinik und
Hebammenlehranstalt, Pilgrimstein 3,
D-3550 Marburg

Prof. Dr. med. GERHARD VAN KAICK
Deutsches Krebsforschungszentrum,
Im Neuenheimer Feld 280,
D-6900 Heidelberg

Dr. med. ULRICH RÄTH
Deutsches Krebsforschungszentrum,
Im Neuenheimer Feld 280,
D-6900 Heidelberg

CIP-Kurztitelaufnahme der Deutschen Bibliothek
Ultraschallanatomie / H. Lutz ...
Berlin; Heidelberg; New York; Tokyo: Springer, 1986.
(Ultraschallseminar)
ISBN-13: 978-3-642-82024-3 e-ISBN-13: 978-3-642-82023-6
DOI: 10.1007/ 978-3-642-82023-6
NE: Lutz, Harald [Mitverf.]

Satz: Druckerei Appl, Wemding
2121/3130-543210

Vorwort

Die Ultraschalldiagnostik hat sich in den vergangenen Jahren so stark entwickelt und ausgebreitet, daß selbst die Erwartungen von Optimisten übertroffen wurden. Gleichzeitig ist eine zunehmende gerätetechnische und organbezogene Spezialisierung in den verschiedenen Fachbereichen zu beobachten. So haben sich für die B-Bild Diagnostik neben dem Bauchraum zusätzliche Anwendungsgebiete eröffnet wie z. B. die Schilddrüse, die Halsschlagadern, die weibliche Brust, das Gehirn des Säuglings, die Säuglingshüfte und nicht zuletzt das Herz. Im Rahmen dieser Entwicklung sind verschiedene Lehrbücher und Atlanten der Echographie erschienen, in denen das klinische Erfahrungswissen seinen Niederschlag findet.

Vor diesem Hintergrund stellt sich die Frage, welche Aufgabe einer neuen Fachbuchreihe für Ultraschalldiagnostik zukommt. Die Herausgeber haben sich zum Ziel gesetzt, einen Beitrag zur besseren Ausbildung und Fortbildung zu leisten und der Spezialisierung der echographischen Diagnostik gerecht zu werden. Die verschiedenen Teilgebiete sollen daher übersichtlich und verständlich von Fachleuten in komprimierter Weise dargestellt werden. Diese Reihe wird somit ein nach den Bedürfnissen der angewandten echographischen Diagnostik wachsendes Werk sein. Für den Ultraschallanwender ist von Vorteil, daß er mit einzelnen Bänden direkt in seinem Spezialgebiet angesprochen wird.

Der erste Band dieser Reihe entspricht dem oft geäußerten Wunsch von Kursteilnehmern nach einer Zusammenstellung der echographischen Anatomie, d. h. jener anatomischen Strukturen, die echographisch erkennbar sind. Dabei mußten sowohl die Untersuchungstechnik als auch die Variationen der einzelnen Organe und die aus technischen Fehlern und Organvariationen resultierenden möglichen Fehlbeurteilungen Berücksichtigung finden. Aus didaktischen Gründen, vor allem zur übersichtlicheren Darstellung größerer Organe und Untersuchungsbereiche wurde zum Teil auf Bilder zurückgegriffen, die mit Compound-Technik gewonnen wurden, obwohl diese heute nur noch an wenigen Zentren routinemäßig angewandt wird. Im Sinne der Zielsetzung der Reihe „Ultraschallseminar" sind die Herausgeber für Anregungen bezüglich der Thematik und Gestaltung zukünftiger Bände stets offen und dankbar. Dem Springer-Verlag danken die Autoren für die hervorragende Betreuung bei der Entstehung des Buches.

Herbst 1985

H. Lutz
B.-J. Hackelöer
G. van Kaick

Inhaltsverzeichnis

1 Geräte und Untersuchungsgang

1.1 Geräte

Hinsichtlich Abtastvorgang, Geschwindigkeit des Bildaufbaus, Bildfolgefrequenz, und Scanart kann man die Ultraschall-B-Scan-Geräte in der in Abb. 1.1 angegebenen Weise unterscheiden. Zusätzlich gibt es dann noch die Möglichkeit des direkten Kontaktscans, wobei das Gerät auf die Hautoberfläche aufgesetzt wird, und die Möglichkeit, eine Wasservorlaufstrecke zwischen den Schallkopf und die Körperoberfläche zu schalten.

Von einem universell geeigneten Gerät und erst recht von einer universell für alle möglichen Anwendungen geeigneten Ultraschallfrequenz kann heute nicht mehr ausgegangen werden. Vielmehr sind für jede Körperregion und für jedes Organ besondere Anforderungen zu erfüllen im Hinblick auf

- Eindringtiefe,
- Abbildungsbreite,
- Scanart,
- Auflösungsvermögen.

So ist es z. B. bei einer Untersuchung der Schilddrüse, aber auch etwa der Bauch- oder Thoraxwand notwendig, daß das Gerät von der Hautoberfläche an ein auswertbares Bild zeigt. Der Fokus muß also sehr nahe am Transducer liegen. Eine andere Lösung bietet die Möglichkeit, eine Wasservorlaufstrecke

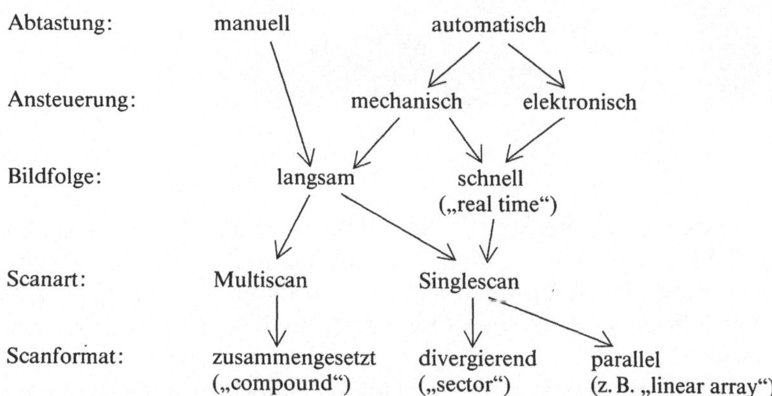

Abb. 1.1. Einteilung der zweidimensionalen Ultraschall-B-Scan-Geräte nach physikalisch-technischen Eigenschaften

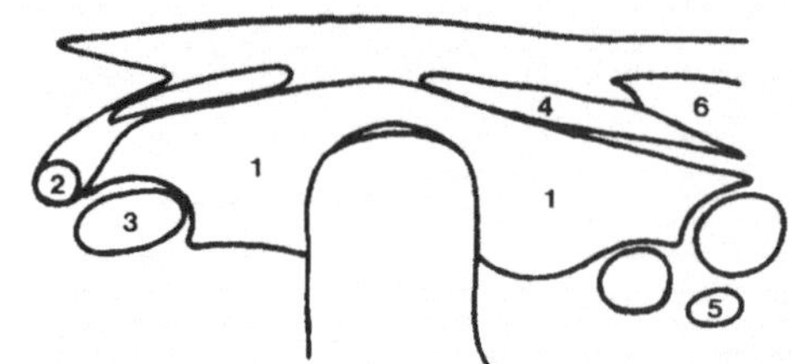

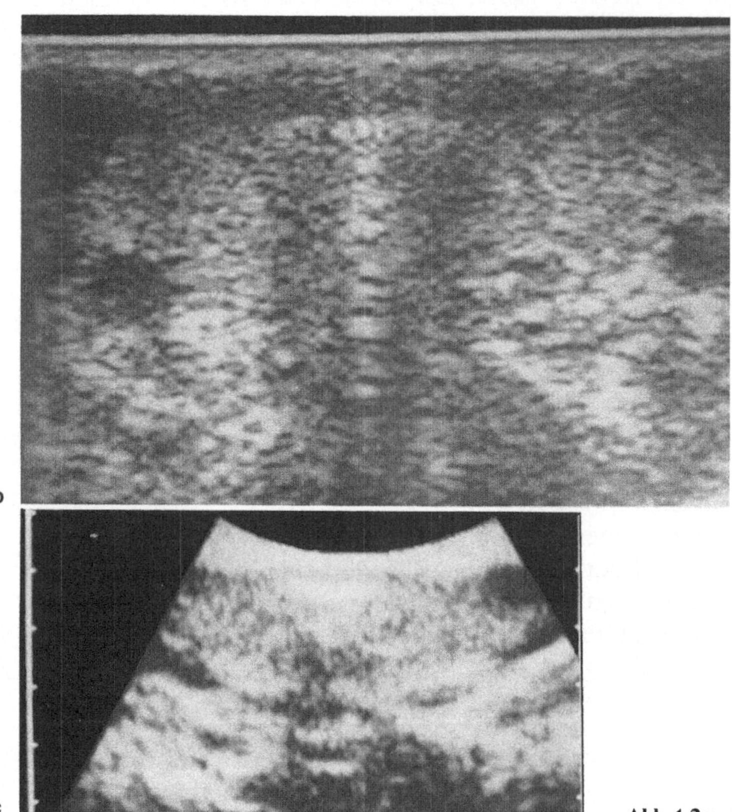

Abb. 1.2 a–c

vorzuschalten. Die Schallfrequenz kann in dieser Situation hoch, d.h. über 5–7,5 MHz gewählt werden, was automatisch ein besseres Auflösungsvermögen bringt. Bei Real-time-Geräten wird dadurch zwar die Scanbreite limitiert, dies fällt aber bei kleinen Organen („small parts") nicht so sehr ins Gewicht (Abb. 1.2 a–g).

Ein abdomineller Scanner zur Untersuchung der inneren Organe benötigt dagegen eine Eindringtiefe von mindestens 15–18 cm. Damit sind vergleichsweise nur niedrige Frequenzen anwendbar, etwa zwischen 2,5 und 3,5 MHz. Das schließt natürlich nicht aus, daß bei besonders schlanken Individuen oder Kindern auch Frequenzen um 5 MHz (zusätzlich) eingesetzt werden können.

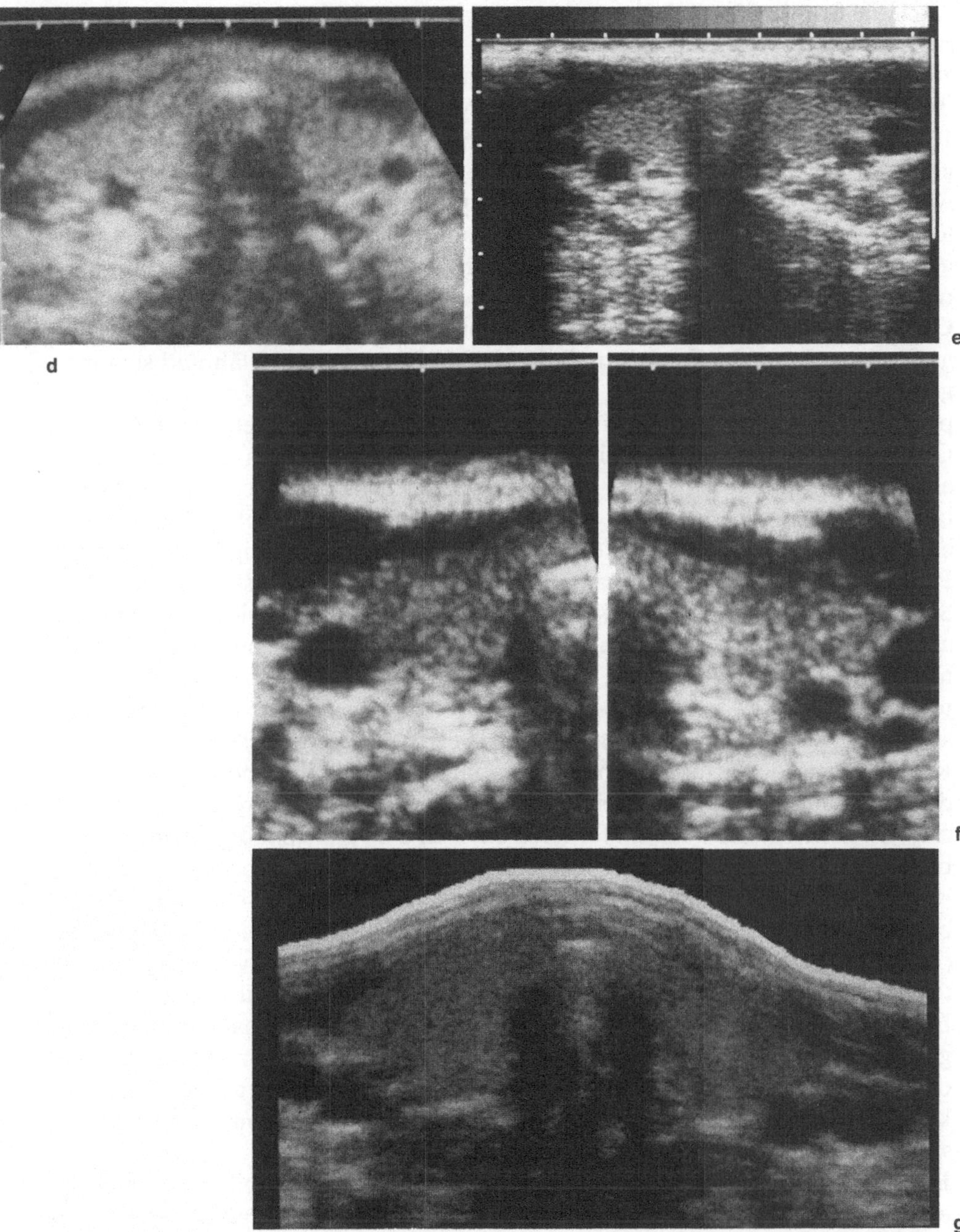

Abb. 1.2a–g. Auswirkung unterschiedlicher Frequenzen und unterschiedlicher Applikation auf die Bildqualität am Beispiel der Schilddrüse. **a** Schemazeichnung; Scannertypen: **b** Linear-array-3,5 MHz; **c** Sektor-3,5 MHz; **d** Sektor-3,5 MHz, Wasservorlaufstrecke; **e** Linear-array-5 MHz; **f** Sektor 7 MHz; **g** Compound-7,5 MHz. Die Geräte **b** und **c** (abdominelle Scanner) sind für die Schilddrüsendiagnostik nicht geeignet. Die Gerätetypen **d** und **e** sind durch Wasservorlaufstrecke bzw. Erhöhung der Frequenz den Untersuchungserfordernissen angepaßt. Beste Ergebnisse bringen die Gerätetypen **f** und **g** sog. Small-parts-Scanner. **f** wurde aus 2 Originalbildern montiert
Zu **a**: *1* Schilddrüse; *2* V. jugularis; *3* A. carotis; *4* M. sternohyoideus und M. sternothyreoideus; *5* A. thyreoidea; *6* M. sternocleidomastoideus

Auch die Scanbreite muß dieser Körperregion angepaßt werden, damit wenigstens mittelgroße Organe, wie etwa Nieren, Pankreas oder Gallenblase, im ganzen Durchmesser auf dem Ultraschallbild abgebildet werden können. Auch für die topographische Orientierung ist eine minimale Abbildungsbreite von etwa 10 cm erforderlich. Die Abbildungsbreite kann im übrigen aufgrund der relativ geringen Schallgeschwindigkeit bei Real-time-Geräten nicht beliebig breit gewählt werden. Vielmehr muß hier ein Kompromiß zwischen Liniendichte (Auflösungsvermögen!), Eindringtiefe und Abbildungsbreite sowie Bildfrequenz gefunden werden, da sich diese Faktoren gegenseitig beeinflussen und limitieren.

Gerade für den Bauchraum läßt sich im übrigen die Frage nach dem am besten geeigneten Geräte heute noch nicht endgültig beantworten. Während sich insgesamt die Anwendung von Real-time-Geräten gegenüber den sog. Compoundscangeräten durchgesetzt hat, ist die Frage, welches Gerät in der ersten Gruppe für die Untersuchung im Bauchraum am geeignetsten ist, noch durchaus offen. Während die Frage, ob ein elektronisches oder mechanisches Gerät besser ist, für den Untersucher so lange relativ uninteressant bleibt, wie die elektronischen Geräte im Auflösungsvermögen nicht eindeutig besser und im Preis noch wesentlich teurer als die mechanischen Geräte sind, ist u.a. die Scanart ein Gegenstand der Diskussion. Hier stehen sich im Prinzip das Linear-array-Gerät mit parallelem Strahlengang und der (mechanische) Sektorscanner mit divergentem Strahlengang gegenüber. Beide Gerätetypen haben ihre Vor- und Nachteile. So ist der Sektorscanner besser geeignet zur Beurteilung schlecht erreichbarer Körperregionen, wie etwa des kleinen Beckens oder der Region hinter den Rippen. Andererseits sind die Abbildungsbreite und auch die Bildqualität im nahen Bereich nur mäßig. Das Linear-array-Gerät dagegen zeigt im nahen sowie auch im ferneren Bereich eine gleichmäßige Abbildungsbreite, was besonders dem weniger Erfahrenen die topographische Orientierung erleichtert. Zusätzlich sind v.a. quer zur Scanrichtung liegende Organe besser abzugrenzen, wie unserer Erfahrung nach beispielsweise das Pankreas (Abb. 1.3a–f). Die Ankopplung dagegen kann durchaus Schwierigkeiten bieten, da eine breitere gleichmäßige Ankopplungsfläche notwendig ist.

Insgesamt läßt sich also die Frage Linear-array- oder Sektorscanner nicht endgültig beantworten. Beide Systeme stellen in gewisser Weise einen Kompromiß dar, so daß ein Gerät mit umschaltbarer Scanart im Hinblick auf die Leichtigkeit einer Untersuchung im Bauchraum die günstigste und komfortabelste Lösung für den Anwender darstellt.

Bei den einzelnen Kapiteln folgen noch Hinweise auf die jeweils am besten geeigneten Geräte im Hinblick auf Frequenz, Scanbreite und Scanart.

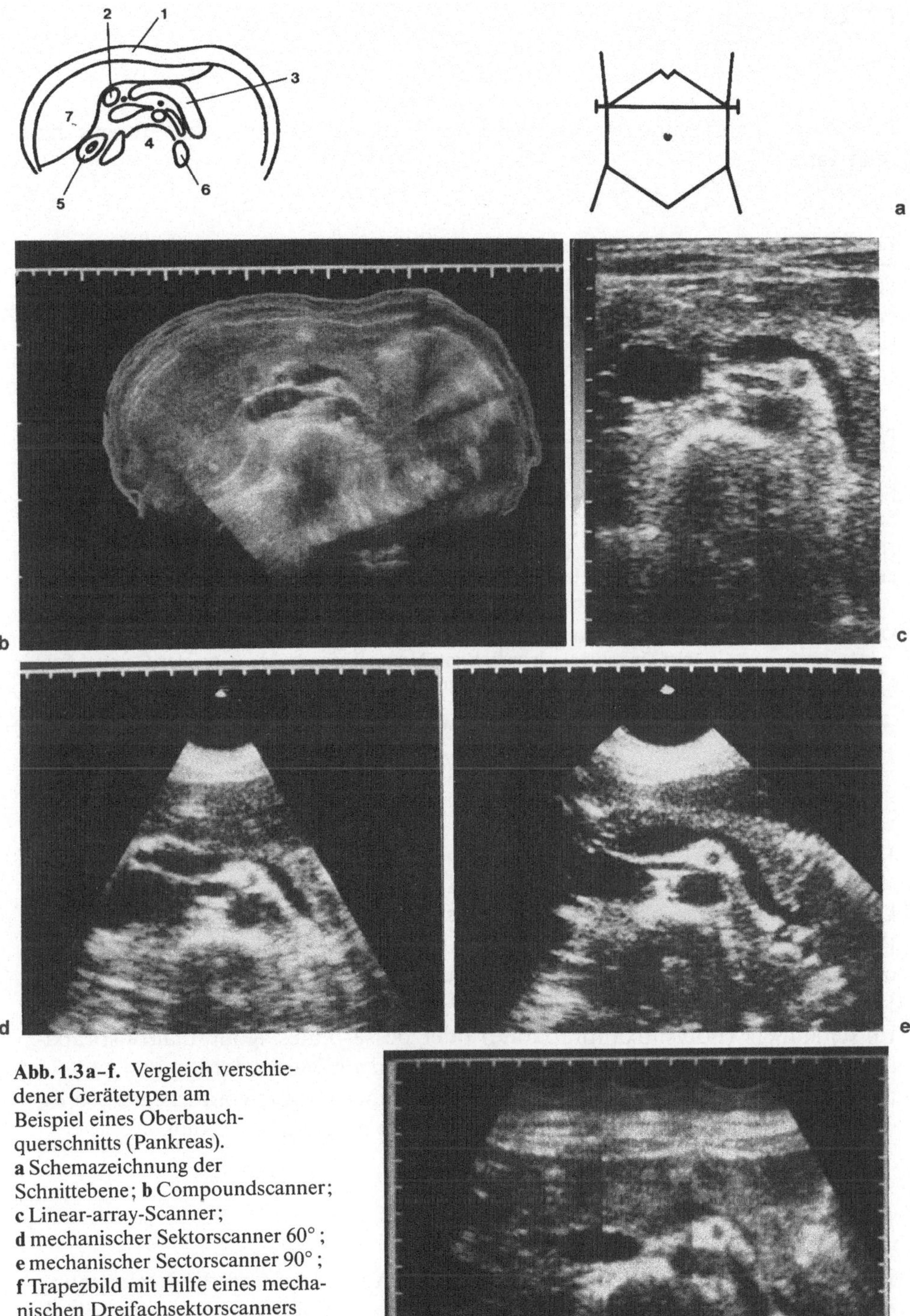

Abb. 1.3a–f. Vergleich verschiedener Gerätetypen am Beispiel eines Oberbauchquerschnitts (Pankreas). **a** Schemazeichnung der Schnittebene; **b** Compoundscanner; **c** Linear-array-Scanner; **d** mechanischer Sektorscanner 60°; **e** mechanischer Sectorscanner 90°; **f** Trapezbild mit Hilfe eines mechanischen Dreifachsektorscanners
Zu **a:** *1* Bauchdecke; *2* Gallenblase; *3* Pankreas; *4* Wirbelsäule; *5* Niere; *6* M. psoas; *7* Leber

1.2 Untersuchungsgang

Eine Zusammenfassung der folgenden Ausführungen zum Untersuchungsgang zeigt Tabelle 1.1.

Tabelle 1.1. Wichtige Punkte des Untersuchungsablaufs

Vorbereitung:	Nüchtern, entbläht, abgeführt
Vor der Untersuchung:	Patientenidentifikation, Anamnese, Information über radiologische Vorbefunde, Palpation, Auftragen des Kopplungsmittels
Geräteüberprüfung:	Kontrolle des Dokumentationsmaterials, Auswahl des Schallkopfs, Testung der Gesamtverstärkung und des Tiefenausgleichs
Patientenlagerung:	Bei Untersuchungen im Abdominalbereich: Rückenlage, Rechts- und Linksseitenlage, Bauchlage (Unterpolsterung), im Stehen oder im Sitzen
Echographische Schnittführung:	Transversal, longitudinal, subkostal, interkostal, schräger Flankenschnitt
Untersuchungstechnische Hilfen:	Atemtechnik, Auffüllen des Magens bzw. der Harnblase mit Flüssigkeit, Massage lufthaltiger Magen-Darm-Abschnitte, Positionswechsel des Patienten, Reizmahlzeit, nochmaliges Einbestellen des Patienten
Dokumentation:	Aufnahme von pathologischen Befunden in 2 Ebenen, grundsätzlich bildliche Dokumentation auch von Normalbefunden des gefragten Organs, Ausmessen von Distanzen, schriftlicher Bericht unterteilt in Fragestellung, Befund und Beurteilung

1.2.1 Vorbereitung

Untersuchungen des Abdominalraumes sollten grundsätzlich beim nüchternen Patienten erfolgen. Eine Stuhlentleerung vor der Untersuchung ist anzustreben und muß gegebenenfalls durch Verordnung von Laxanzien gefördert werden. Keine blähenden Speisen am Tag vor der Untersuchung! Die Verordnung eines Entschäumers (Polysiloxanpräparate) oder besser eines Kombinationspräparats (Entschäumer mit Pankreasfermenten) wird zur Verhinderung von Meteorismus empfohlen. Patienten, bei denen eine Laparoskopie vorausgegangen ist, sollten frühestens 3 Tage danach echographisch untersucht werden.

1.2.2 Vor der Untersuchung

Entscheidend ist die Erhebung der aktuellen Anamnese und die Bestimmung der daraus resultierenden klinischen Fragestellung. Vorangegangene radiologische Untersuchungen sollten in ihrem Ergebnis bekannt sein. Eine ausreichende Entkleidung des Patienten ist ausnahmslos zu fordern!

Die Untersuchung beginnt mit einer vorsichtigen manuellen Palpation des Untersuchungsbereiches und ggf. einer genauen Lokalisation der Schmerzregion.
Der untersuchende Arzt sollte eine möglichst entspannte Haltung im Sitzen einnehmen; eine verkrampfte Stellung beeinflußt unmerklich die Qualität der Untersuchung.

1.2.3 Geräteüberprüfung

Nach Überprüfung des Dokumentationsmaterials und der Patientenidentifikation folgt die Auswahl des Applikators (3,5 MHz im Abdominalbereich; 5-7 MHz für hautnahe Organe). Bei der Untersuchung hautnaher Organe kann man ggf. zur besseren Ausnutzung des Fokusbereichs einen Wasservorlauf verwenden.
Wichtig ist die Kontrolle des Tiefenausgleichs bzw. der Gesamtverstärkung. Die individuelle Einstellung des Tiefenausgleichs kann im subkostalen Schrägschnitt der Leber getestet werden. Wenn keine pathologischen Verhältnisse in der Leber vorliegen, sollte das Reflexmuster der Leber im Nah- und Fernbereich von gleicher Intensität sein.
Bei der bildlichen Dokumentation ist darauf zu achten, daß der Querschnitt vom Fuß des Patienten her und der Längsschnitt aus der Perspektive von rechtslateral gesehen wird.

1.2.4 Lagerung des Patienten

Untersuchungen des Abdominal- und Retroperitonealraums werden in der Regel in Rückenlage vorgenommen. Die Arme liegen dabei locker seitlich neben dem Körper. Durch Unterpolsterung läßt sich die Rückenlage variieren. Bei speziellen Fragestellungen im Bauchraum (retroperitoneale Lymphknoten, große Gefäße und Pankreas) erreicht man durch eine Hyperlordosehaltung der Wirbelsäule bisweilen eine Verbesserung der Untersuchungsbedingungen.
Für die Untersuchung der Schilddrüse, der Nebenschilddrüse und der Halsgefäße wird dem Patienten ein Polster unter die Schulterblätter gelegt, so daß der Kopf nach hinten fällt; in dieser Hyperlordosestellung kann der Schallapplikator besser im Schilddrüsenbereich aufgesetzt werden. Diese Lagerung ist für den Patienten nicht angenehm; sie sollte aber unbedingt eingehalten werden.
Die Untersuchung der weiblichen Brust mit direktem Hautkontakt des Applikators erfolgt in Rückenlage. Die betreffende Brust kann durch Unterpolsterung einer Schulter nach medial verlagert werden.
Die Untersuchung der Oberbauchorgane und der Nieren wird außer in Rückenlage auch in Rechts- und Linksseitenlage durchgeführt. Dies ist wichtig im Hinblick auf die Darstellung der Nieren, der lateralen und kranialen Leberan-

teile, des Hauptstamms der Pfortader bzw. des Ductus choledochus und der Milz. Der Patient nimmt den freien Arm über den Kopf; die Flanke der Gegenseite kann unterpolstert werden.
Bei Anwendung der Compoundscantechnik ist die Bauchlage die wichtigste Position für die Untersuchung der Nieren. Dem Patienten wird dabei ein Polster unter das Abdomen gelegt, oder die Patientenliege wird, wenn möglich, geknickt. Der dadurch erzielte Ausgleich der Lendenlordose führt zu einer Erweiterung des Schallfensters der Nierenregion. Für die Untersuchung in Real-time-Technik hat diese Patientenlagerung nur noch geringe Bedeutung.
Die Untersuchung im Stehen kann für die Beurteilung der Nieren und der Gallenblase von Interesse sein. Bei der Nierendiagnostik sollte sich der Patient nach vorn beugen (gestützt auf die Liege). Die Untersuchung der Gallenblase hingegen erfolgt in freiem Stand; es ist zu empfehlen, den Patienten mit einer Hand an der Schulter zu halten und etwas zu führen. Gebrechliche Patienten können ggf. auch schräg sitzend echographisch untersucht werden.

1.2.5 Untersuchungstechnische Hilfen

Vor Beginn der Untersuchung ist der Patient in der richtigen Atemtechnik zu unterweisen. Es kommt darauf an, daß er beim Einatmen den Bauch weit herausstreckt. Das Zwerchfell soll nach unten treten, damit die Oberbauchorgane in den nicht von Rippen überdeckten Abdominalraum verschoben werden. Durch das Tiefertreten des linken Leberlappens wird die Darstellung der Pankreasregion in der Regel verbessert. Bei manchen Patienten ist die Untersuchung in Atemmittellage jedoch am günstigsten. Es empfiehlt sich, den Patienten langsam atmen zu lassen und dabei die beste Position des Schallapplikators herauszufinden. Sichtbehinderungen durch überlagernde Rippen können durch Ausnutzung der Atemverschieblichkeit der Organe, insbesondere der Leber und der Nieren, ausgeglichen werden. Man läßt das Organ bei langsamer, tiefer Ein- und Ausatmung an dem freien Fenster zwischen den Rippen vorbeigleiten.
Störende Gaseinschlüsse im Darm - besonders in der Nähe von Gallenblase und Pankreas - können bisweilen durch Massagebewegungen mit der Hand verlagert werden. Einen ähnlichen Effekt hat auch der Positionswechsel des Patienten (z. B. Seitenlagerung oder Untersuchung im Stehen). Dabei weichen die Gaseinschlüsse teilweise nach kranial aus.
Die Darstellung des Pankreas, insbesondere der Pankreasschwanzregion, läßt sich durch Auffüllen des Magens mit Flüssigkeit verbessern. Der Patient trinkt dazu etwa 1 l Flüssigkeit (stilles Wasser!) mit einem Röhrchen. Die Untersuchung wird im Sitzen oder Stehen vorgenommen. Der Magen hängt dann wie ein voller Wasserschlauch nach unten und die Magenluft tritt in den Fundusbereich. Die Einstrahlrichtung verläuft daher schräg von kaudal nach kranial zur Pankreasregion.

Die volle Harnblase ist bei Untersuchungen des kleinen Beckens eine notwendige Voraussetzung. Der Patient muß ausreichend getrunken haben und sollte schon vor der Untersuchung Harndrang verspüren.
Für die Gallenblasendiagnostik kann zur Beurteilung der Kontraktionsfähigkeit eine Reizmahlzeit verabreicht werden. Komplikationen in Form von Gallenkoliken haben wir bei Steinträgern bisher nie erlebt.
Die Untersuchung des Mittelbauchs erfordert meist ein kräftigeres Einpressen des Schallkopfes in die Bauchwand, um näher an die retroperitonealen Organe heranzukommen und lufthaltige Darmabschnitte zu verdrängen. Die Bauchmuskulatur des Patienten sollte dabei entspannt sein; selbstverständlich darf der Untersucher keine Schmerzen auslösen.
Durch gleichzeitige Palpation und manuelle Kompression z.B. der Nieren kann die Organdarstellung und Untersuchung ebenfalls verbessert werden.
Eine wichtige technische Hilfe ist das Kopplungsmittel. Wenn die Untersuchung länger dauert, wird das Kontaktgel verstrichen und es verdunstet. Das Schallbild verschlechtert sich allmählich, was häufig vom Untersucher kaum bemerkt wird. Das fehlende Kontaktgel darf nicht durch erhöhten Druck auf den Applikator ersetzt werden!
Das letzte, aber oft entscheidende Hilfsmittel, besonders bei starkem Meteorismus, ist die Wiedereinbestellung des Patienten nach nochmaliger guter Vorbereitung.

1.2.6 Echographische Schnittführung

Während der Untersuchung und bei der bildlichen Dokumentation ist auf eine typische Schnittrichtung zu achten. Allgemein übliche Schnitte im Abdominal- und Retroperitonealbereich sind: Längs- und Querschnitte, subkostale Schrägschnitte, Interkostalschnitte, schräge Flankenschnitte und spezielle Organschnitte wie Schrägschnitte parallel zum Pankreaskörper und zur Nierenlängsachse (Abb. 1.4). Auf die Schnittführung bei den sonstigen Organen wird in den entsprechenden Kapiteln eingegangen.
Grundsätzlich empfiehlt es sich, den Applikator nur langsam unter ständiger Beobachtung des Monitors zu bewegen. Hat man ein Schallfenster gefunden, wird der Schallkopf nicht mehr weiter verschoben, sondern an der gleichen Stelle langsam nach rechts und links gekippt. Gegebenenfalls wird der Patient aufgefordert, langsam und tief zu atmen, so daß das betreffende Organ oder die pathologische Veränderung sich unter dem Schallkopf vorbeibewegen. Für die Beurteilung der Darmperistaltik - wichtig zur Unterscheidung von gefüllten Darmanteilen und echoarmen Raumforderungen - gilt ebenfalls, daß der Schallkopf längere Zeit an einer Stelle stehen bleiben muß.

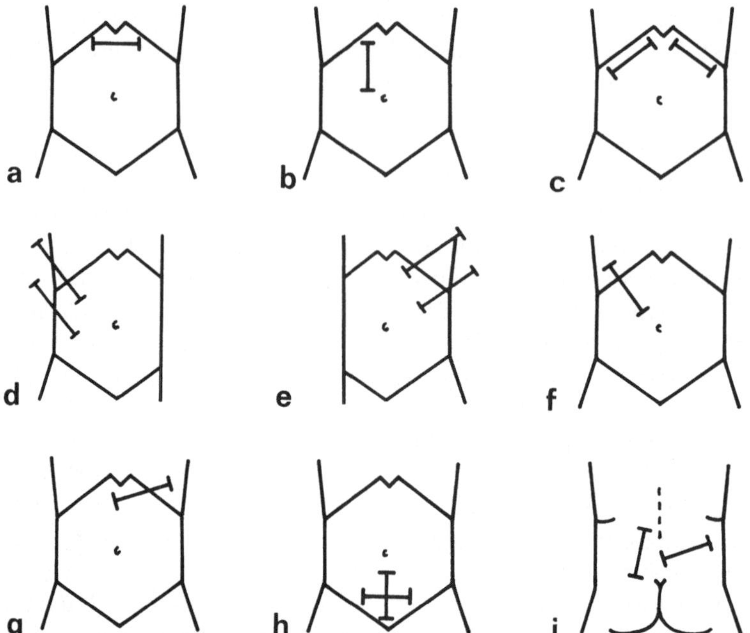

Abb. 1.4 a–i. Typische echographische Schnittführungen im Abdominal- und Retroperitonealraum.
a Querschnitte in unterschiedlicher Positionierung;
b Längsschnitte in unterschiedlicher Positionierung;
c subkostale Schrägschnitte rechts und links;
d rechtsseitiger Interkostalschnitt und schräger Flankenschnitt in Linksseitenlage;
e linksseitiger Interkostalschnitt und schräger Flankenschnitt in Rechtsseitenlage;
f Schrägschnitt entlang der Pfortader;
g Schrägschnitt entlang dem Pankreaskörper;
h suprapubischer Quer- oder Längsschnitt;
i dorsale Längs- und Querschnitte der Nieren in unterpolsterter Bauchlage

1.2.7 Dokumentation

Die Qualität einer Untersuchung wird besonders durch die Erstellung einer technisch einwandfreien bildlichen und einer präzisen schriftlichen Dokumentation ausgewiesen. Ein pathologischer Befund sollte zumindest in 2 Schnittrichtungen, d.h. in der Regel durch einen Longitudinal- und einen Transversalschnitt dokumentiert werden. Es besteht - kassenärztlich gesehen - Dokumentationspflicht für die im Untersuchungsauftrag genannten Organe, auch wenn kein pathologischer Befund vorliegt.

Einzelheiten der fototechnischen Dokumentation und der möglichen Fehler können hier nicht besprochen werden. Unerläßlich ist, daß die Schnittebene des betreffenden Bildes durch Skizze, Körperstempel oder eine in das Bild eingeblendete Positionsmarkierung festgehalten wird. Die meisten Ultraschallgeräte verfügen über eine elektronische Meßvorrichtung zur Bestimmung der Distanzen zwischen 2 wählbaren Bildpunkten. Das Meßergebnis kann millimetergenau in Digitalanzeige abgelesen werden. Man hüte sich aber vor dieser scheinbaren Genauigkeit! Die größten Meßfehler macht der Arzt selbst durch ungenaue Schnittführung, unscharfe Abgrenzung des Organs und willkürliche Annahme von Organgrenzen usw. Besonders im Hinblick auf Verlaufskontrollen müssen die jeweiligen Meßstellen und die dabei gewählte Schnittrichtung bzw. der Winkel des Applikators genau dokumentiert werden.

Die Untersuchung in Echtzeitdarstellung erfordert vom Arzt eine sofortige diagnostische Beurteilung. Viele Bilder des Untersuchungsganges werden zwar beobachtet, aber nicht gespeichert. Aus diesem Grund ist es ratsam, die schriftliche Dokumentation getrennt nach Fragestellung, Befund und Beurteilung möglichst unmittelbar nach der Untersuchung durchzuführen.

2 Kopf

2.1 Gehirn

2.1.1 Topographisch-anatomische Vorbemerkungen

Jede Hirnhälfte setzt sich aus dem Liquorraum (Seitenventrikel), den großen subkorticalen Kerngebieten (sog. Stammganglien), dem mächtigen Markmantel (weiße Substanz) und aus der die Oberfläche überziehende Hirnrinde zusammen. Diese Strukturen ordnen sich konzentrisch um das im Zentrum liegende Zwischenhirn an (Ferner, 1964).

Das Ventrikelsystem ist unterteilt in die beiden Seitenventrikel, den 3. und den 4. Ventrikel (Abb. 2.1). Die Seitenventrikel werden durch das Foramen interventriculare (Monroi) mit dem 3. Ventrikel verbunden. Letzterer kommuniziert mit dem 4. Ventrikel über den Aquaeductus cerebri (Sylvii). Der 4. Ventrikel geht nach kaudal in den Canalis centralis medullae spinalis über. Wichtig sind 3 Öffnungen, welche den freien Abfluß des Liquor cerebrospinalis in das Cavum subarachnoidale ermöglichen: die Apertura mediana (Magendi) öffnet sich in die Cisterna cerebellomedullaris; die beiden Aperturae laterales (Foramina Luschkae) münden über einen kleinen Fortsatz des 4. Ventrikels im Kleinhirnbrückenwinkel in die Cisterna basalis.

Die Seitenventrikel erscheinen hufeisenförmig um den Thalamus herum gelegen. Man unterscheidet zwischen dem Vorderhorn (Cornu anterius), einem zentralen Teil über dem Thalamus (Pars centralis), einem Hinterhorn (Cornu posterius) und einem Unterhorn (Cornu inferius).

Das Vorderhorn liegt vor dem Foramen interventriculare. Es wird oben durch das Corpus callosum, medial durch das Septum pellucidum und unten lateral durch das Caput nuclei caudati begrenzt. Das Septum pellucidum besteht aus 2 Blättern, die zwischen sich einen medialen Spalt, das Cavum septi pellucidi einschließen.

Der zentrale Teil des Seitenventrikels liegt als schmaler Spalt über dem Thalamus; Dach und Boden stoßen sowohl medial als auch lateral annähernd spitzwinklig zusammen. Das Dach wird vom Balken gebildet und der Boden vom Nucleus caudatus, der Stria terminalis, der Lamina affixa bzw. dem Thalamus, dem Plexus chorioideus und medial schließlich dem Fornix. Das weite, kegelförmige Hinterhorn reicht sehr verschieden weit in den Okzipitallappen hinein. Es berührt oben die Radiatio corporis callosi, medial das Calcar avis und unten das Trigonum collaterale, welches sich in das Unterhorn als Eminentia collateralis fortsetzt.

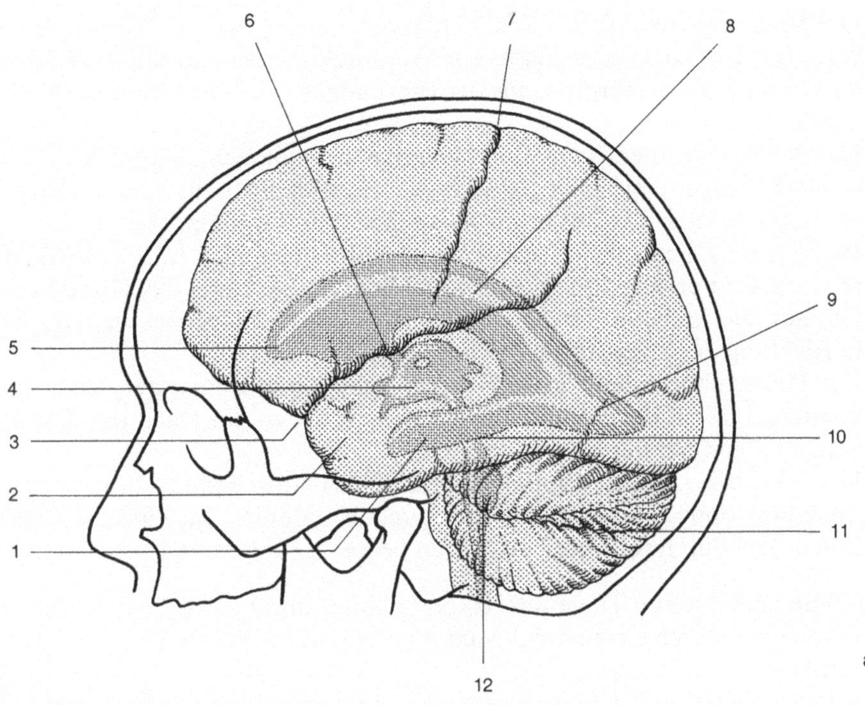

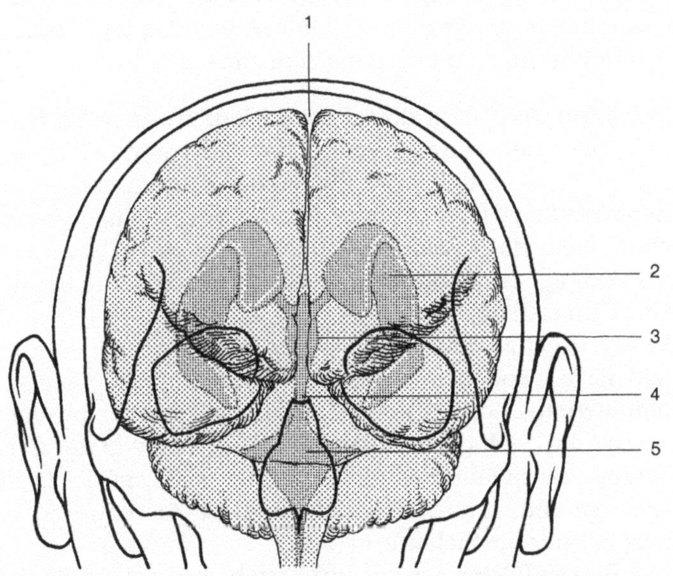

Abb. 2.1 a, b. Ventrikelsystem des Gehirns. **a** Seitlich, **b** von vorn.
Zu **a:** *1* Unterhorn; *2* Temporallappen; *3* Sylvius-Furche; *4*: 3. Ventrikel mit Massa intermedia; *5* Vorderhorn; *6* Foramen Monroi; *7* Sulcus centralis; *8* Seitenventrikel; *9* Hinterhorn; *10* Aquädukt; *11* Kleinhirn; *12*: 4. Ventrikel.
Zu **b:** *1* Interhemisphärenspalt; *2* Seitenventrikel; *3*: 3. Ventrikel; *4* Aquädukt; *5*: 4. Ventrikel

Das Unterhorn zieht in den Schläfenlappen hinein; es wird begrenzt durch den Schwanz des Nucleus caudatus (oben), durch das Temporalhirn (lateral) und durch die Fimbria fornicis, Plexus chorioideus und Pes hippocampi (medial unten).

Der Plexus chorioideus der Seitenventrikel ist vom medialen Bodenteil her gegen das Lumen vorgestülpt. Er ist in den einzelnen Abschnitten ungleich stark. Sehr zu beachten ist, daß er im Vorderhorn fehlt und am schwächsten in der Pars centralis hinter dem Foramen interventriculare ausgebildet ist. Nach okzipital verdickt er sich zunehmend und bildet an der Basis des Hinterhorns das Glomus chorioideum; er verschmälert sich wieder in seinem weiteren Verlauf in Richtung der Spitze des Unterhorns.

Der Plexus chorioideus des 3. Ventrikels zieht vom Boden der Seitenventrikel kommend durch das Foramen Monroi nach dorsal am Dach des 3. Ventrikels entlang unterhalb des Corpus fornicis.

Der 3. Ventrikel ist eine sagittale Spalte. Seine beiden Seitenwände werden vom Thalamus opticus und vom Hypothalamus gebildet. Im einzelnen wird der 3. Ventrikel durch folgende Strukturen begrenzt (Rohen, 1975):

- Von lateral durch Thalamus, Hypothalamus und Fornix;
- von oben durch Corpus callosum, Fornix und Plexus chorioideus des 3. Ventrikels;
- von unten durch Chiasma opticum, Infundibulum, Corpora mammilaria und Tuber cinereum;
- von vorn durch Lamina terminalis und Commissura anterior;
- von hinten durch Epiphyse mit Habenulae und Striae medullares, Commissura posterior und Eingang zum Aquaeductus.

Der 4. Ventrikel wird dorsal vom Kleinhirn umfaßt. Das Dach hat eine Firstform. Der Boden des 4. Ventrikels wird von der Rautengrube gebildet, deren tiefster Punkt in den Zentralkanal des Rückenmarkes übergeht. Auf die Aperturae mediana und laterales wurde bereits hingewiesen. Der paarige Plexus chorioideus des 4. Ventrikels erscheint in einem gewinkelten Streifen angeordnet und ragt durch die seitlichen Öffnungen in die basale Brückenzisterne hinein (Ferner, 1964).

Einige wichtige neuroanatomische Formation, die im echographischen Blickfeld liegen, sollen noch angesprochen werden. Geht man von Gehirnquerschnitten aus, so ist zunächst die Fissura interhemisphaerica zu erwähnen. In sie erstreckt sich die Falx cerebri ausgehend von der Crista galli bis zur Protuberantia occipitalis interna. Sie dringt fast 3 cm tief in den Interhemisphärenspalt ein und ist nur noch 2 mm vom Balken entfernt. Von der Seite her gesehen, hat sie eine Sichelform.

Der Balken (Corpus callosum) besteht aus queren, über die Mittellinie hinweg verlaufenden Nervenfasern, welche homologe Teile der rechten und linken Hemisphäre fast der gesamten Großhirnrinde untereinander verbinden. Auf dem Medianschnitt zeigt der Balken eine typische Schnittfläche die einem Haken ähnlich sieht.

Die unter dem Balken gelegenen Seitenventrikel wurden bereits beschrieben. Von den echographisch erfaßbaren Strukturen ist v. a. der Thalamus zu nennen, ein großer eiförmiger Kern, dessen mediale Fläche einen Teil der Seitenwand des 3. Ventrikels bildet, während die Oberfläche den Boden des mittleren Teiles der Seitenventrikel ausmacht. Der Thalamus ist Sammel- und Umschaltstelle für alle Erregungen aus der Umwelt und Innenwelt, welche zur Hirnrinde gelangen (Ferner, 1964).
Von den Stammganglien kann der Nucleus caudatus echographisch teilweise dargestellt werden. Es handelt sich um eine langgestreckte Kernmasse, die unterschieden wird in Kopf (Caput) und Schwanz (Cauda). Sie ist um die laterale Seite des Thalamus herumgebogen und grenzt wandbildend an die Seitenventrikel.
Der Linsenkern (Nucleus lentiformis) wird durch Markblätter in das Putamen und in den Globus pallidus unterteilt. Durch die Fasermassen der inneren Kapsel werden das Putamen vom Nucleus caudatus und der Globus pallidus vom Thalamus abgedrängt.
Für die Querschnittsanatomie von Bedeutung sind außerdem die Fissura cerebri lateralis und die sog. Insel. Bei letzterer handelt es sich um ein in der Tiefe der Sylvius-Furche verstecktes Rindengebiet.
Auf den mehr dorsal gelegenen Koronarschnitten unterhalb des Thalamusgebiets wird die Region der beiden roten Kerne und der Brücke sowie der Hirnschenkel erfaßt.

Die Anatomie der Sagittalschnitte hat die bereits genannten Strukturen zu berücksichtigen, insbesondere Balken, Seitenventrikel, Thalamus und Nucleus caudatus. Im leicht erweiterten Zustand stellen sich der 3. Ventrikel (mit Massa intermedia) und der 4. Ventrikel deutlich dar. Zwischen Clivus und 4. Ventrikel liegt die keulenförmige Pons. Das Dach des 4. Ventrikels wird auf den Längsschnitten von dem baumartig angeordneten Kleinhirn umfaßt.
Das Kleinhirnzelt (Tentorium cerebelli) bildet eine straffe Scheidewand zwischen der basalen Fläche im Hinterhauptlappen des Endhirns und der dorsalen Fläche des Kleinhirns. An der Vereinigungsstelle des Tentoriums mit der Falx cerebri befindet sich der Sinus rectus, der hinten in den sog. Confluens sinuum mündet, während er vorn mit der Vena cerebralis magna zusammenhängt.
Die echographische Real-time-Technik gestattet das Erkennen größerer Arterienäste aufgrund ihrer Pulsationen. Hier muß die Aufzweigung der wichtigsten intrakraniellen Arterien berücksichtigt werden.
Die A. carotis interna tritt über den Canalis caroticus in das Schädelinnere ein, während die A. vertebralis am Hinterhauptsloch die Dura durchbohrt. Die beiden Aa. vertebrales vereinigen sich dann zur A. basilaris. Von ihr gehen die Kleinhirnarterien und die A. cerebri posterior ab. Die 3 Großhirnarterien (Aa. cerebrales) werden durch Verbindungsäste (Rami communicantes) zu einem Ring, dem Circulus arteriosus Willisii geschlossen.
Von der A. carotis interna gehen die A. cerebri media und die A. cerebri anterior ab. Letztere tritt in die Fissura interhemisphaerica ein und zieht im Bogen aufwärts.

Die A. cerebri media verläuft in der Fissura cerebri lateralis und teilt sich in 2-4 Äste, welche die Insel und die konvexe Hemisphärenfläche versorgen.
Die A. cerebri posterior ist der Endast der A. basilaris; sie zieht um die Hirnschenkel herum und versorgt die basale Fläche der Schläfen- und Hinterhauptslappen.

2.1.2 Untersuchungstechnik

Geräte

Die Geräte- und Untersuchungstechnik wird dadurch beeinflußt, daß der wichtigste Zugangsweg für die Schädeluntersuchung - die nur beim Säugling möglich ist - über die offene Fontanelle geht. Deshalb eignen sich am besten Sektorscanner (Real-time-Technik) mit 5-MHz-Applikatoren. Die Auflagefläche sollte möglichst klein und der Sektorwinkel so groß wie möglich sein. Ebenfalls Verwendung finden die sog. „curved arrays" (gebogene Multielementscanner). Sie erzeugen ein trapezartiges Bild; Ihre Auflagefläche ist jedoch größer als die eines Sektorscanners.
Die Bildbreite der linearen Parallelscanner wird durch den Durchmesser der offenen Fontanelle bzw. die Größe der Auflagefläche bestimmt. Das bedeutet, daß in der Regel nur ein schmaler streifenförmiger Bereich der Mittelstrukturen des Gehirns zur Darstellung kommt.
Die älteren Compoundscangeräte ermöglichen bei Anwendung eines 5-MHz-Applikators ebenfalls die Erstellung von Sektorscans durch die offene Fontanelle. Ein kontinuierliches Abtasten wie in Real-time-Technik ist dabei jedoch nicht möglich. Kopfbewegungen des Kindes wirken sich störend aus. Vorteile hat der Compoundscanner durch die bessere Anpassung an die Kopfform bei Horizontal- und Frontalschnitten; dabei müssen allerdings wegen der stärkeren Schallabsorption der Schädelknochen Schallfrequenzen um 3 MHz angewandt werden.
Die automatisierten Immersionsscanner, wie z. B. das Octoson, wurden schon früh für die Untersuchung des kindlichen Schädels eingesetzt. Nach unseren eigenen Erfahrungen stören Spontanbewegungen des Kindes den Untersuchungsablauf jedoch sehr. Außerdem ist die Auflösung bei diesem Verfahren, das mit 3- bzw. 3,5-MHz-Applikatoren arbeitet, im Vergleich zu den oben genannten Methoden, bei denen Frequenzen von 5 MHz eingestrahlt werden, deutlich schlechter.

Lagerung

Bei Anwendung der Real-time-Technik wird das Kind am besten auf eine Liege gelegt; unruhige Kinder lassen sich besser auf dem Arm der Mutter oder der Krankenschwester untersuchen. Frühgeborene können auch im Brutkasten echographiert werden.
Für eine Screeninguntersuchung genügen koronare und sagittale Schnitte durch die große Fontanelle. Bei kräftig behaartem Kopf muß reichlich Kon-

taktgel aufgetragen werden. Wird die Untersuchung in Compoundscantechnik vorgenommen, muß auf eine möglichst stabile Lagerung des Kopfes geachtet werden. Eine Sedierung des Kindes läßt sich dabei häufig nicht umgehen.
Für die Bestimmung des Ventrikel-Hirn-Quotienten ist eine Untersuchung in Rechts- und Linksseitenlage des Schädels erforderlich. Da die Eintrittsechos stören, ist die dem Schallkopf gegenüberliegende Hemisphäre jeweils am besten darstellbar.

Schnittebenen

Für die Untersuchung in Real-time-Technik ist der *vordere Fontanellenschnitt* am wichtigsten. Von hier aus können sagittale und koronare Schnitte gelegt werden. Die Sagittalschnitte werden in der Medianebene sowie nach lateral abgewinkelt aufgenommen. Die koronaren Schnitte gehen zunächst von einer streng koronaren Schnittführung aus. Der Schallkopf wird dann zunehmend - solange ein Kontakt zur Haut möglich ist - nach Ventral oder dorsal gekippt; dabei wird schließlich eine mehr transversale Schnittrichtung erreicht.
Die Untersuchung läßt sich am günstigsten während der ersten 6 Monate nach der Geburt ausführen, wenn die Weite der Fontanelle zwischen 2-4 cm variert. Die Fontanelle ist auch in den nachfolgenden Monaten des 1. Lebensjahres noch offen, aber der Winkel für die mögliche Kippung des Applikators wird durch die abnehmende Weite der Fontanelle zunehmend kleiner.
Horizontalschnitte werden bei seitlicher Lagerung des Kopfes parallel zur Augen-Ohr-Linie aufgenommen. Diese Schnittrichtung entspricht der üblichen Einstellung von CT-Aufnahmen des Schädels.
Frontale oder koronare Schnitte durch die Schädelkalotte werden im rechten Winkel zur Augen-Ohr-Linie gewonnen. Die Schnittführung entspricht in etwa dem koronaren Fontanellenschnitt.

2.1.3 Echographische Anatomie

Die echographische Untersuchung des Gehirns ist beschränkt auf Neugeborene und Säuglinge, da nur in diesem Lebensalter eine gute, wenn auch begrenzte echographische „Einsicht“ in das Gehirn möglich ist. Die zweidimensionale Ultraschalldiagnostik bei älteren Kindern und Erwachsenen hat heute angesichts der diagnostischen Möglichkeiten von Computertomographie und Kernspintomographie keine Bedeutung mehr.
Das weiche und relativ homogene Hirngewebe erscheint im echographischen Bild schwach reflektierend. Das Kleinhirn ist - wahrscheinlich durch seinen gefiederten Aufbau - stärker echogen als das Großhirn. Die härtesten Reflexionen entstehen an der Schädelkalotte. Sehr echogen sind die Plexus chorioidei, die als Leitstrukturen dienen können. Echoleer zeigen sich die Liquorräume, d.h. die Ventrikel und die Zisternen. Allerdings sind die normalen Ventrikel sehr klein und können u. U. dem Nachweis entgehen. Der Interhemisphärenspalt und die Begrenzungen der Gyri sind echographisch relativ gut zu erfassen. Die größeren Arterienäste können an ihren Pulsationen erkannt werden.

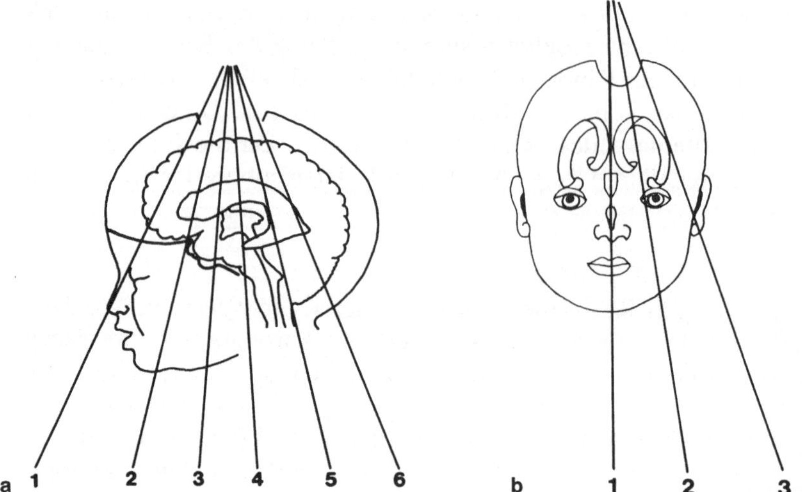

Abb. 2.2 a, b. Schematische Darstellung der koronaren (**a**) und sagittalen (**b**) Schnitte durch die vordere Fontanelle nach Cremin et al. (1983)

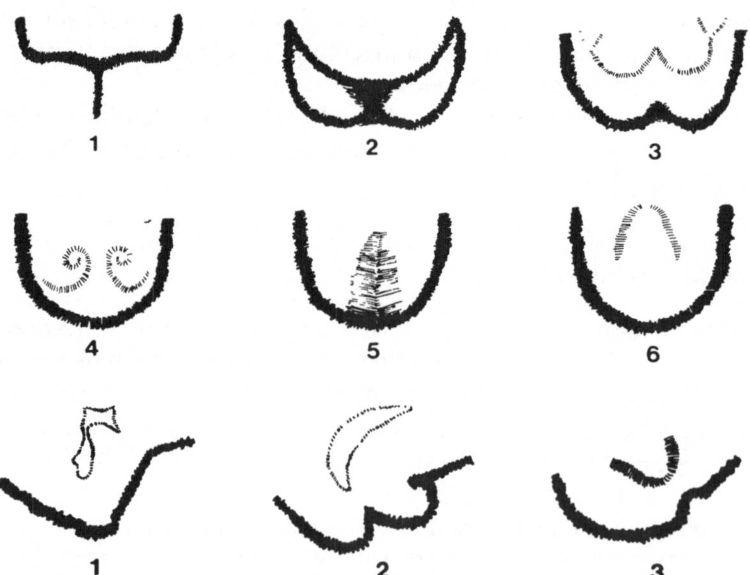

Abb. 2.3. Charakteristische Echofiguren zu den jeweiligen Schnittrichtungen in Abb. 2.2. Die coronaren Schnitte sind in der Reihe 1 und 2 (Nr. 1-6) wiedergegeben; die sagittalen Schnitte sind in der unteren Reihe (Nr. 1-3) dargestellt

Für die moderne echographische Untersuchungstechnik ist das „echographische Fenster“ die vordere Fontanelle. Von hier aus können sowohl koronare als auch sagittale Schnittrichtungen gewählt werden. Cremin et al. (1983) versuchten, die echographische Diagnostik des Schädels - speziell für den Real-time-Sektorscanner - zu standardisieren und bestimmte anatomische Bezugspunkte für die einzelnen Schnitte herauszuarbeiten. Für die koronaren Schnitte konnten die Autoren 6 und für die sagittalen Schnitte 3 typische Ebenen bei jeweils unterschiedlicher Einfallsrichtung des Schallstrahls festlegen. In den Abb. 2.2 und 2.3 wird ein Bezug zwischen der Einstrahlrichtung und den anatomischen Grundstrukturen hergestellt. Letztere sind v. a. durch das sog. Fernfeld, d. h. durch die Form der Schädelkalotte des jeweiligen Untersuchungsabschnitts gegeben.

Koronare Schnitte durch die große Fontanelle (nach Cremin et al. 1983)

Schnitt 1 ist im Fernfeld gekennzeichnet durch die starken Echos des Orbitaldachs sowie des Siebbeins. Die dabei entstehende echographische Figur erinnert an den Steuerknüppel eines Flugzeugs. Das weiche Reflexmuster des Gehirns entspricht dem Frontallappen. Am Interhemisphärenspalt entsteht ein Reflexstreifen mit der typischen Markierung der Gyri bzw. Sulci (Abb. 2.4).

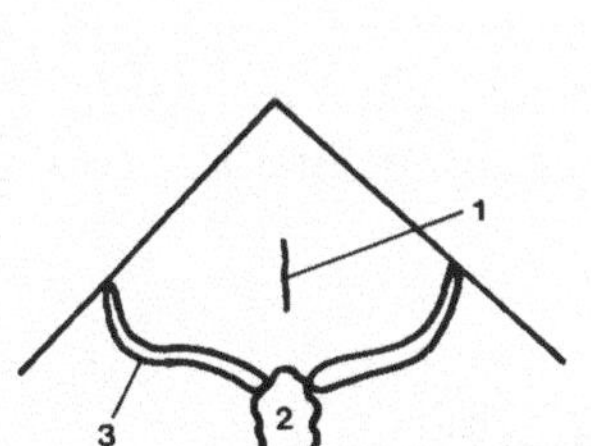

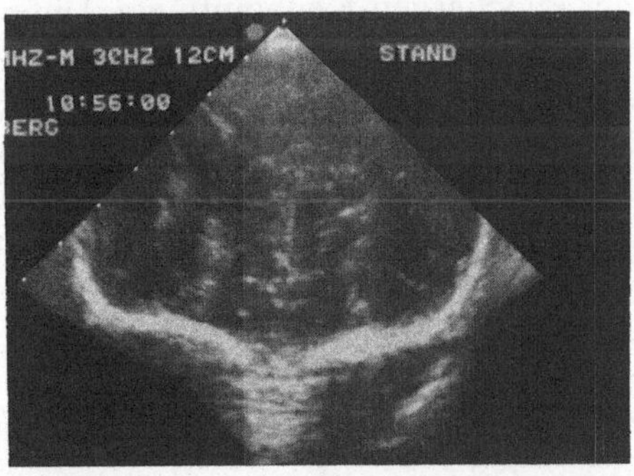

Abb. 2.4. Koronarer Schnitt durch die vordere Fontanelle entsprechend Schnittführung 1. *1* Interhemisphärenspalt; *2* Siebbein; *3* Orbitadach

Schnitt 2: Die harten Reflexe lassen das Bild einer Augenmaske entstehen. Die Reflexe kommen an den kleinen und großen Keilbeinflügeln sowie am Keilbein selbst zustande.

In der Sylvius-Furche und im Interhemisphärenspalt kann man das Pulsieren der arteriellen Gefäßanschnitte beobachten (Äste der A. cerebri media und A. cerebri anterior). Im mittleren Bildabschnitt werden gelegentlich die halbmondförmigen echoleeren Vorderhörner der Seitenventrikel gesehen (Abb. 2.5).

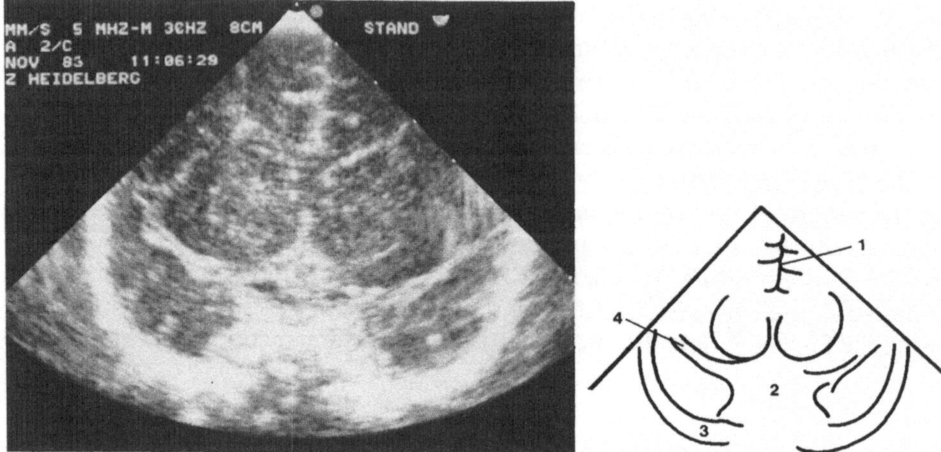

Abb. 2.5. Koronarer Schnitt durch die vordere Fontanelle entsprechend Schnittführung 2. *1* Interhemisphärenspalt; *2* Keilbein; *3* große Keilbeinflügel; *4* kleine Keilbeinflügel

Schnitt 3: Die Hauptkonturen sehen wie in Schnitt 2 einer Maske ähnlich. Sie werden in den oberen Anteilen hervorgerufen durch die Impedanzdifferenzen im Bereich der Sylvius-Furche, die allerdings nicht so stark sind wie im Bereich der knöchernen Keilbeinflügel. Unterhalb der Reflexe der Sylvius-Furche befinden sich die queren Anschnitte der Temporallappen. Die Querschnitte der Seitenventrikel sind relativ klein und haben die Form eines Bumerangs.

Seitlich und unterhalb dieser Querschnitte der Seitenventrikel liegen der Kopf des Nucleus caudatus, die innere Kapsel und der Linsenkern. Zwischen den Ventrikeln befindet sich das echodichte Septum pellucidum bzw. das echofreie Cavum septi pellucidi (Abb. 2.6 und 2.7).

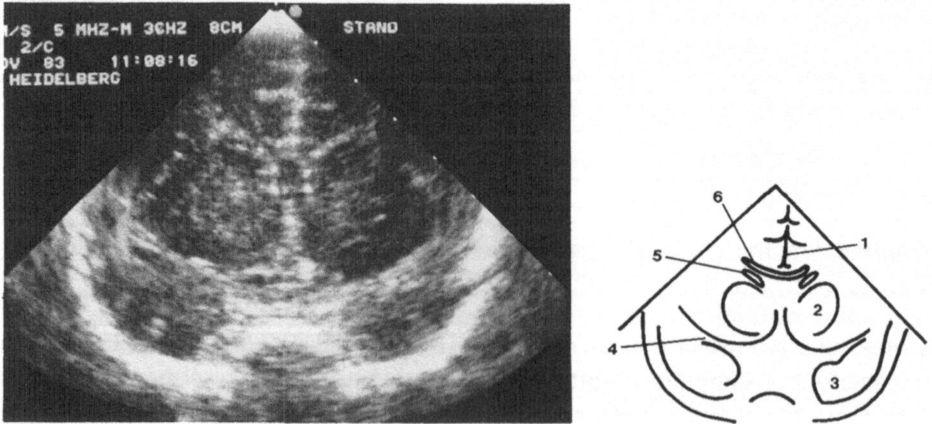

Abb. 2.6. Koronarer Schnitt durch die vordere Fontanelle entsprechend Schnittführung 3. *1* Interhemisphärenspalt; *2* Nucleus caudatus u. lentiformis; *3* Temporallappen; *4* Sylvius-Furche; *5* Seitenventrikel; *6* Balken

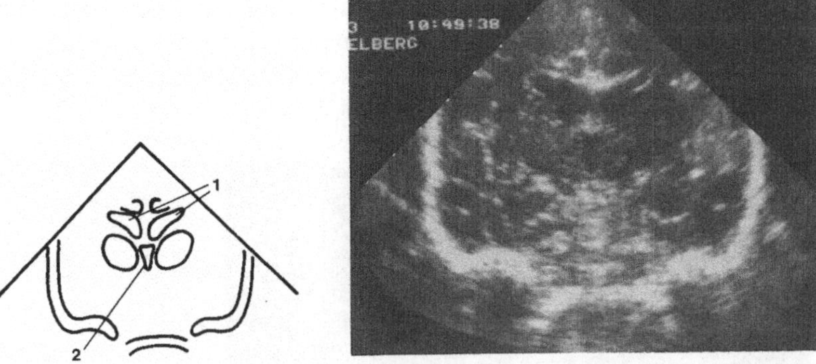

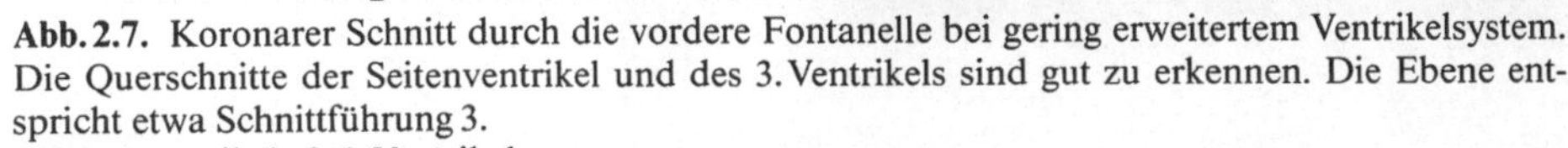

Abb. 2.7. Koronarer Schnitt durch die vordere Fontanelle bei gering erweitertem Ventrikelsystem. Die Querschnitte der Seitenventrikel und des 3. Ventrikels sind gut zu erkennen. Die Ebene entspricht etwa Schnittführung 3.
1 Seitenventrikel; *2*: 3. Ventrikel

Schnitt 4: Er ist charakterisiert durch die beidseitigen „eingerollten", hornförmigen Echofiguren, die den Grenzschichten der parahippocampalen Gyri und der medianen Oberfläche der Temporallappen entsprechen. Arterielle Pulsationen zeigen sich in der Gabel der Sylvius-Furche. Die Körper der Seitenventrikel breiten sich flügelartig horizontal aus. Auf ihrem Boden erscheinen die ersten Reflexionen der Plexus chorioidei (der Schnitt liegt etwas hinter dem Foramen Monroi!). Unterhalb und seitlich der Ventrikel hebt sich die Thalamusregion als ovales Gebilde von dem Reflexmuster der Umgebung etwas ab. Normalerweise ist der 3. Ventrikel auf Querschnitten nur undeutlich zu sehen. Im unteren Bildbereich zwischen den beiden genannten „hornförmigen" Echofiguren erscheinen Anschnitte der Pons und des Kleinhirns (Abb. 2.8).

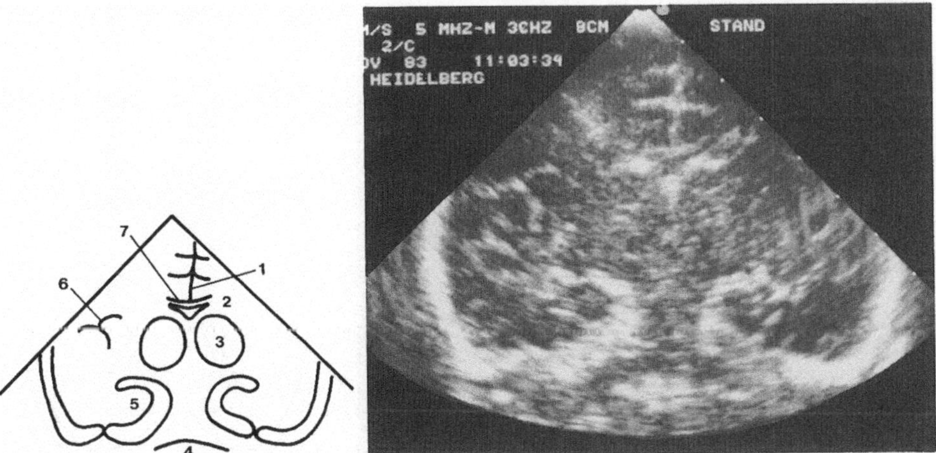

Abb. 2.8. Koronarer Schnitt durch die vordere Fontanelle entsprechend Schnittführung 4.
1 Interhemisphärenspalt; *2* Seitenventrikel und Plexus chorioideus; *3* Thalamus; *4* Pons und Zerebellum; *5* Gyrus hippocampi; *6* Sylvius-Furche; *7* Balken

Schnitt 5: Das typische an diesem Bild ist eine echodichte Dreiecksfigur, die einen Anschnitt des Kleinhirns darstellt. Der echofreie Raum der Seitenventrikel - soweit erkennbar - ist schmal und durch die hellen Echos der Plexus chorioidei markiert. Der 3. Ventrikel ist normalerweise nicht zu sehen. Gelegentlich kann die Cisterna ambiens dorsal des 3. Ventrikels als eine kleine, echofreie, zentral gelegene Zone erscheinen (Abb. 2.9).

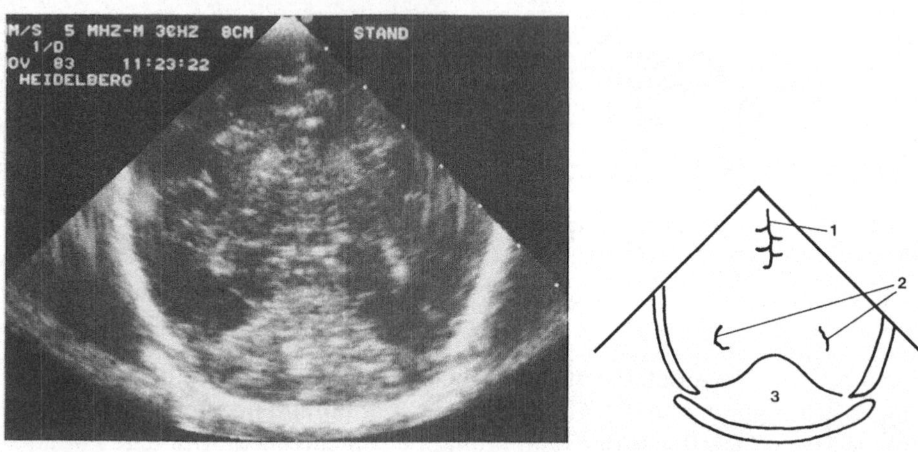

Abb. 2.9. Koronarer Schnitt durch die vordere Fontanelle entsprechend Schnittführung 5. *1* Interhemisphärenspalt; *2* Plexus chorioidei; *3* Kleinhirn

Schnitt 6: Die Bildmarkierung im Fernfeld wird bestimmt durch die helmförmige Begrenzung der hinteren Schädelgrube einerseits und durch die beiden echodichten Bänder der Plexus chorioidei in der Bildmitte andererseits. Die lateral der Plexus gelegenen Ventrikel sind im Normalzustand nicht immer zu erkennen. Bei leichtem Hydrozephalus treten sie jedoch eindrucksvoll in Erscheinung (Abb. 2.10 und 2.11).

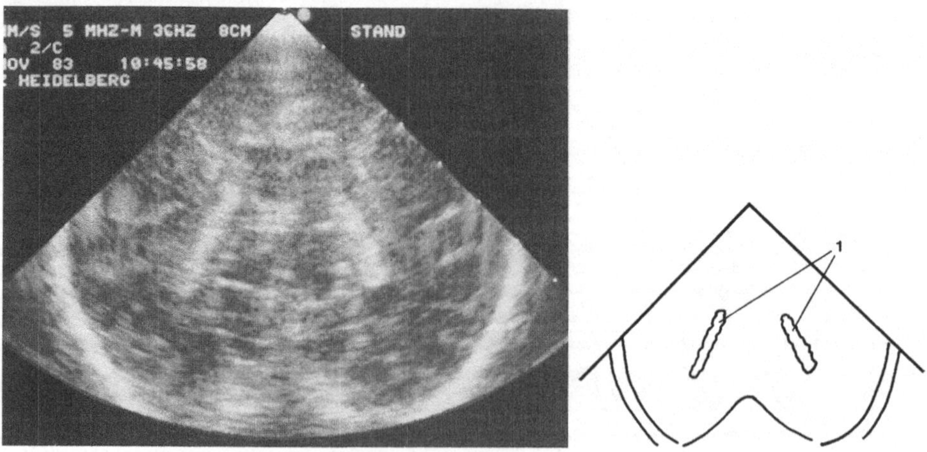

Abb. 2.10. Koronarschnitt durch die vordere Fontanelle entsprechend Schnittführung 6. *1* Plexus chorioidei

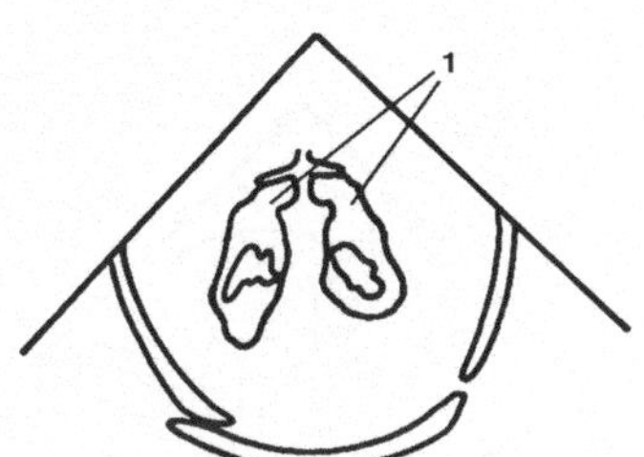

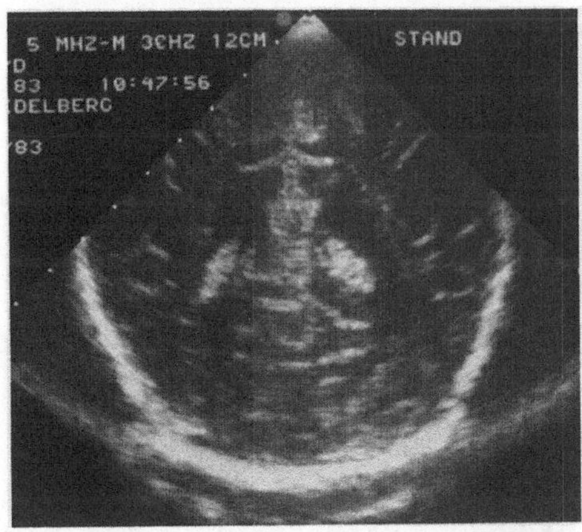

Abb. 2.11. Koronarschnitt durch die vordere Fontanelle bei erweitertem Ventrikelsystem. Die Ebene entspricht Schnittführung 6. Deutlich erkennbar sind die Plexus chorioidei in den erweiterten Seitenventrikeln.
1 Seitenventrikel mit Plexus chorioidei

Sagittale Schnitte durch die große Fontanelle (nach Cremin et al. 1983; s. Abb. 1 und 2)

Schnitt 1: Der Sagittalschnitt in der Mittellinie wird im Fernfeld begrenzt durch das schräge Echo des Clivus. Der 3. und 4. Ventrikel ist echofrei oder echoarm in den Umrissen zu sehen.

Ein mittlerer Anteil der Seitenventrikel kann gerade noch erfaßt werden. Das Septum pellucidum bzw. das Cavum septi pellucidi und der Sulcus cinguli, in

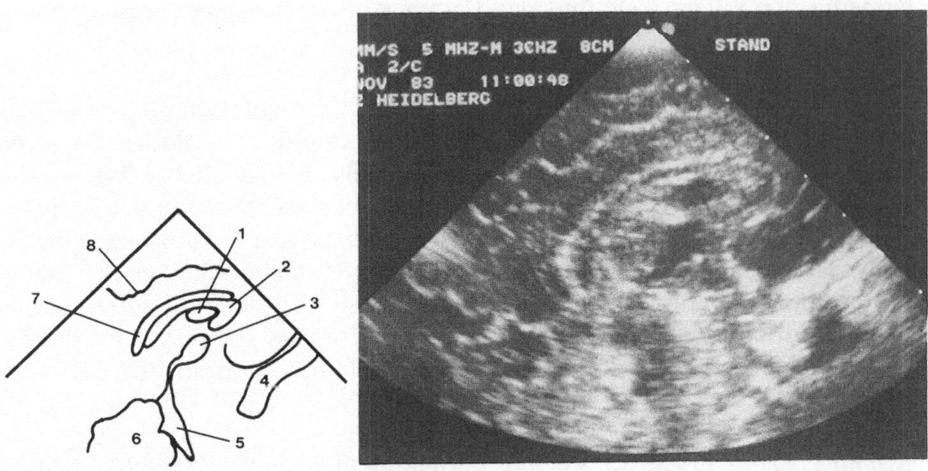

Abb. 2.12. Sagittalschnitt durch die vordere Fontanelle entsprechend Sagitalschnitt 1. Leitstrukturen sind der Clivus und der 3. und 4. Ventrikel
1 Cavum septi pellucidi; *2* Corpus callosum; *3*: 3. Ventrikel; *4* Clivus; *5*: 4. Ventrikel; *6* Kleinhirn; *7* Sulcus corporis callosi; *8* Sulcus anguli

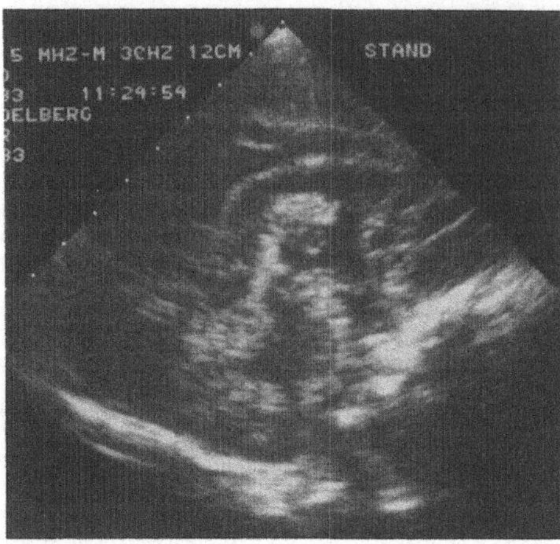

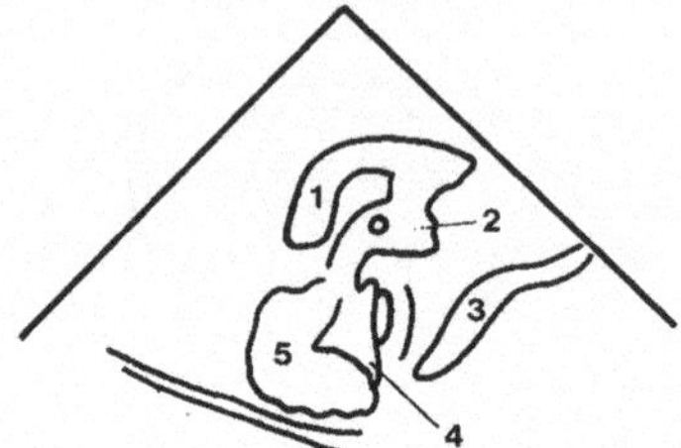

Abb. 2.13. Sagittalschnitt durch die vordere Fontanelle entsprechend Schnittführung 1 bei mäßig erweitertem Ventrikelsystem. Man erkennt deutlich das Foramen Monroi, den 3. Ventrikel mit Massa intermedia sowie den Aquädukt und den 4. Ventrikel. Von den erweiterten Seitenventrikeln ist nur ein Anschnitt dargestellt.
1 Seitenventrikel; *2*: 3. Ventrikel; *3* Clivus; *4*: 4. Ventrikel; *5* Kleinhirn

dem ein Ast der A. cerebri anterior verläuft, dessen Pulsationen zu sehen sind, lassen sich echographisch darstellen. Auch die Pulsationen der A. basilaris können bisweilen anterior der Pons gelegen beobachtet werden. Das reflexdichte Kleinhirn setzt sich wie eine Haube über das zipflige Dach des 4. Ventrikels. Die Cisterna magna hebt sich als echoleeres Gebilde von der Umgebung ab. Bei einer Erweiterung des Ventrikelsystems sind die genannten Strukturen besonders gut topographisch zuzuordnen. Bisweilen können sogar die Massa intermedia des 3. Ventrikels und das Foramen Monroi echographisch erkannt werden (Abb. 2.12 und 2.13).

Schnitt 2: Die Schnittführung entspricht einem Parasagittalschnitt, wobei allerdings der Einstrahlwinkel 15° zur Mittellinie gekippt ist. Der Boden der vorderen und mittleren Schädelgrube zeigt sich jeweils als reflexdichte Randkontur. Die Seitenventrikel erzeugen einen dünnen echofreien Saum um den Kopf des Nucleus caudatus und den Körper des Thalamus. Die Berührungsstelle von Nucleus caudatus und Thalamus, die sog. kaudothalamische Senke - häufig Ort cerebraler Blutungen -, ist andeutungsweise im Schallbild zu sehen. Der Plexus chorioideus zieht als reflexdichtes Band in das Temporalhorn des Seitenventrikels und ist an der Umschlagstelle (Glomus chorioideum) besonders verdickt (Abb. 2.14 und 2.15).

Schnitt 3: Diese Ebene ist 30° zur Mittellinie abgewinkelt. Die Schnittebene zieht also lateral an dem normalgroßen Seitenventrikel vorbei. Echographisch erfaßbar ist die Sylvius-Furche, in deren Bereich die Pulsationen eines Astes der A. cerebri media zu sehen sind.

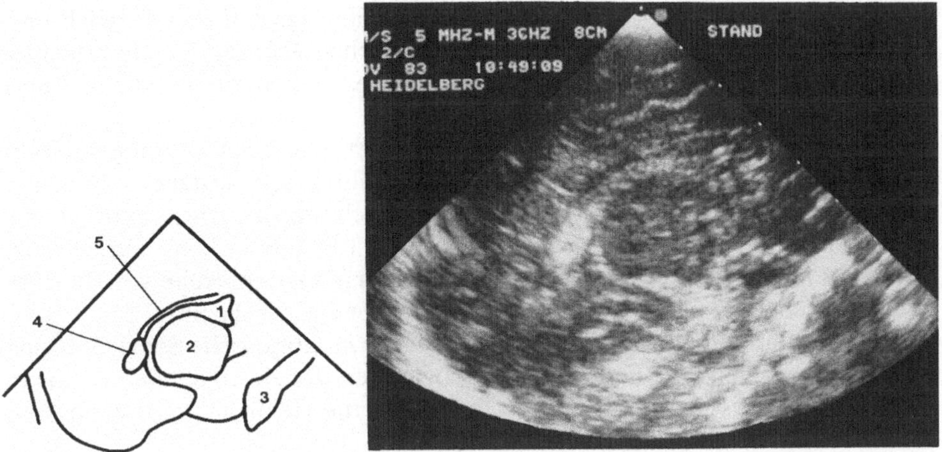

Abb. 2.14. Sagittalschnitt durch die vordere Fontanelle entsprechend Schnittführung 2.
1 Nucleus caudatus; *2* Thalamus; *3* Clivus; *4* Glomus chorioideum; *5* Seitenventrikel

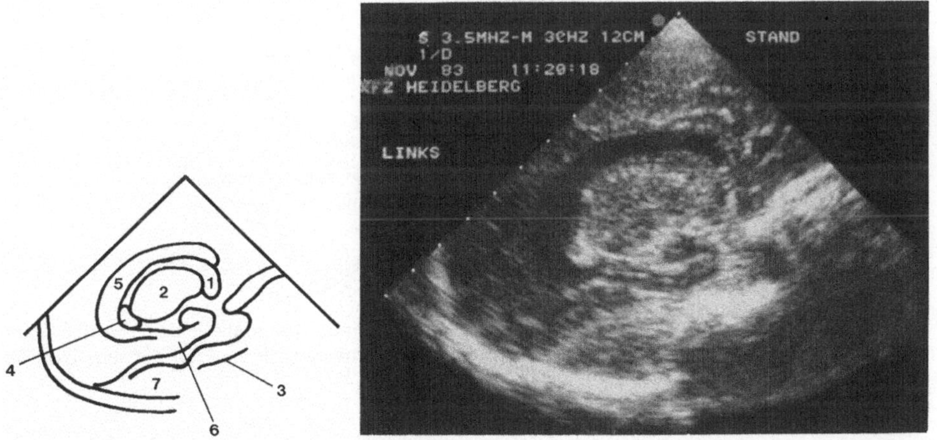

Abb. 2.15. Sagittalschnitt durch die vordere Fontanelle entsprechend Schnittführung 2 bei mäßig erweitertem Ventrikelsystem. Deutlich erkennbar ist der erweiterte Seitenventrikel, der den Nucleus caudatus und den Thalamus bogenförmig umgibt.
1 Nucleus caudatus; *2* Thalamus; *3* Boden der mittleren Schädelgrube; *4* Glomus chorioideum; *5* Seitenventrikel; *6* Temporallappen; *7* Kleinhirn

Größenmaße

Häufigste und wichtigste „Maßnahme" bei Neugeborenen und Säuglingen ist die Vermessung und Beurteilung der Ventrikel, insbesondere der Seitenventrikel. Eine Normierung ist wegen der unregelmäßigen Form und Lage des Ventrikelsystems schwierig. Das genaueste biometrische Verfahren wäre eine volumetrische Vermessung des betreffenden Ventrikels. Dies ist jedoch anhand der echographischen Bilder nicht mit der gewünschten Genauigkeit möglich und der Aufwand stünde nicht in Relation zur klinischen Aussage. Es gibt verschiedene Ansätze, eindimensionale Parameter zu bestimmen, die praktikabel und klinisch bedeutend sind.

Sehr verbreitet, wenn auch immer wieder kritisiert, ist die Bestimmung des *Ventrikel-Hirn-Quotienten*. Es beschreibt das Verhältnis des Abstandes zwischen Mittellinie und lateraler Wand des mittleren Abschnitts des Seitenventrikels zur gesamten Hemisphärenstrecke multipliziert mit 100. Dieser Wert beträgt nach Bliesener (1980) für Reifgeborene 28% mit einer Variationsbreite von 24–30% und für Frühgeborene 31% mit einer Variationsbreite von 24–34%.

Für die Bestimmung dieses Quotienten ist eine echographische Schnittführung entlang der Augen-Ohr-Linie erforderlich. Wegen der einstreuenden Echos in Schallkopfnähe ist es günstiger, die schallkopfferne Hemisphäre zu vermessen (Abb. 2.16).

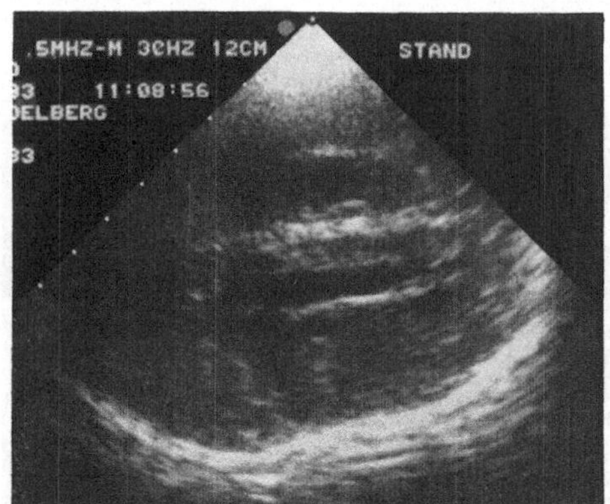

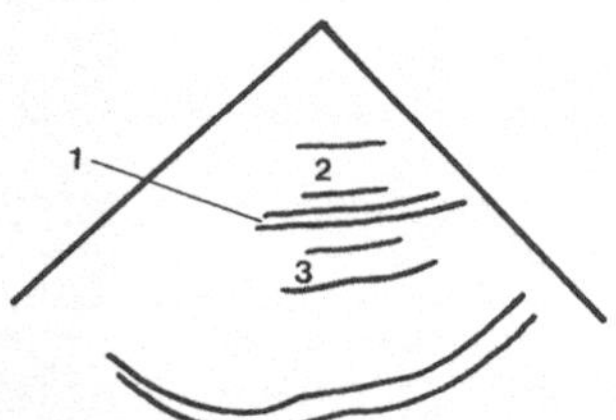

Abb. 2.16. Horizontalschnitt entlang der Augen-Ohr-Linie zur Bestimmung des Ventrikel-Hirn-Quotienten. Die Mittellinie und der laterale Rand des Seitenventrikels sind auf der schallkopffernen Seite gut auszumachen.
1 Mittellinie; *2* u. *3* Seitenventrikel

Diese Messung kann auch mit Hilfe der Computertomographie vorgenommen werden. Wichtig ist daher die Mitteilung von London et al (1980), daß die echographisch und computertomographisch bestimmten Ventrikelgrößen eng korrelieren mit einem Koeffizienten von 0,83 bis 0,92.

Denkhaus u. Winsberg (1979) fanden, daß für die Klinik die Spanne zwischen den lateralen Rändern der Vorderhörner ein wichtiger Parameter ist (Schnittführung in Richtung der Augen-Ohr-Linie!). Die Autoren geben für Reifgeborene einen mittleren Wert von 2,4 mm an, bei einem 99%-Konfidenzbereich von 1,45 bis 2,78 cm. In der 13. Schwangerschaftswoche beträgt der mittlere Wert 1,1 cm.

Auch London et al. (1980) kamen zu dem Ergebnis, daß der Abstand zwischen den beiden lateralen Rändern der Seitenventrikel im Bereich der Vorderhörner ebenso wie die Dicke der einzelnen Vorderhörner besonders bei der Untersuchung Frühgeborener von Bedeutung ist. Je nach Geburtsgewicht ergaben sich folgende Werte (Tabelle 2.1).

Tabelle 2.1. Echographische Parameter bei Frühgeborenen

Geburtsgewicht [g]	Abstand zwischen den lateralen Rändern der Seitenventrikel [mm]	Dicke der Vorderhörner [mm]
1000-1500	19 ± 0,6	2,5 ± 0,2
> 1500	22 ± 1,7	2,3 ± 0,5

Bei frühreifen Neugeborenen ohne pathologische Veränderungen (25.-35. Schwangerschaftswoche) erscheinen die Seitenventrikel in der koronaren Schnittführung als schlitzförmige Strukturen (Sauerbrei et al. 1981). Der Abstand von der Mittellinie zur lateralen Ventrikelwand (im zentralen Teil der Seitenventrikel) beträgt 8,6 mm (Streubreite 7-11 mm) und die Dicke des Ventrikels 1,9 mm (Streubreite 1-3 mm). Bei leichtem Hydrozephalus werden die Ventrikel ausgerundet. Diese Veränderung tritt schon ein, bevor sich der Ventrikel-Hirn-Quotient vergrößert!

Normvarianten und Fehlermöglichkeiten

Physiologische Varianten sind die persistierenden präformierten Hohlräume der Mittellinie, wie z. B. das Cavum septi pellucidi anterior, das Cavum veli interpositi und das Cavum vergae posterior. Diese liegen zwischen den Seitenventrikeln; ihre Größe variiert sehr. Sie sind beim Reifgeborenen in der Regel nicht mehr vorhanden. Beim Frühgeborenen bilden sie sich innerhalb des 1. Lebensjahrs zurück.

Nach einer Untersuchung von Farrugia und Babcock (1981) war das Cavum septi pellucidi bei 42% von 102 untersuchten Neugeborenen und Säuglingen zu sehen. Bei Frühgeborenen lag der prozentuale Anteil bei 61%, bei Reifgeborenen bei 50%. 2 Monate nach der Geburt war das Cavum nur noch gelegentlich vorhanden. Die Weite des Cavums variierte zwischen 2 mm und bis zu 10 mm; die Höhe konnte bis zu 12 mm betragen. Das Cavum septi pellucidi darf nicht mit einem erweiterten Ventrikelsystem verwechselt werden!

Ein Fehlen des Septum pellucidum ist ein Grenzbefund zum Pathologischen; es ist zu beachten, ob die Ventrikel normal angelegt sind und keine sonstigen pathologischen Veränderungen des Gehirns vorliegen.

Bei Frühgeborenen finden sich relativ häufig Blutungen in die Lamina germinativa. Der Plexus chorioideus ist dann verdickt und zum Teil polizyklisch begrenzt. Es ist daher erforderlich, das echographische Bild und die Form bzw. die Anordnung der normalen Plexus zu kennen, um Irrtümer bei der Interpretation zu vermeiden. Es muß an dieser Stelle noch einmal darauf hingewiesen werden, daß die Plexus nicht in den Okzipital- und Frontalhörnern zu sehen sind. Vom Foramen Monroi aus ziehen sie auf dem Boden der Seitenventrikel nach dorsal und nehmen dabei an Dicke zu. Zu beachten ist, daß sich der Plexus an der Stelle gegenüber dem Okzipitalhorn verdickt und den sog. Glomus bildet. Dieser kann sehr stark herausragen, so daß eine Abgrenzung gegenüber einem adhärenten Thrombus Schwierigkeiten bereiten kann. Er ist jedoch niemals gestielt oder getrennt von den benachbarten Anteilen des Plexus chorioideus. Er ragt auch nicht in das Okzipitalhorn hinein (Fiske et al. 1981). Eine umschriebene Verdickung des Plexus spricht für eine echoreiche Blutung. Nach Reeder et al. (1983) ist ein Plexus chorioideus mit einer Dicke von mehr als 12 mm immer als Hinweis auf eine pathologische Veränderung im Sinne einer Blutung in den Plexus oder im Sinne einer Auflagerung von Blutkoagula zu verstehen.

Bricht die Blutung durch die ependymale Grenzschicht in das Ventrikelsystem ein, so bilden sich Blutkoagula, die sich wie oben gesagt, an der Oberfläche der Plexus anlagern können; diese erscheinen dann vergrößert und unregelmäßig begrenzt.

Literatur

Babcock DS, Han BK (1981) The accuracy of high resolution, real-time ultrasonography of the head in infancy. Radiology 139: 665-676

Babcock DS, Han BK, LeQuesne GW (1980) B-Mode gray scale ultrasound of the head in the newborn and young infant. AJR 134: 457-468

Bliesener JA (1980) Ultrasonographische Screeninguntersuchung des Schädels bei Risikoneugeborenen. Röntgenblätter 33: 626-631

Cremin BJ, Chilton SJ, Peacock WJ (1983) Anatomical landmarks in anterior fontanelle ultrasonography. Br J Radiol 56: 517-526

Denkhaus H, Winsberg F (1979) Ultrasonic measurement of the fetal ventricular system. Radiology 131: 781-787

Farrugia S, Babcock DS (1981) The cavum septi pellucidi: its appearance and incidence with cranial ultrasonography in infancy. Radiology 139: 147-150

Ferner H (1964) Anatomie des Nervensystems und der Sinnesorgane des Menschen. Reinhardt, München Basel

Fiske CE, Filly RA, Callen PW (1981) The normal choroid plexus: ultrasonographic appearance of the neonatal head. Radiology 141: 467-471

London DA, Carroll BA, Enzmann DR (1980) Sonography of ventricular size and germinal matrix hemorrhage in premature infants. AJR 135: 559-564

Reeder JD, Kaude JV, Setzer ES (1982) Cranial real-time ultrasound in premature neonates. ROFO 137,1: 31-36

Rohen JW (1975) Topographische Anatomie. Schattauer, Stuttgart New York

Sauerbrei EE, Digney M, Harrison PB, Cooperberg PL (1981) Ultrasonic evaluation of neonatal intracranial hemorrhage and its complications. Radiology 139: 677-685

Slovis T, Kuhns LR (1981) Real-time sonography of the brain through the anterior fontanelle. AJR 136: 277-286

2.2 Auge und Orbita

2.2.1 Topographisch-anatomische Vorbemerkungen

Die Orbita entspricht in ihrer Form einer liegenden Pyramide. In ihrer Spitze liegt der 4–10 mm lange Canalis opticus. Der Bulbus ist auf dem Fettkörper gleitfähig gelagert und wird von den 6 Augenmuskeln bewegt. Sie bilden zusammen mit dem M. levator palpebrae superior einen trichterförmigen Kegel und entspringen alle von einem Sehnenring, dem Anulus tendineus communis (Abb. 2.17).

Der Sehnerv verläuft in der Orbita leicht gebogen und tritt von dorsal, etwas unterhalb an den Bulbus heran. Die Tränendrüse liegt im äußeren oberen Winkel der Orbita und wird durch die Sehne des M. levator palpebrae superior in 2 Teile getrennt.

Der Bulbus ist fast vollkommen kugelförmig. Sein Durchmesser beträgt im Mittelwert sagittal 24,0 mm und transversal 23,4 mm. Er ist etwas exzentrisch im oberen, äußeren Abschnitt der Augenhöhle lokalisiert.

Der Bulbus besteht aus 3 Schichten: 1) Äußere Schicht (Cornea, Sklera und Konjunktiva), 2) mittlere Schicht (Uvea; bestehend aus Chorioidea, Ziliarkörper und Iris), 3) innere Schicht (Retina).

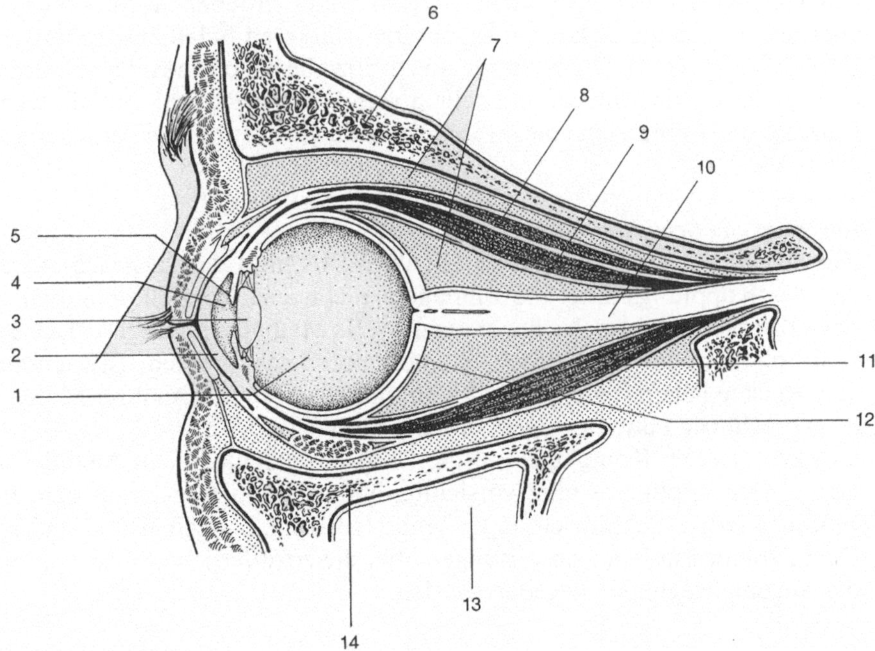

Abb. 2.17. Seitliche Ansicht des Auges und der Augenhöhle.
1 Glaskörper; *2* Hornhaut; *3* Linse; *4* Vorderkammer; *5* Iris; *6* Orbitadach; *7* Fettkörper; *8* M. levator palpebrae superior; *9* M. rectus superior; *10* Sehnerv; *11* M. rectus inferior; *12* Leder-, Ader- und Netzhaut; *13* Oberkieferhöhle; *14* Orbitaboden

Der Bulbus hat 3 Kammern: Vorderkammer, Hinterkammer und Glaskörper. Das Volumen des Glaskörpers mißt ca. 4,5 ml. Sein Inhalt ist transparent und gelförmig. Die Linse liegt hinter der Iris und wird durch feine Fasern gehalten; diese stehen in Verbindung mit dem Ziliarkörper. Die Linse ist bikonvex mit einem Durchmesser von 10 mm und einer Dicke von 4 mm.

2.2.2 Untersuchungstechnik

Geräte

Für die ophthalmologische Diagnostik ist die Kombination von A- und B-Bild-Untersuchung optimal. Beide Verfahren ergänzen sich: Das zweidimensionale B-Bild gibt eine bessere Übersicht über die verschiedenen anatomischen Strukturen und ermöglicht kinetische Untersuchungen, während das eindimensionale A-Bild für biometrische Aussagen eine größere Präzision aufweist. Nachfolgend soll nur das B-Bild-Verfahren in Echtzeitdarstellung besprochen werden.
Für die echographische Augendiagnostik müssen Frequenzbereiche zwischen 5 und 15 MHz angewandt werden. Von verschiedenen Firmen werden ophthalmologische Spezialgeräte angeboten. Auch mit den handelsüblichen 5- oder 7,5-MHz-Applikatoren bzw. mit den sog. Small-parts-Scannern kann die Orbita echographisch dargestellt werden. Bei Einsatz relativ niedriger Frequenzen (5 MHz) läßt sich der postbulbäre Bereich besser einsehen als mit höheren Frequenzen; bei letzteren kommt es zu einer stärkeren Schallabsorption, und es kann daher in der Tiefe des Bildes eine artifizielle echoarme oder echoleere Zone entstehen. Die Anwendung sehr hoher Frequenzen ist sinnvoll, wenn für Prozesse im Nahbereich eine außerordentlich gute räumliche Auflösung erzielt werden soll.

Lagerung und Schnittführung

Der Schallkopf wird mit der Hand geführt. Es muß darauf geachtet werden, daß das Kopplungsmittel die Bindehaut nicht reizt (spezielle ophthalmologische Kontaktgele sind zu bevorzugen, z.B. Methylzellulosegel). Der Patient kann in verschiedenen Körperstellungen untersucht werden: Erwachsene auf dem Rücken liegend; kleine Kinder am besten auf dem Arm ihrer Mutter; ältere, gebrechliche Patienten auch auf dem Stuhl sitzend.
Es wird reichlich Kontaktgel auf die Haut des geschlossenen Auglides aufgetragen. Der Applikator muß vorsichtig, ohne starken Druck, auf dem Bulbus geführt werden. Schnittrichtungen sind: Horizontal, vertikal und ggf. schräg. Dem Patienten müssen Anweisungen über die erforderliche Blickrichtung oder die Augenbewegungen gegeben werden.

2.2.3 Echographische Anatomie

Das typische echographische Schnittbild (Abb. 2.18) läßt je nach Gerätetechnik und je nach Schnittwahl folgende Strukturen erkennen: Vorder- und Hinterseite der Cornea (Zwischenraum echoleer); Vorderkammer (echofrei) Vorderseite der Iris (nur bisweilen darstellbar); Hinterfläche der Iris und Vorderseite der Linse (nicht voneinander zu trennen); Linse (scharf begrenzt; Krümmung gut zu erkennen; schlechte Abbildung der äquatorealen Linsenanteile); Glaskörper (im Inneren echofrei); Hinterwand des Bulbus (konkav, glatt begrenzt); retrobulbäres Fettgewebe (echodicht); N. opticus (echoarmer Strang; Form, Größe und Echomuster variierend; bei Drehung der Augen seitwärts bewegt sich der Sehnerv nach der Gegenseite!); Augenmuskeln (im Vergleich zum orbitalen Fettgewebe echoarm) (Hassani u. Bard 1982).

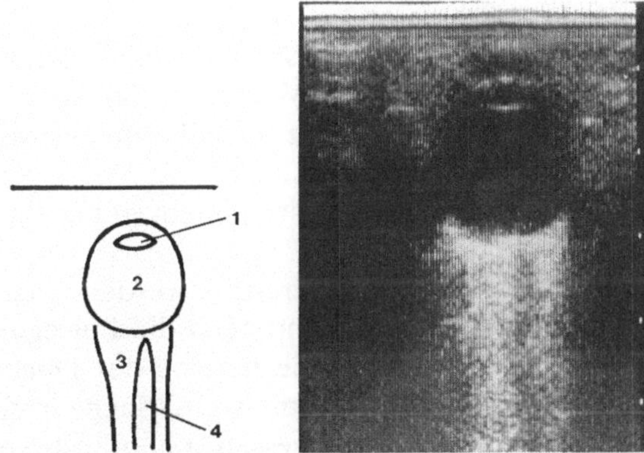

Abb. 2.18. Echographisches Querschnittsbild des Auges mit Darstellung des Bulbus, der Linse sowie des retrobulbären Fettgewebes und des Sehnervs.
1 Linse; *2* Bulbus; *3* Fettgewebe; *4* Sehnerv

Literatur

Hassani SN, Bard RL (1982) Ultrasonography of the eye. CRC Crit Rev Diagn Imaging 17: 161

2.3 Glandula parotis

2.3.1 Topographisch-anatomische Vorbemerkungen

Die Glandula parotis ist entwicklungsgeschichtlich erst sekundär in die Fossa retromandibularis eingewachsen. Der Ausführungsgang (Ductus parotideus) läßt noch die Wachstumsrichtung erkennen. Er zieht etwa 1 cm unterhalb des Jochbogens über den M. masseter hinweg und endet gegenüber dem 2. oberen Molaren. Die Drüse liegt vor dem äußeren Gehörgang; sie überdeckt den hin-

teren Teil des M. masseter und das Kiefergelenk. Sie erstreckt sich hinter dem Ramus mandibulae in der Fossa retromandibularis bis zur Pharynxwand.
Dorsal grenzt sie an den M. sternocleidomastoideus und den M. digastricus. Nach kaudal wird die Drüse durch eine bindegewebige Trennwand von der Glandula submandibularis geschieden.
Die Ohrspeicheldrüse wird nach außen von einer derben Faszie abgeschlossen (Fascia parotidea).
Das Drüsengewebe umgibt die A. carotis externa, die V. retromandibularis und den N. fascialis („Parotis-Sandwich").
Die A. carotis interna, die V. jugularis interna sowie die Hirnnerven IX, X, XII liegen mediodorsal, d. h. hinter den Styloidmuskeln und dem Processus styloideus, außerhalb der Parotisloge.

2.3.2 Untersuchungstechnik

Es werden hochauflösende Nahfeldscanner (Echtzeitdarstellung) mit 5-7,5 MHz verwendet; Wasservorlauf ist je nach Gerät erforderlich. Compoundscanner mit 5-MHz-Schallköpfen werden ebenfalls mit Erfolg eingesetzt (Gooding 1980).
Zur Untersuchung liegt der Patient mit seitlich gekehrtem Kopf auf einer flachen Liege.
Von der Retromandibulargrube werden Quer- und Längsschnitte angefertigt. In Real-time-Technik kann auch die Bewegung des Kiefergelenks beobachtet werden. Der mutmaßliche Bereich des Ductus parotideus läßt sich besser in Echtzeitdarstellung durchmustern (Suche nach Steinen).
Auch bei einseitigen Prozessen sollten insbesondere im Hinblick auf den Größenvergleich beide Seiten untersucht werden.

2.3.3 Echographische Anatomie

Die Drüse stellt sich oberflächlich gelegen, flach ausgezogen und angedeutet dreieckig dar (Abb. 2.19). Das Echomuster ist fein, homogen und vergleichbar mit der Echotextur der Schilddrüse (Abb. 2.20). Die Abgrenzung des Drüsenparenchyms ist nicht sehr scharf; die Grenzen verlieren sich z. T. in das umgebende Gewebe. Die angrenzenden Muskeln sind vergleichsweise echoarm. Von den benachbarten Skelettanteilen sind nur die schallkopfnahen Konturen (mit nachfolgendem Schallschatten) zu erkennen.
Die untere Grenze der Drüse verläuft etwa zwischen Kieferwinkel und Spitze des Processus mastoideus sowie M. sternocleidomastoideus.
Dicht am Kieferwinkel schließt sich die Glandula submandibularis an, deren Echomuster der Glandula parotis entspricht (Abb. 2.21).
Die Glandula parotis kann auch computertomographisch dargestellt werden. Die Computertomographie ist der Echographie bei der Beurteilung infiltrativer und destruierender Prozesse überlegen.

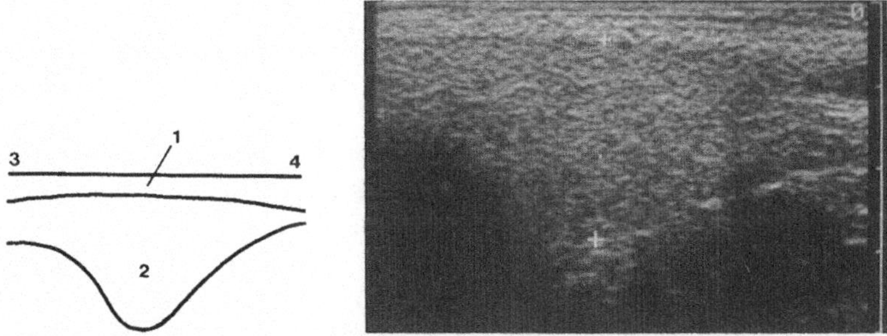

Abb. 2.19. Schnittbild der Drüse in kraniokaudaler Richtung. Das gleichmäßige, relativ echoarme Reflexmuster der Drüse hebt sich von der Echotextur des subkutanen Fettgewebes deutlich ab. Die Drüse erstreckt sich in angedeuteter Dreiecksform in die Fossa retromandibularis
1 Subkutanes Fettgewebe; *2* Glandula parotis; *3* kranial; *4* kaudal

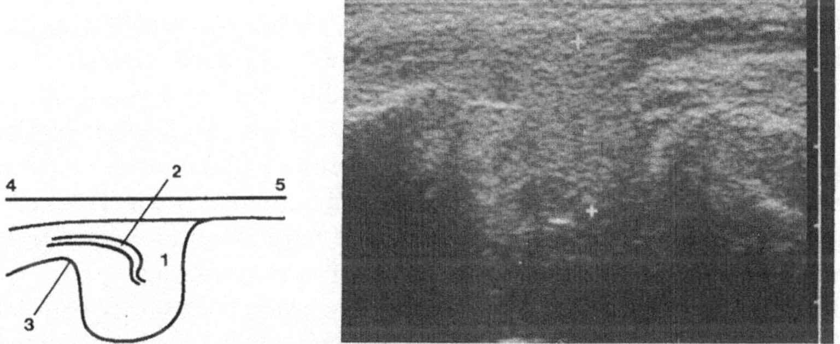

Abb. 2.20. Schnittbild der Drüse in ventrodorsaler Richtung. Im feingranulären Reflexmuster des Drüsenparenchyms erkennt man den Ductus parotideus und ventral der Drüse die Kontur des Ramus mandibulae mit nachfolgendem Schallschatten.
1 Glandula parotis; *2* Ductus parotideus; *3* Ramus mandibulae; *4* ventral; *5* dorsal

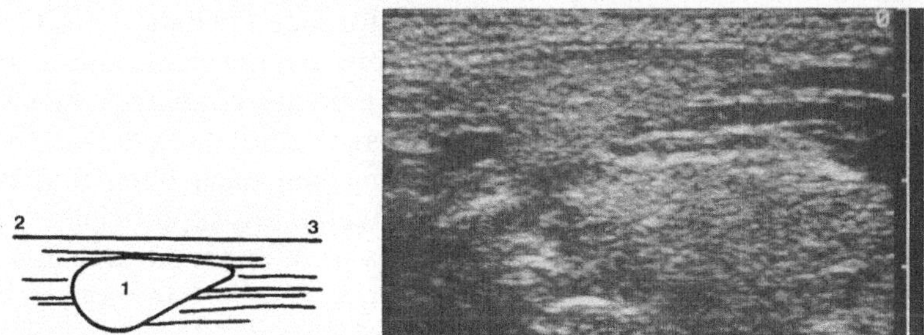

Abb. 2.21. Schnitt in ventro-dorsaler Richtung durch die Glandula submandibularis.
1 Glandula submandibularis; *2* dorsal; *3* ventral

Literatur

Gooding GAW (1980) Gray scale ultrasound of the parotid gland. AJR 134: 469

3 Hals

3.1 Halsgefäße

3.1.1 Topographisch-anatomische Vorbemerkungen

Arterien

Die rechte A. carotis communis geht aus dem Truncus brachiocephalicus hervor, während die linke A. carotis communis unmittelbar aus dem Aortenbogen entspringt. Die Karotiden verlaufen im Gefäß-Nerven-Strang nach kranial. In ihnen sind die A. carotis communis, die V. jugularis interna und der N. vagus zusammengefaßt. Die Arterie zieht medial, die Vene ventrolateral und der N. vagus dorsal zwischen beiden. Der Gefäß-Nerven-Strang liegt in einer Loge, gebildet aus Halswirbelsäule, prävertebraler Muskulatru, Fascia cervicalis (Lamina praevertebralis), M. sternocleidomastoideus sowie Trachea und Ösophagus. Die A. carotis communis gibt keine Äste ab und teilt sich in Höhe der Prominentia laryngea in die A. carotis externa und interna.
In ihrem kaudalen Verlauf wird die A. carotis communis von dem schräg ziehenden M. sternocleidomastoideus bedeckt. Der Puls ist somit erst ab dem unteren Rand der Cartilago thyreoidea zu tasten. Die A. carotis communis liegt in diesem kranialen Abschnitt direkt paravertebral. Das Trigonum caroticum bezeichnet den Abschnitt, in dem die A. carotis sich gabelt. Es wird umgrenzt durch den M. sternocleidomastoideus (lateral), den M. digastricus (kranial) und den M. omohyoideus (medial). Die Teilungsstelle der A. carotis ist charakterisiert durch eine geringgradige, spindelförmige Dilatation des Gefäßes vor der Gabelung (Sinus caroticus). Die A. carotis externa zieht ventral vor der A. carotis interna medialwärts nach oben. Sie gibt gleich mehrere Äste ab (A. thyreoidea superior, A. lingualis und A. facialis), verläuft dann dorsal des Ramus mandibulae von der Glandula parotis umgeben nach oben und verzweigt sich schließlich in die A. maxillaris und A. temporalis superficialis.
In der Regel zieht die A. carotis interna nach ihrem Abgang aus der A. carotis communis etwas lateral und hinter der A. carotis externa nach oben. Sie gibt keine Äste ab. Neben der Pharynxwand verlaufend tritt sie durch den Canalis caroticus in die mittlere Schädelgrube ein.
Es gibt zahlreiche Varianten der Carotisbifurkation. Die A. carotis interna liegt in bezug auf die A. carotis externa (s. Abb. 3.6) bei etwa 50% der Untersuchten dorsolateral, bei 20% dorsal, bei 18% dorsomedial, bei 3% medial und bei 9% ventromedial (Faller 1946).

Venen

Die V. jugularis interna kommt aus dem Foramen jugulare der Schädelbasis und legt sich gleich an die A. carotis interna an. Der Gefäß-Nerven-Strang mit dem N. vagus ist daher schon dicht an der Schädelbasis vollständig ausgebildet. Die V. jugularis interna verläuft dorsolateral in bezug zur A. carotis interna und weiter kaudal ventrolateral in bezug zur A. carotis communis. In Höhe der Karotisgabel nimmt sie die V. facialis und V. retromandibularis auf. Sie vereinigt sich hinter dem Sternoklavikulargelenk mit der V. subclavia zur V. brachiocephalica.
Abbildung 3.1 zeigt die untere Halsregion mit den Halsgefäßen.

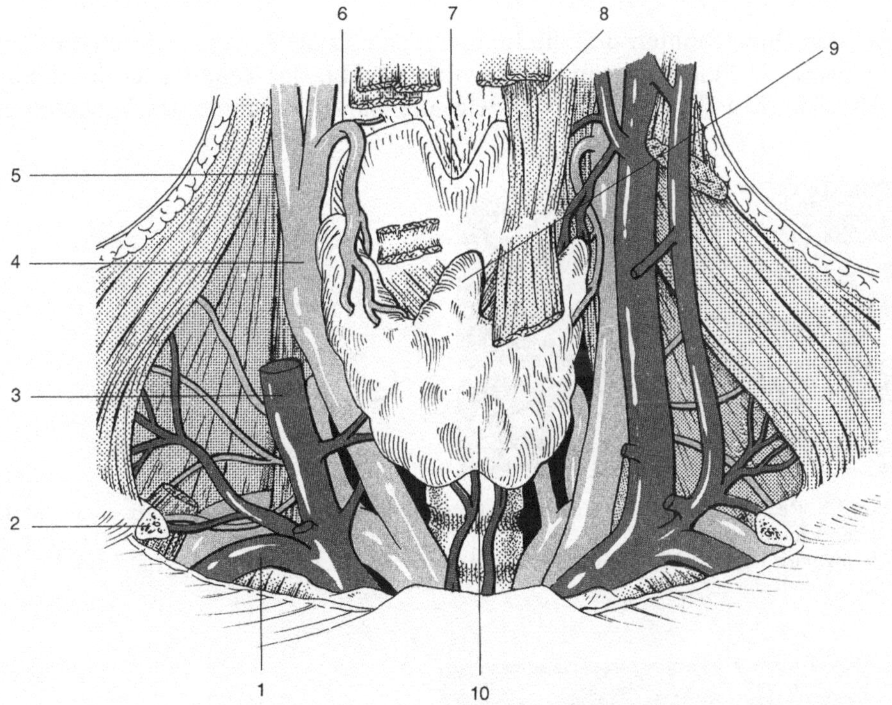

Abb. 3.1. Aufsicht der unteren Halsregion mit Schilddrüse und Halsgefäßen.
1 V. subclavia; *2* Schlüsselbein; *3* V. jugularis; *4* A. carotis communis; *5* Karotisgabel; *6* A. thyreoidea superior; *7* Schildknorpel; *8* Zungenbeinmuskeln; *9* Processus pyramidalis; *10* Schilddrüse

3.1.2 Untersuchungstechnik

Geräte

Es werden hochauflösende lineare Realtime-Scanner mit Frequenzen zwischen 5 und 10 MHz verwendet (handelsübliche Spezialgeräte, Small-parts-Scanner).

Lagerung
Auf flacher Liege; Rolle unter den Schultern; Kopf etwas zur anderen Seite geneigt.

Schnittführung
Man beginnt mit Querschnitten dicht oberhalb des Schlüsselbeins und bewegt den Schallkopf langsam nach kranial unter Beobachtung der Pulsationen bis über die Karotisgabel hinaus. Längsschnitte werden am besten eingestellt, indem der Schallkopf über der quer getroffenen A. carotis communis um 90° gedreht wird. Um die gesamte Breite der Arterie im Längsschnitt zu erfassen, verschiebt man den Schallkopf jeweils bis an den Außenrand des Gefäßes.

3.1.3 Echographische Anatomie

Auf den Querschnitten sind die Jugularvene und die A. carotis durch ihre Lage, die arterielle Pulsation und die Kompressibilität der Vene leicht zu erkennen (Abb. 3.2). Ein Vasalva-Manöver zeigt die starke Zunahme des Venenlumens.

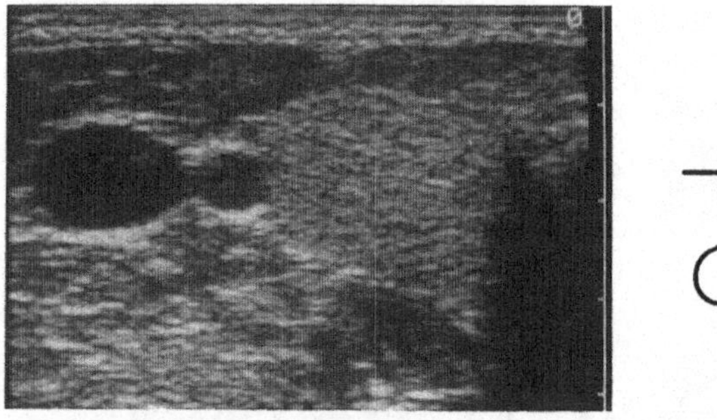

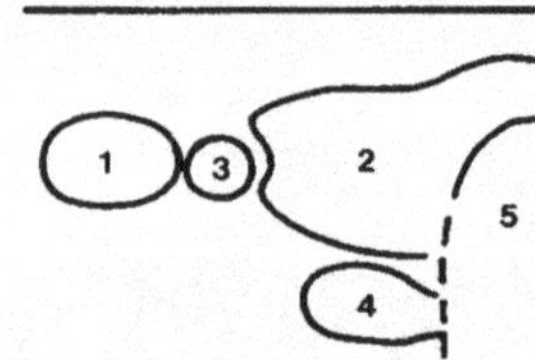

Abb. 3.2. Rechtsseitiger Querschnitt der Halsregion mit V. jugularis und A. carotis communis lateral der Schilddrüse.
1 V. jugularis interna; *2* Schilddrüse; *3* A. carotis communis; *4* prävertebrale Halsmuskeln; *5* Tracheaschatten

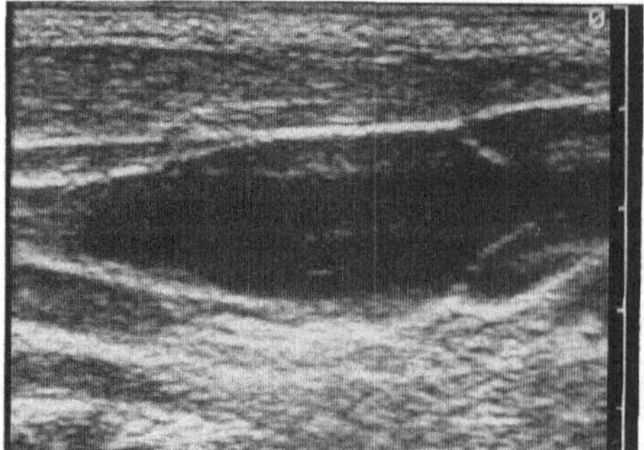

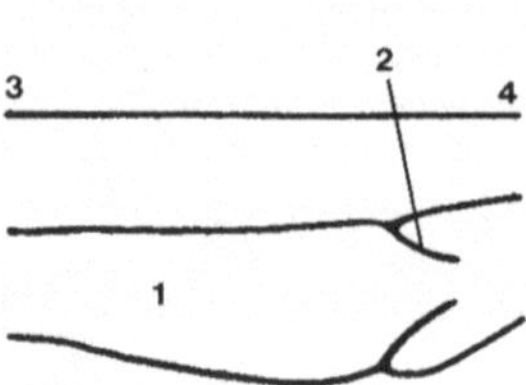

Abb. 3.3. Längsschnitt der V. jugularis mit Venenklappe.
1 V. jugularis; *2* Venenklappe; *3* kranial; *4* kaudal

Die Gefäßlumina sind in der Regel echofrei. Turbulenzen des Blutstroms in der Vene lassen manchmal fischzugartige Echos in Strömungsrichtung entstehen. Auch das Spiel der Venenklappen kann beobachtet werden (Abb. 3.3).

Die Randreflexe der Arterie sind etwas deutlicher als die der Vene. Auf den Längsschnitten ist die Ausweitung des Sinus caroticus oft gut zu erkennen. Die Gabelung von Carotis interna und externa läßt sich am sichersten in kontinuierlicher Beobachtung des Querschnittbildes verfolgen. Der Querschnitt der Carotis interna ist meist größer als der der Carotis externa. Häufig liegt die Carotis interna in der Mitte zwischen der lateral verlaufenden V. jugularis interna und der weiter medial und ventral ziehenden Carotis externa.

Zur Beurteilung von Stenosen und Plaques müssen Längsschnitte der A. carotis communis und der beiden Karotidenäste eingestellt werden (Abb. 3.4 und 3.5).

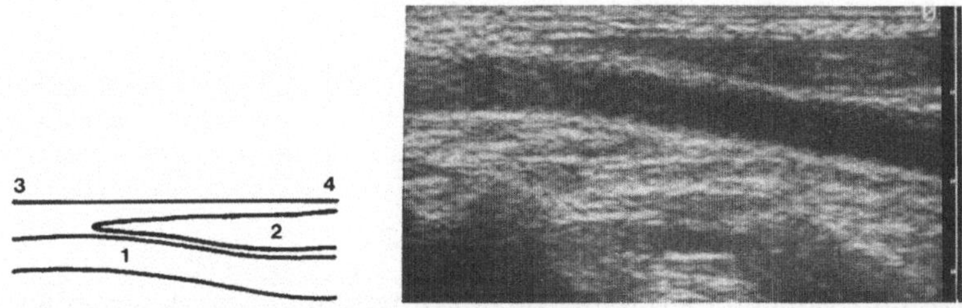

Abb. 3.4. Längsschnitt der A. carotis communis.
1 A. carotis communis; *2* M. sternocleidomastoidens; *3* kranial; *4* kaudal

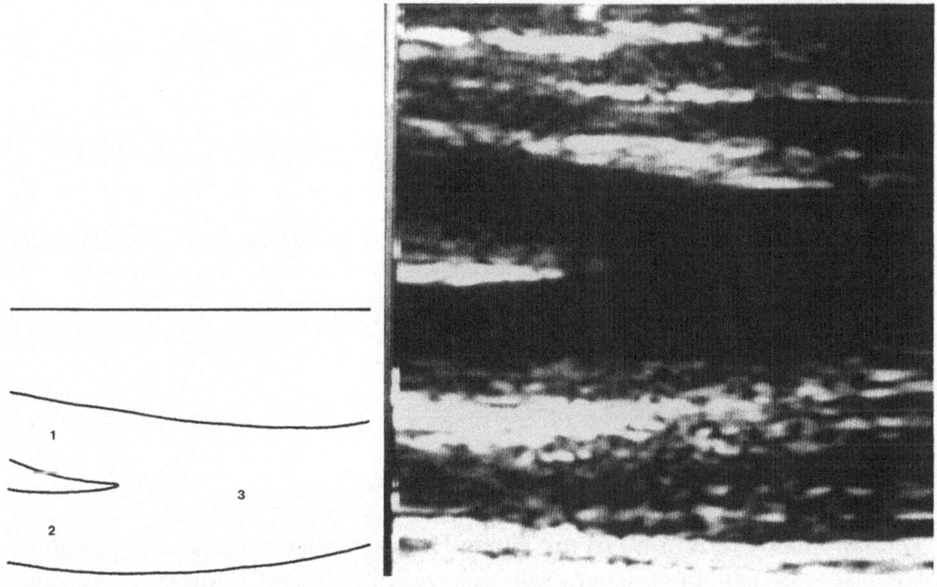

Abb. 3.5. Längsschnitt der Karotisgabel (hochauflösendes Gerät, 8 MHz).
1 A. carotis externa; *2* A. carotis interna; *3* A. carotis communis

Letzteres erfordert Geschick und Geduld des Untersuchers, wobei es - entsprechend der jeweiligen Stellung der Karotisgabel - nicht immer gelingt, die beiden Gefäße gleichzeitig echographisch abzubilden. In solchen Fällen müssen die beiden Äste einzeln aufgenommen werden. Die oben erwähnten Variationen der Karotisgabelung sind bei der Schallkopfführung zu berücksichtigen (Abb. 3.6) (Terwey et al. 1981).

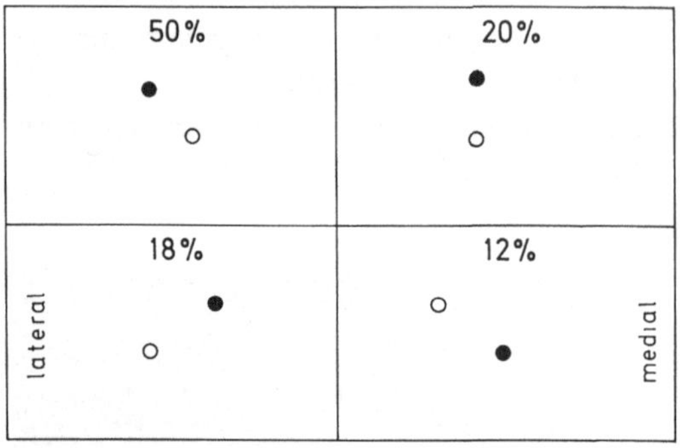

Abb. 3.6. Schema der Variationen der Karotisgabel im Querschnitt mit Angabe der jeweiligen Häufigkeit (*schwarz* A. carotis interna, *weiß* A. carotis externa)

Fehlermöglichkeiten

Durch zu hoch eingestellte Verstärkung können im Arterienlumen Echos auftreten. Bei den Längsschnitten ist darauf zu achten, daß in den Randbereichen durch ein „Teilkörperchenphänomen" Reflexe in das Gefäßlumen projeziert werden; bei gegebener Breite des Schallstrahls werden sowohl laterale Wandschichten als auch flüssige Anteile des Gefäßlumens erfaßt und die Echos im Mittelwert wiedergegeben.

Literatur

Faller A (1947) Zur Kenntnis der Gefäßverhältnisse der Carotisteilungsstelle. Schweiz Med Wochenschr 76: 1157

Terwey B, Gabauer H (1981) Die Untersuchung der extrakraniellen Arteria carotis mit einem hochauflösenden B-Bild-Verfahren. Ein Vergleich mit den Ergebnissen der Carotisangiographie. RO-FO 135: 524

3.2 Schilddrüse und Nebenschilddrüsen

3.2.1 Topographisch-anatomische Vorbemerkungen

Die Form der Schilddrüse ist mit einem Hufeisen oder mit einem H zu vergleichen. Ihre Seitenlappen lagern sich dem Kehlkopf, dem Ösophagus und dem Pharynx lateral an. Sie haben kranial einen spitzen und kaudal einen stumpfen Pol. Die Vorderfläche der Seitenlappen wird von der Zungenbeinmuskulatur

(M. sternohyoideus, M. sternothyreoideus und M. omohyoideus) bedeckt. Ihre dorsolaterale Seite berührt die Scheide der großen Halsgefäße; in diesem Gefäß-Nerven-Strang verlaufen medial die A. carotis communis, lateral die V. jugularis und dorsal der N. vagus. Der Kontakt zur Drüse ist so dicht, daß eine Furche für die A. carotis im Parenchym der Schilddrüse entsteht.
Jeder Seitenlappen ist 5-6 cm lang, 3-4 cm breit und in der Mitte etwa 1,5-2,5 cm dick. Das Gewicht der gesamten Drüse wird mit 30-60 g angegeben.
Das quere Verbindungsstück, der Isthmus, variiert in Größe und Form sehr stark; manchmal fehlt er auch ganz. Er ist etwa 1,5-2 cm breit und 0,5-1,5 cm dick. Vom Isthmus kann in einzelnen Fällen ein schmaler Fortsatz ausgehen, der Lobus pyramidalis; er reicht bis zur Höhe des Zungenbeinkörpers nach kranial.

Die Schilddrüse ist in eine doppelte bindegewebige Hülle eingeschlossen. Die Schilddrüsenkapsel (Capsula interna), die das Drüsengewebe umgibt, und die äußere Kapsel (Capsula fibrosa oder externa). Zwischen diesen Kapseln breiten sich der Venenplexus und die zuführenden Arterien aus. Die externe Kapsel schließt dorsal die Epithelkörperchen mit ein und fixiert die Schilddrüse an der Trachea. Dadurch wird das Organ beim Schluckakt mitbewegt. Die Schilddrüse ist eines der gefäßreichsten Organe des Körpers. Sie wird von 4, manchmal auch von 5 Arterien versorgt, die untereinander anastomosieren.
Die A. thyreoidea superior ist in der Regel der 1. Ast der A. carotis externa. Die A. thyreoidea inferior kommt meist aus dem Truncus thyreocervicalis (selten auch direkt aus der A. subclavia). Sie zieht zum hinteren unteren Pol der Drüse. Die unpaare A. thyreoidea ima kommt aus dem Aortenbogen bzw. aus dem Truncus brachiocephalicus; sie ist jedoch nur in 10% vorhanden.
Die Venen gleichen Namens verlaufen parallel zu den Arterien. Die V. thyreoidea ima ist fast immer ausgebildet; sie zieht direkt vor der Trachea in die V. brachiocephalica.
Der schematische Halsquerschnitt (Abb. 3.7) zeigt dorsal der Trachea den Ösophagus und hinter dem Ösophagus die Halswirbelkörper; seitlich schiebt sich angedeutet keilförmig die prävertebrale Halsmuskulatur dazwischen. Das kleine Gefäß-Nerven-Bündel am dorsolateralen Rand der Trachea enthält die A. thyreoidea inferior und den N. recurrens.
Die 4 *Nebenschilddrüsen (Epithelkörperchen)* liegen meist am Hinterrand der beiden Schilddrüsenseitenlappen. Es sind kleine ovaläre bis rundliche Gebilde mit durchschnittlichen Ausmaßen von 3·5·2 mm bei einer maximalen Größe von 6·10·4 mm. Sie sind zwischen der Capsula externa und der Schilddrüse eingebettet, liegen jedoch so gut wie immer außerhalb der eigentlichen Organkapsel (Capsula interna). In 90% der Fälle sind 2 obere und 2 untere Epithelkörperchen vorhanden. Die oberen liegen gewöhnlich in Höhe des Ringknorpels zwischen dem dorsolateralen Rand der Schilddrüse, der A. carotis communis, dem Sulcus oesophagotrachealis und den Mm. praevertebrales. Die unteren finden sich in Höhe des unteren Schilddrüsenpols in gleicher Umgebung. Die unteren Epithelkörperchen wechseln in ihrer Lage jedoch stärker als die

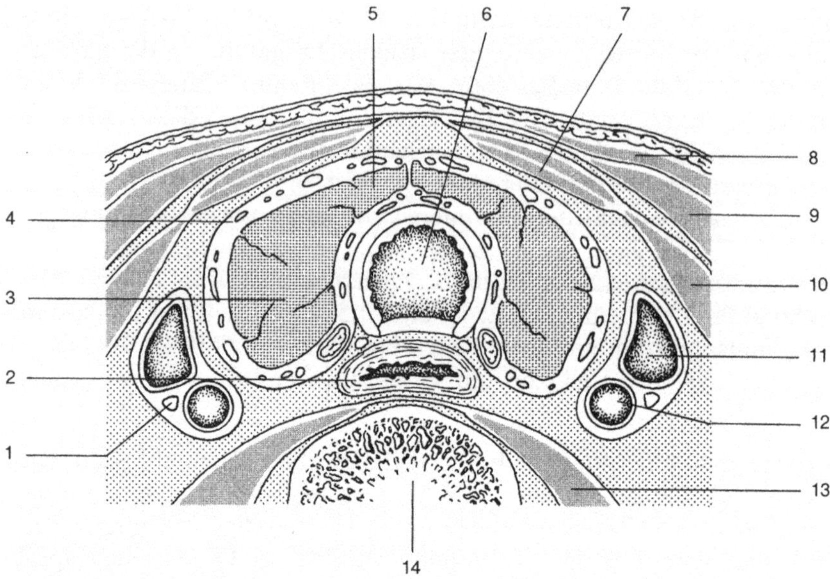

Abb. 3.7. Querschnitt der Schilddrüsenregion.
1 N. vagus; *2* Ösophagus; *3* Schilddrüsenseitenlappen; *4* Schilddrüsenkapsel; *5* Isthmus; *6* Trachea; *7* M. sternohyoideus und *M.* sternothyreoideus; *8* Platysma; *9* M. sternocleidomastoideus; *10* M. omohyoideus; *11* V. jugularis; *12* A. carotis communis; *13* prävertebrale Halsmuskulatur (M. scalenus anterior und medius); *14* Halswirbelsäule

oberen, und zwar sowohl nach kranial (bis in Höhe der kranialen Epithelkörperchen) und v. a. nach lateral und kaudal (bis in das obere Mediastinum). Bei Strumen variiert die Lokalisation der Epithelkörperchen noch stärker. Bei Vorliegen eines Epithelkörperchenadenoms sind die übrigen Drüsen oft kleiner als normal (nur etwa reiskorngroß).

3.2.2 Untersuchungstechnik

Geräte

Für eine differenzierte Beurteilung sollten nur hochauflösende Applikatoren mit einer Frequenz von 5 bis 7,5 MHz zur Anwendung kommen. Die beste Gesamtübersicht über das Organ in Quer- und Längsschnitten bringen die Compoundscanner mit 5- oder 7-MHz-Schallkopf. Die Detailerkennbarkeit, insbesondere im Hinblick auf Zysten und Adenome, ist bei den modernen, gut auflösenden linearen Multielementscannern (Frequenz 5-7,5 MHz) nach unseren Erfahrungen noch günstiger als die der Compoundscanner. Spezielle Vorteile sind die Beobachtung des Schluckakts und die bessere Beurteilung der begleitenden großen Halsgefäße. Die Real-time-Geräte liefern allerdings kein übersichtliches Querschnittbild der gesamten ventralen Halsregion.
Für substernal reichende Prozesse eignen sich Sektorscanner mit kleiner Auflagefläche. Eine CT-Untersuchung ist bei dieser Fragestellung jedoch aussagekräftiger.

Lagerung

Rückenlage auf flacher Liege, wobei dem Patienten eine Rolle unter die Schulterblätter gelegt wird, damit der Kopf nach hinten fällt. Bei Längsschnitten kann der Kopf leicht schräg zur anderen Seite geneigt werden. Die Lagerung ist für manche Patienten unangenehm; die Untersuchung sollte daher zügig erfolgen. Gegebenenfalls ist eine Unterbrechung der Untersuchung mit Lagewechsel nötig.

Schnittführung

Jeder Seitenlappen wird in Quer- und Längsschnitten systematisch abgefahren; das gleiche gilt für den Isthmus. Es ist zu bedenken, daß die Seitenlappen nicht parallel zur Wirbelsäule, sondern leicht schräg nach kranial aufsteigen. Immer sollten die rechte und die linke Seite verglichen werden. Dies ist bei den Real-time-Scannern auf einem einzigen Querschnitt nur teilweise möglich, d.h. die Randpartien lassen sich dabei nicht immer voll mit erfassen. Die Beobachtung des Schluckakts, d.h. der dabei resultierenden Organverschiebung, gehört mit zum Untersuchungsablauf (Abgrenzung von Nachbarschaftsprozessen). Die begleitenden Gefäße (A. carotis communis und V. jugularis interna) sollten überprüft werden. Bei Verdacht auf einen substernalen Strumaanteil ist eine schräge Einstrahlrichtung oberhalb des Sternums zu empfehlen. Auch die Trachea muß zum Ausschluß bzw. zur Erkennung von gröberen Einengungen und Verlagerungen im Querschnitt abgefahren werden.
Bei der Untersuchung der Nebenschilddrüsen muß besonders auf eine ventrolaterale Einstrahlrichtung geachtet werden, um die bei ventraler Untersuchung ggf. im Trachealschatten untergetauchten Adenome zu erfassen.

3.2.3 Echographische Anatomie

Die normale Schilddrüse läßt sich echographisch ohne Schwierigkeiten auffinden und abbilden (Abb. 3.8). Das Parenchym ist durch eine feine, gleichmäßige, mittelstarke Echotextur charakterisiert. Die Organkapsel erzeugt keine stärke-

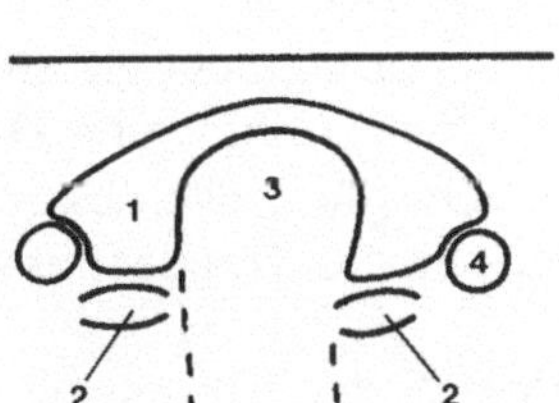

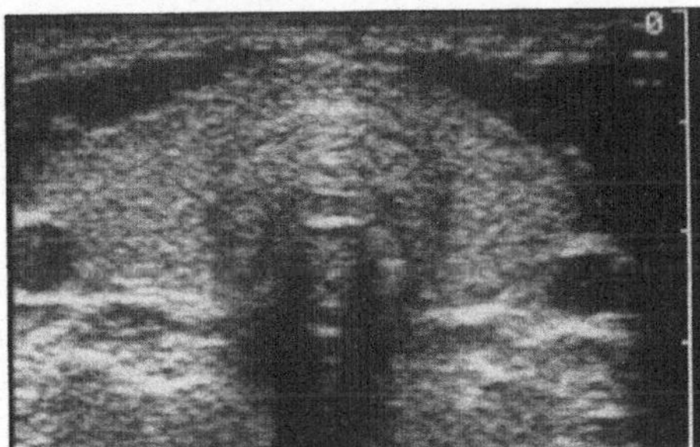

Abb. 3.8. Schilddrüse im Querschnitt.
1 Schilddrüse; *2* prävertebrale Halsmuskeln; *3* Trachea; *4* A. carotis

ren Reflexe. Innerhalb des Parenchyms erkennt man bei Untersuchung in Realtime-Technik oft Anschnitte von Gefäßen, die sich aber nur über eine kurze Strecke verfolgen lassen. Die angedeutete Keilform der Seitenlappen tritt auf den Längsschnitten deutlich hervor (Abb. 3.9). Die Abgrenzung des schmalen oberen Pols bereitet wegen der Nähe zum Schildknorpel manchmal Schwierigkeiten. Auf den Längsschnitten lassen sich auch die A. carotis communis und die V. jugularis interna übersichtlich abbilden. Die Arterie zeigt einen deutlichen Randreflex mit typischen Pulsationen. Mit Hilfe des Kompressionstests oder des Valsalva-Manövers lassen sich die beiden Blutgefäße leicht unterscheiden. Auch ist die topographische Zuordnung in der Regel typisch: die A. carotis verläuft medial, die V. jugularis lateroventral. Der N. vagus ist echographisch nicht darstellbar. Schluckbewegungen werden im Längsschnitt beobachtet.

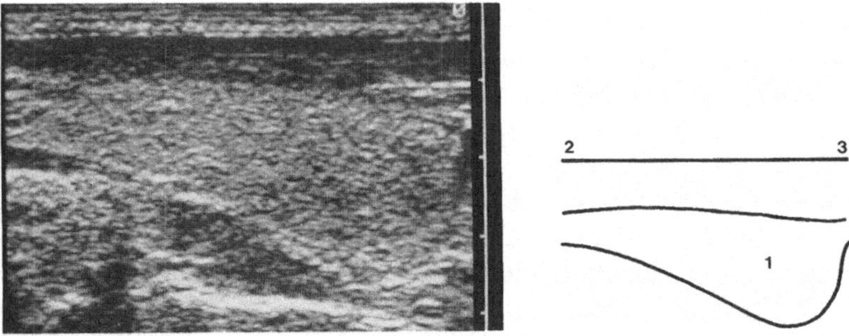

Abb. 3.9. Längsschnitt der Schilddrüse *(1)*; der obere Pol ist etwas abgeschnitten (*2* kranial, *3* kaudal)

Die Halsmuskeln sind echoärmer als das Schilddrüsenparenchym. Von der Größe her imponieren am deutlichsten der schräg nach lateral ziehende M. sternocleidomastoideus und die prävertebralen Halsmuskeln. Die Zungenbeinmuskeln sind vergleichsweise dünner und daher nicht immer eindeutig auszumachen. Auf Querschnitten ist die tomographische Anordnung dieser Strukturen am besten aufzuzeigen (Abb. 3.8). Bei der Untersuchung in Echtzeitdarstellung empfiehlt es sich, jede Seite für sich getrennt zu „durchschallen“. Für den Seitenvergleich benötigt man allerdings auch einen symmetrischen Querschnitt der mittleren Halsregion; dabei werden die Randzonen der Seitenlappen nicht immer voll mit erfaßt. Diese Aufnahmetechnik ermöglicht gleichzeitig die Beurteilung der Trachea in ihrem Verlauf und Querdurchmesser. Durch die Luft des Tracheallumens entsteht eine Totalreflexion; die Breite des Schallschattens entspricht in etwa dem seitlichen Durchmesser des Tracheallumens (Abb. 3.8 und 3.10).

Auf Längsschnitten über der Trachea stellt sich der Isthmus zumeist als sehr schmales ovaläres Gebilde dar, welches die gleiche Echotextur wie die Seitenlappen der Schilddrüse aufweist. Hinter der Trachealwand entsteht ein Schall-

schatten, in den sich streifenförmige Wiederholungsechos hinein projizieren. Angedeutet erkennt man die Reihenfolge der Trachealspangen (Abb. 3.10). Im mittleren Teil dieses Trachealschattens zeigen sich häufig keilförmige, spitz auslaufende Wiederholungsechos.
Im Schallschatten der Trachea verschwindet zumeist der dorsal gelegene Ösophagus (Abb. 3.11). Er kann durch seitliche Einstrahlung bisweilen sichtbar gemacht werden.

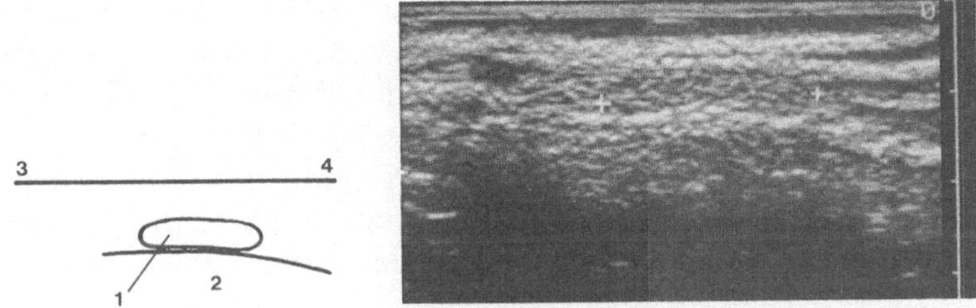

Abb. 3.10. Längsschnitt über der Trachea. *1* Isthmus; *2* Trachea; *3* kaudal; *4* cranial

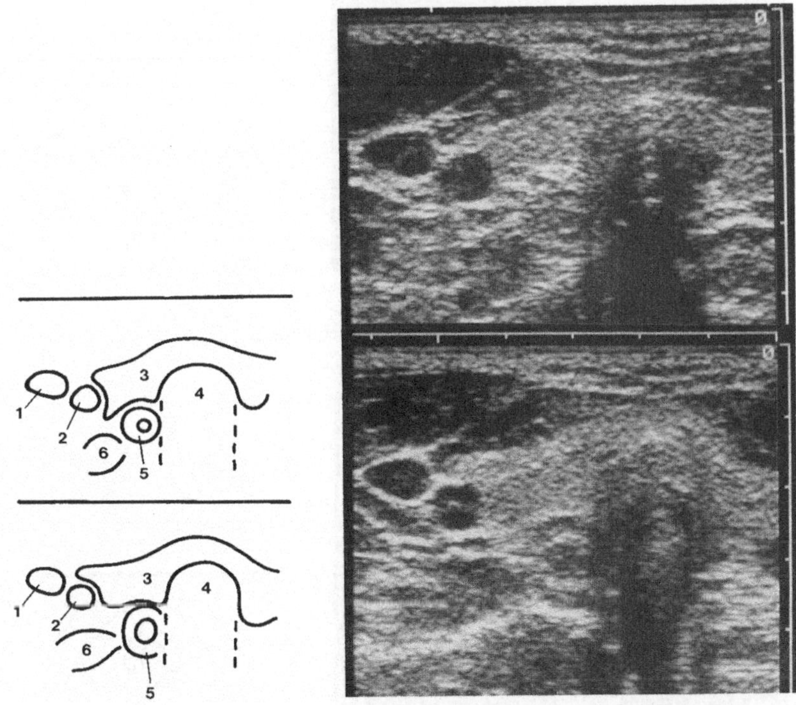

Abb. 3.11. Querschnitt der Schilddrüse mit Darstellung des Ösophagus im Normalzustand *(oben)* und während des Schluckens von Wasser *(unten)*.
1 V. jugularis; *2* A. carotis; *3* Schilddrüse; *4* Trachea; *5* Ösophagus; *6* prävertebrale Halsmuskeln

Führt man den Schallkopf in Längsrichtung seitlich an die Halswirbelsäule heran, so gelingt es, die äußere Begrenzung der Halswirbelsäule abzubilden. Die Intervertebralscheiben erkennt man an der geringen Plateaubildung (Abb. 3.12) und an der Durchlässigkeit der Schallwellen, so daß die Begrenzung des Rükkenmarkkanals sichtbar wird.

Der echographische Querschnitt durch den Kehlkopf bei leicht schräggestelltem Aplikator bringt die Zungenbeinmuskeln und den Schildknorpel als echoarme Gebilde zur Darstellung. Von klinischen Interesse ist die Abbildung der Stimmbänder, deren Stellung und Bewegung beobachtet werden kann (Abb. 3.13). Die echographische Darstellung der *nicht vergrößerten Nebenschilddrüsen* gelingt in der Regel nicht. Bei Geräten mit sehr hohem Auflösungsvermögen (7,5-10 MHz) ist es in einzelnen Fällen möglich, eine echoarme ovaläre Struktur dorsal der Schilddrüse an typischer Stelle nachzuweisen. Anatomische Leitstrukturen für die Suche nach vergrößerten Nebenschilddrüsen sind: Schilddrüse, A. carotis communis, Trachea und Mm. praevertebrales. Eine ventrolaterale Einstrahlrichtung muß bei der Untersuchung beachtet werden.

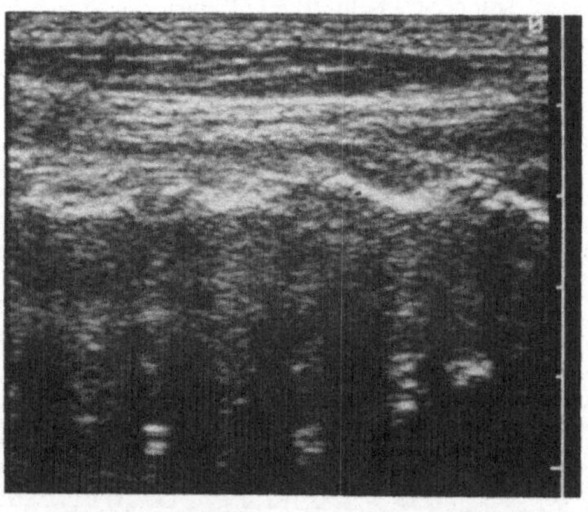

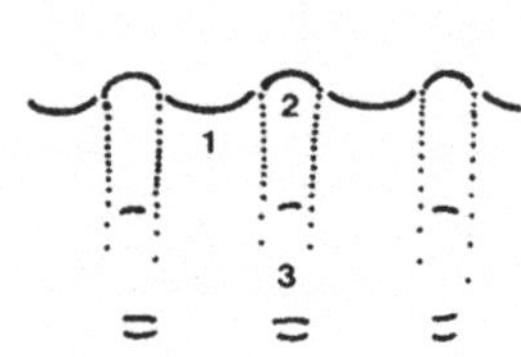

Abb. 3.12. Halswirbelsäule im Längsschnitt.
1 Vorderkante der HWS; *2* Bandscheiben; *3* Wirbelkanal

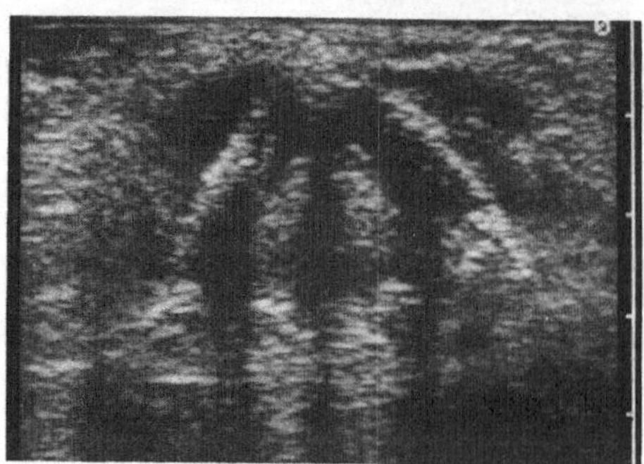

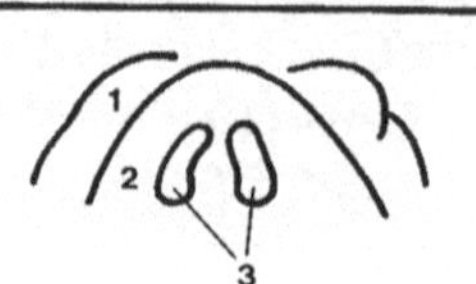

Abb. 3.13. Echographischer Querschnitt des Kehlkopfs mit Darstellung der Stimmbänder.
1 Zungenbeinmuskeln; *2* Schildknorpel; *3* Stimmbänder

Größenmaße

Meissner und Weiss (1978) fanden bei echographischen Messungen von Normalpersonen (n = 70) folgende Normwerte der Schilddrüse:

Maße der Seitenlappen:
Länge: 4,96 ± 1,96 cm
Breite: 3,65 ± 1,45 cm
Dicke: 2,10 ± 0,80 cm
Das Gesamtvolumen wurde mit 34,15 ± 21,23 ml angegeben.

Brunn et al. (1981) berechneten das Schilddrüsenvolumen mit folgender Formel: Länge mal Breite mal Dicke mal 0,479. Die genannten Durchmesser wurden für jeden Seitenlappen unter Anwendung von echtzeitdarstellenden Geräten bestimmt. Der durchschnittliche Volumenfehler betrug 16% (Untersuchungen an Leichenorganen).
Die Autoren konnten zeigen, daß dieses Verfahren bei Anwendung der Echtzeitdarstellung die gleiche Genauigkeit aufzuweisen hat, wie die aufwendigeren volumetrischen Methoden in Compoundscantechnik (Igl et al. 1981). Einschränkend muß allerdings darauf hingewiesen werden, daß die volumentrischen Bestimmungen in Echtzeitdarstellung bei nicht oder nur mäßig vergrößerten Schilddrüsen vorgenommen wurden.
Die durchschnittliche Größe eines normalen Epithelkörperchens wird mit 3 · 5 · 2 mm angegeben (s. 3.2.1).

Normvarianten und Fehlermöglichkeiten

Die Schilddrüse variiert in ihrem Volumen sehr (s. oben). Außerdem können die beiden Seitenlappen unterschiedlich stark ausgebildet sein, ohne daß diesem Befund immer eine pathologische Bedeutung beizumessen wäre; das gleiche gilt für den Isthmus. Ebenfalls kann der Lobus pyramidalis in sehr wechselnder Größe und Länge vorhanden sein.
Auf die Variabilität der Lage der Nebenschilddrüsen wurde schon hingewiesen. Nach Rohen (1975) können verlagerte Epithelkörperchen überall im Halsbindegewebe in der Umgebung der Schilddrüse und Trachea gefunden werden. Als ektopische Positionen werden aufgeführt: in der Pharynx- oder Ösophagealwand; retroösophageal; in der Karotisscheide; im vorderen oder hinteren Mediastinum paraösophageal; im Bereich der Thymusdrüse; vor der Wirbelsäule gelegen und gelegentlich als Rarität auch intrathyreoidal.
Bei mediastinaler Ektopie gilt die Regel, daß die unteren Epithelkörperchen in das vordere und die oberen in das hintere Mediastinum abwandern. Zur Erkennung mediastinaler Epithelkörperchenadenome ist die Echographie in der Regel nicht geeignet; bei dieser Fragestellung sollte die Sektorenscantechnik bzw. die Computertomographie angewandt werden.
Die normale Schilddrüse und die normalen Epithelkörperchen geben im übrigen wenig Anlaß für Fehlbeurteilungen. Dem weniger Geübten fällt die Zuordnung der echoarmen Halsmuskulatur, besonders der prävertebralen Muskeln

bisweilen schwer. So kann auch die einseitige Hypertrophie einzelner Muskeln (z. B. bei Lähmungen anderer Muskeln) verwirren. Vorsicht ist geboten bei Nachbarschaftsprozessen, welche die normale Schilddrüse unmittelbar berühren (z. B. vergrößerte Lymphknoten). Das gleiche gilt für die Epithelkörperchen; dorsal gelegene Adenome der Schilddrüse können mit Adenomen der Nebenschilddrüse verwechselt werden (Lorenz et al. 1981).

Literatur

Brunn J, Block U, Ruf G, Bos I, Kunze WP, Scriba PC (1981) Volumetrie der Schilddrüsenlappen mittels Real-time-Sonographie. Dtsch Med Wochenschr 106: 1338-1340

Igl W, Lukas P, Leisner B, Fink U, Seiderer M, Pickardt CR, Lissner J (1981) Sonographische Volumenbestimmung der Schilddrüse - Vergleich mit anderen Methoden. Nuklearmedizin 20: 64

Lorenz D, Kaick G van, Wahl R, Maybier H (1981) Echographische Lokalisationsdiagnostik von Adenomen und Hyperplasien der Nebenschilddrüse beim primären Hyperparathyreoidismus. ROFO 134: 260

Meissner J, Weiss H (1978) Ergebnisse sonographisch-planimetrischer Messungen zur Volumenbestimmung der Schilddrüse. In: Kratochwil A, Reinold E (Hrsg) Ultraschalldiagnostik. Georg Thieme, Stuttgart S 270-272

Rohen JW (1975) Topgraphische Anatomie. 5. Aufl, Schattauer, Stuttgart New York.

4 Thorax

Der in der Diagnostik angewandte hochfrequente Ultraschall wird bekanntlich an Gas total reflektiert und an Knochengewebe durch Absorption und Reflexion so weitgehend geschwächt, daß hinter der Oberfläche gashaltiger Organe und hinter Knochen gelegene Strukturen echographisch nicht abzubilden sind. Die Ultraschalldiagnostik im Thoraxbereich ist daher auf die Thoraxwand bis zur Lungenoberfläche sowie auf das Mediastinum und insbesondere auf das Herz begrenzt, soweit diese Strukturen durch das Fenster der Zwischenrippenräume erreicht werden können (Abb. 4.1). Diagnostisch wird die Methode also

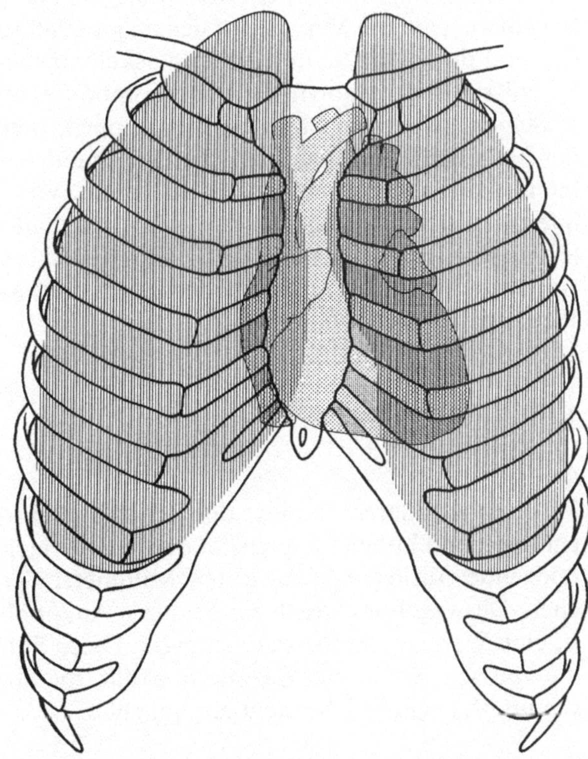

Abb. 4.1. Projektion der Herz- und Lungengrenzen auf den ventralen knöchernen Thorax. Zu beachten ist das individuell unterschiedlich große akustische Fenster zum Herzen zwischen knöchernem Thorax (Sternum, Rippen) und lufthaltigem, vor dem Herzen gelegenem Lungengewebe

im wesentlichen zur Beurteilung des Herzens sowie gelegentlich zur Beurteilung von pleuralen und im Lungenmantel gelegenen Prozessen genutzt. Eine zunehmend wichtige Rolle spielt außerdem die Ultraschalldiagnostik der Brustdrüse.
Auch der neuerdings technisch realisierte transösophageale Zugang mittels Ultraschallendoskopen dient in erster Linie der Herzdiagnostik.
Dementsprechend sollen hier auch nur die normale Anatomie der Brustwand, der weiblichen Brustdrüse und des Herzens im Ultraschallbild dargestellt werden.

4.1 Thoraxwand

4.1.1 Topographische und anatomische Vorbemerkungen

Anatomisch werden 3 Schichten unterschieden: Die oberflächliche Schicht entspricht dem Unterhautfettgewebe mit den darin eingebetteten Gefäßen und Nerven. Die mittlere Schicht stellen die Muskeln der Brustwand dar, also ventral vorwiegend die Mm. pectorales major et minor, lateral der M. serratus anterior und dorsal die Schultergürtelmuskeln, insbesondere der M. trapezius, der M. latissimus dorsi sowie die Mm. rhomboides major et minor. Die dritte, innere Schicht wird vom Sternum, den Rippen, den Zwischenrippenräumen und der Brustwirbelsäule gebildet. Die Zwischenrippenräume werden von den Mm. intercostales externi und interni ausgefüllt. Von diesen können noch die Mm. intercostales intimi abgegrenzt werden, die plattenartig die Canales intercostales mit den entsprechenden Gefäßen und Nerven nach innen abschließen. Die Brustwand wird nach innen bedeckt von der Fascia thoracica interna und der Pleura parietalis (Abb. 4.2).

4.1.2 Untersuchungstechnik

Geräte

Zu einer genaueren Analyse der Brustwand sind nur Geräte geeignet, die bei entsprechend hoher Frequenz in den Nahbereich fokussiert sind und eine ausreichende Auflösung vom ersten Millimeter der Hautoberfläche an ermöglichen. Deswegen und auch zur besseren Ankopplung wegen der harten Rippen ist eine Wasservorlaufstrecke sinnvoll. Diese Forderungen werden in erster Linie von sog. Small-part-Scannern erfüllt, die aber nur einen kleinen Bildausschnitt ohne große Übersicht ermöglichen.

Lagerung

Je nach Fragestellung. Sitzende Position oft gut geeignet.

Typische Schnittebenen

Senkrecht und parallel zu den Rippen im Interkostalraum.

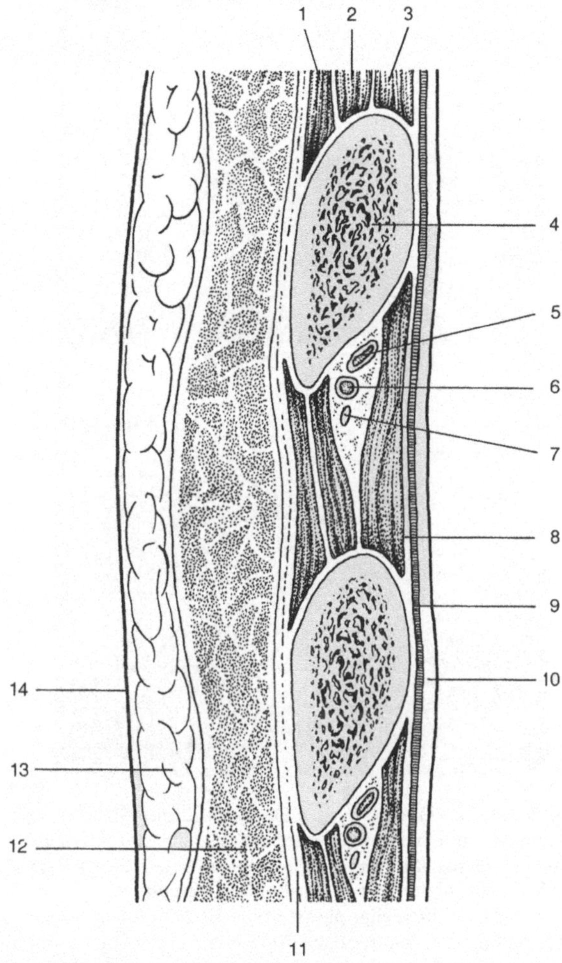

Abb. 4.2. Längsschnitt durch die Brustwand, etwa in der hinteren Axillarlinie.
1 M. intercostalis externus; *2* M. intercostalis internus; *3* M. intercostalis intimus; *4* Costa; *5* V. intercostalis; *6* A. intercostalis; *7* N. intercostalis; *8* Fascia thoracica interna; *9* Fascia endothoracica; *10* Pleura parietalis; *11* Fascia thoracica externa; *12* M. pectoralis major; *13* Unterhaut; *14* Haut

4.1.3 Echographische Anatomie

Unterhautfettgewebe und Muskulatur sind im Ultraschallbild echoarm. Die einzelnen Schichten der Thoraxwand sind kaum gegeneinander abgrenzbar. Die Rippen verursachen oft ein überraschend wenig auffallendes Echo und im knöchernen Bereich einen mehr oder weniger deutlichen Schallschatten. Dieser ist im knorpeligen Anteil und auch bei Osteoporose oft nur angedeutet. Die undeutliche Darstellung der Rippen wird vielleicht teilweise durch ihre transducernahe Lage verschuldet (Abb. 4.3 a, b). Im statischen Ultraschallbild sind die beiden Pleurablätter nicht eindeutig zu identifizieren, jedoch ist ihre Verschiebung gegeneinander bei der dynamischen Untersuchung erkennbar.

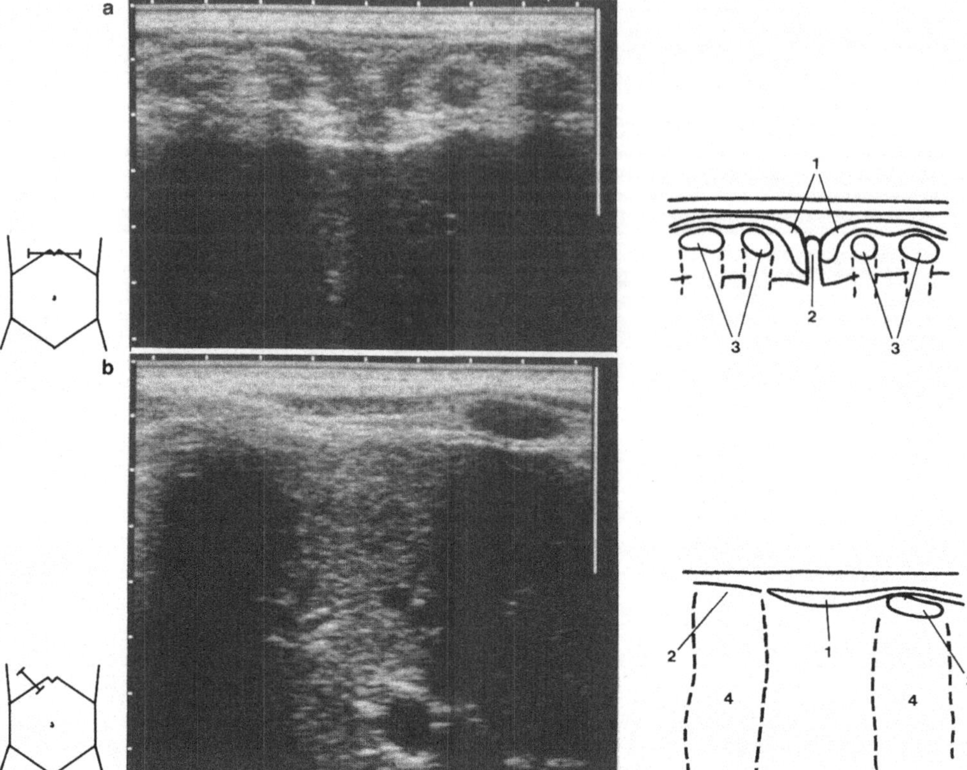

Abb. 4.3 a, b. Thoraxwand. **a** Querschnitt in Höhe des Xiphoids mit Abbildung der Xiphoidspitze, kenntlich an einem angedeuteten Schallschatten, dem am Xiphoid und vor den Rippen verlaufenden M. rectus abdominis beiderseits und den knorpeligen Anteilen der Rippen 6 und 7.
1 M. rectus abdominis; *2* Xiphoid; *3* Rippen
b Schrägschnitt rechts parasternal mit Abbildung zweier Rippen. Zu beachten ist die echoarme Darstellung des knorpeligen Anteils der einen Rippe und die Totalreflexion am knöchernen Anteil der anderen Rippe. Dabei ist der Schallschatten im knöchernen Bereich naturgemäß intensiver.
1 M. rectus abdominis; *2* knöcherner Rippenanteil; *3* knorpeliger Rippenanteil; *4* Schallschatten

Größenmaße

Die Dicke der Thoraxwand variiert in Abhängigkeit von der Ausprägung der Brustmuskeln und des Unterhautfettgewebes.

4.2 Mediastinum und Herz[1]

4.2.1 Topographisch-anatomische Vorbemerkungen

Das *Mediastinum* ist der zwischen den beiden Pleurahöhlen in der Mitte der Brusthöhle gelegene Raum, der vorn vom Brustbein und teilweise den Rippen, hinten von der BWS und kaudal vom Zwerchfell begrenzt wird. Zum Hals besteht keine Grenze. Das Mediastinum ist von lockerem Bindegewebe ausgefüllt. Oberhalb des Herzbeutels liegt das Mediastinum superius, durch das Trachea, Ösophagus, Gefäßstämme und Nervenbahnen laufen. Weiterhin liegt direkt hinter dem Sternum der Thymus(rest).
Im unteren Mediastinum werden noch der vor dem Herzbeutel gelegene spaltförmige Raum (Mediastinum anterius) und der hinter dem Herzbeutel gelegene Teil (Mediastinum posterius) mit dem Ösophagus, den Gefäßen und Nervenbahnen und das Mediastinum medium, das vom Herzen ausgefüllt wird, unterschieden.
Das *Herz* liegt insgesamt im Herzbeutel, ist mit diesem normalerweise aber nur im Bereich der Umschlagsfalte des Perikard zum Epikard fest verbunden. Im spaltförmigen Perikard finden sich normalerweise nur geringste Mengen Flüssigkeit. Die Umschlaglinie des Perikards liegt im Bereich der Gefäßstämme, wobei Aorta ascendens, Truncus pulmonalis und kurze Abschnitte der V. cava superior inferior sowie mit Variationen die Vv. pulmonales im Perikard mit eingeschlossen sind.
Die Unterteilung des Herzens in 2 Vorhöfe und 2 Kammern wird bereits an der Oberfläche durch den rechten und linken Sulcus coronarius und den vorderen und hinteren Sulcus interventricularis, in denen die entsprechenden Gefäße verlaufen, sichtbar. In situ werden die Herzspitze und linke Begrenzung durch die linke Herzkammer, die rechte Begrenzung durch den rechten Vorhof gebildet, während der linke Vorhof hauptsächlich die dorsale und der rechte Ventrikel hauptsächlich die ventrale Seite des Herzens bildet. Der normalerweise links in Höhe des 5. Interkostalraums knapp medial der Medioklavikularlinie gelegenen Herzspitze liegt die Herzbasis, die der Ventilebene mit den 4 Herzklappen entspricht, gegenüber. Die Herzachse von der Mitte der Ventilebene zur Spitze bildet mit der Mittellinie des Körpers einen Winkel von etwa 45°. Sie entspricht der Längsachsenebene („long axis“) der Echokardiographie.
In der von rechts kaudal nach links kranial verlaufenden und etwas nach dorsal geneigten Ventilebene sind die 4 Herzklappen angeordnet. Die am weitesten rechts und kaudal gelegene Trikuspidalklappe projiziert sich auf das Sternum etwa in Höhe des Ansatzes der 5. Rippe. Die Mitralklappe liegt etwas weiter links, kranial und dorsal und projiziert sich auf den linken Sternalrand in Höhe des Ansatzes der 4. Rippe. Die Aortenklappe liegt noch weiter kranial und medial der Mitralklappe und projiziert sich auf das linksseitige Sternum in Höhe

[1] Die Ultraschallbilder für diesen Abschnitt wurden von Dr. K. Hoffmann, Sektion Kardiologie, Med. Univ.-Klinik Heidelberg, zur Verfügung gestellt.

des 3. Interkostalraums. Noch weiter kranial in Höhe des Ansatzes der 3. Rippe ist dann links parasternal die Pulmonalklappe zu finden.
Dementsprechend verlaufen aus der Ventilebene nach kranial am weitesten rechts die V. cava superior, etwa in der Mittellinie die Aorta ascendens und links davon der kurze Truncus pulmonalis, während die V. cava inferior und die 4 Lungenvenen weiter dorsal gelegen sind.

4.2.2 Untersuchungstechnik

Geräte

Für die zweidimensionale Herzdiagnostik wie auch für die schwierige Beurteilung des oberen Mediastinums sind eigentlich nur Sectorscanner mit einer Auflagefläche, die kleiner ist als der quere Durchmesser eines Interkostalraums (1-1,5 cm) geeignet. Verwendet werden in erster Linie Phased-array-Scanner, obwohl auch mechanische Sectorscanner geeignet erscheinen. Wesentlich ist neben einer angepaßten Ultraschallfrequenz (2,5 bis etwa 4 MHz) v.a. eine genügend hohe Bildfolgefrequenz, um die Bewegungsvorgänge, insbesondere die Aktionen der Herzklappen, zeitlich auflösen zu können. Bei zu geringer Bildfolgefrequenz kann es zu einer Art stroboskopischen Betrachtung der Herzklappen kommen, die nicht dem zeitlich wahren Bewegungsablauf entspricht. Für die Herzdiagnostik ist die Kombination des B-Scanners mit der M-mode-Technik notwendig. Zur zeitlichen Zuordnung muß weiterhin ein EKG mit registriert werden können.

Lagerung

Gewöhnlich Untersuchung am auf dem Rücken liegenden Patienten von links. Die Untersuchungsmöglichkeiten können evtl. durch Linksseitenlage und/ oder Erhöhung des Oberkörpers verbessert werden.

Schnittebenen

Normalerweise ist das günstigste akustische Fenster im 4. Interkostalraum gelegen (Abb. 4.4.).
Die Standardschnittebenen in der Herzdiagnostik sind:
1) Längsachsenebene, entsprechend der langen Achse des Herzens parasternal (Abb. 4.5 u. 4.8) sowie auch apical und suprasternal;
2) Querachsenebene parasternal in Höhe der Mitralklappenöffnung sowie in mehreren parallelen Schnitten weiter kranial zur Darstellung der linksventrikulären Ausflußbahn, der Aortenwurzel mit Aorten- und Trikuspidalklappe und, falls möglich, der Pulmonalklappe sowie weiter kaudal in Höhe der Sehnenfäden der Mitralklappe und in Höhe der Papillarmuskeln (Abb. 4.7, 4.9-4.11);
3) apikaler und subkostaler „Vierkammerblick“ (s. Abb. 4.6, 4.12-4.14).

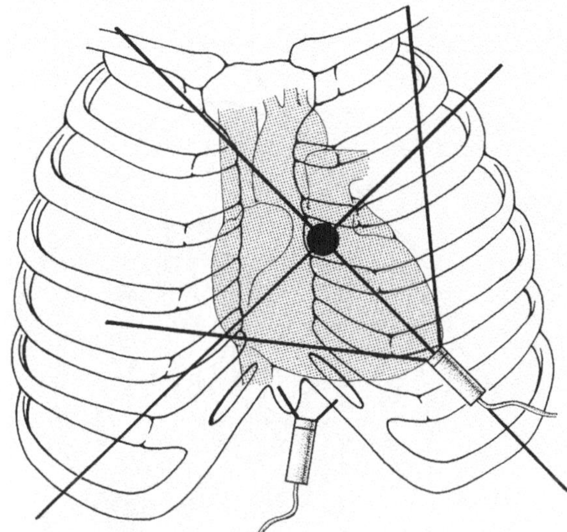

Abb. 4.4. Projektionsebenen

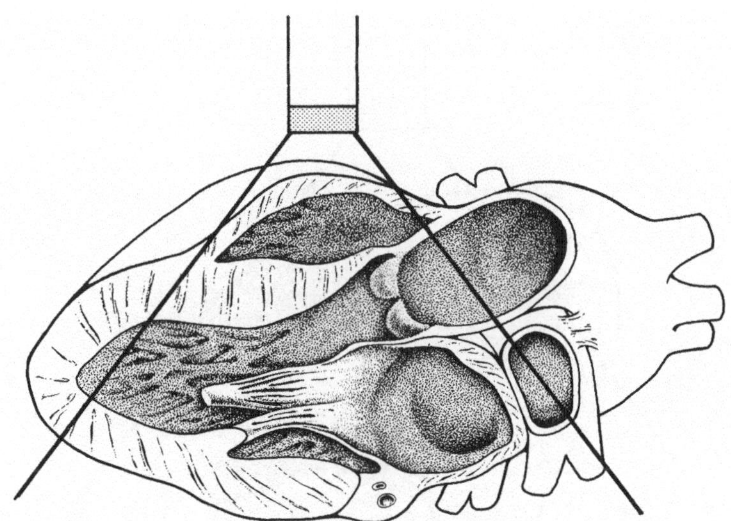

Abb. 4.5. Schnitt durch die Längsachse des Herzens, der Abbildungsebene links parasternal entsprechend

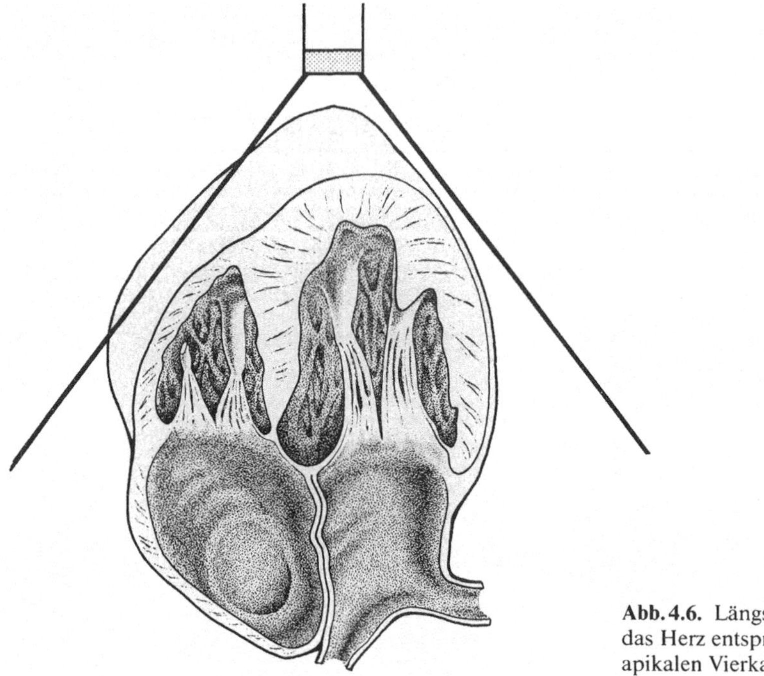

Abb. 4.6. Längsschnitt durch das Herz entsprechend dem apikalen Vierkammerblick

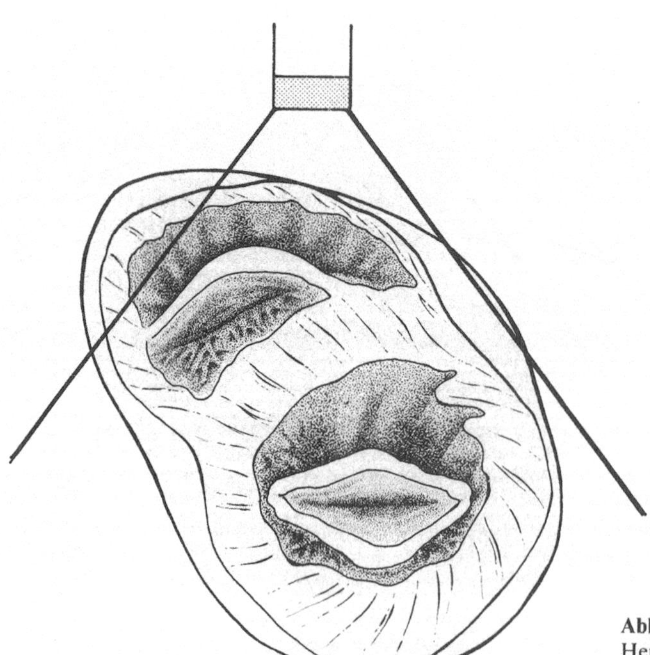

Abb. 4.7. Querschnitt durch das Herz (kurze Achse) in Höhe der Mitralklappe

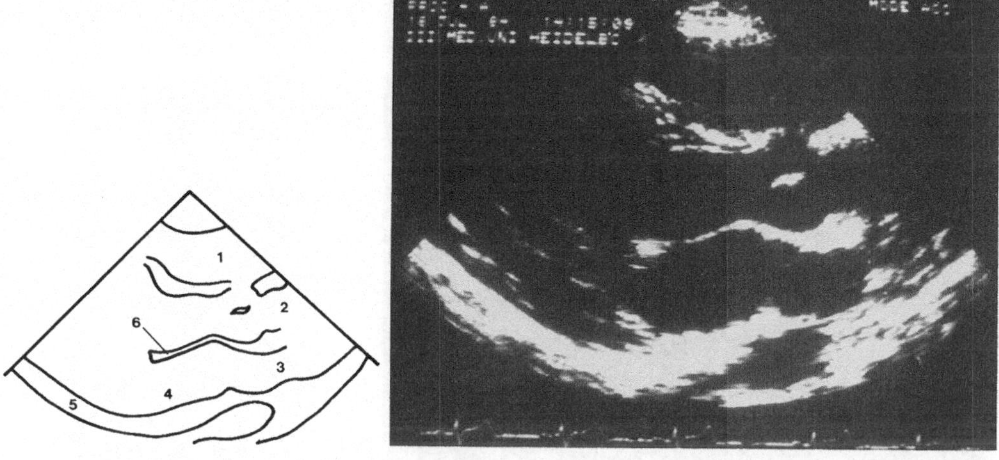

Abb. 4.8. Längsschnitt des Herzens.
1 Rechter Vorhof; *2* Aorta; *3* linker Vorhof; *4* posteriores Mitralsegel; *5* Hinterwand des linken Ventrikels; *6* vorderes Mitralsegel

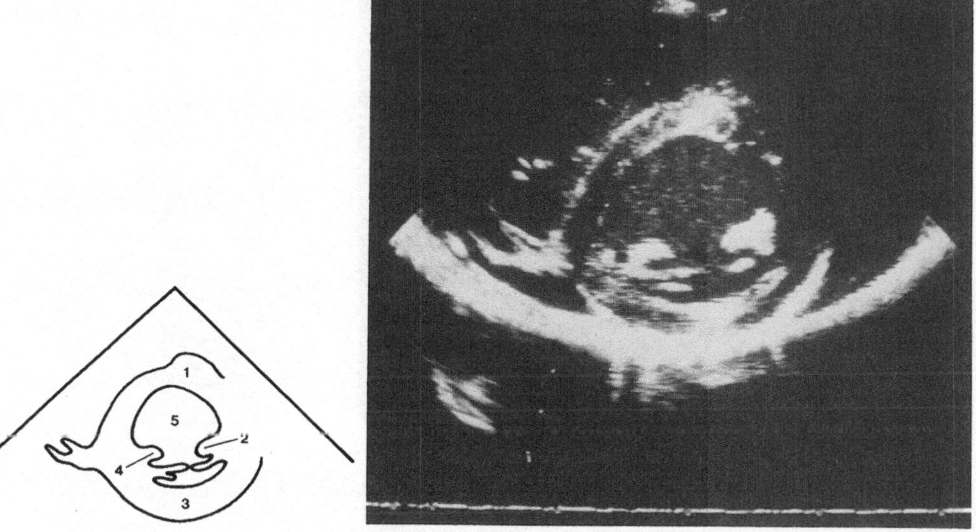

Abb. 4.9. Papillarmuskeln (Querschnitt).
1 Septum interventriculare; *2* anterolateraler Papillarmuskel; *3* Hinterwand des linken Ventrikels; *4* posteromedialer Papillarmuskel; *5* linker Ventrikel

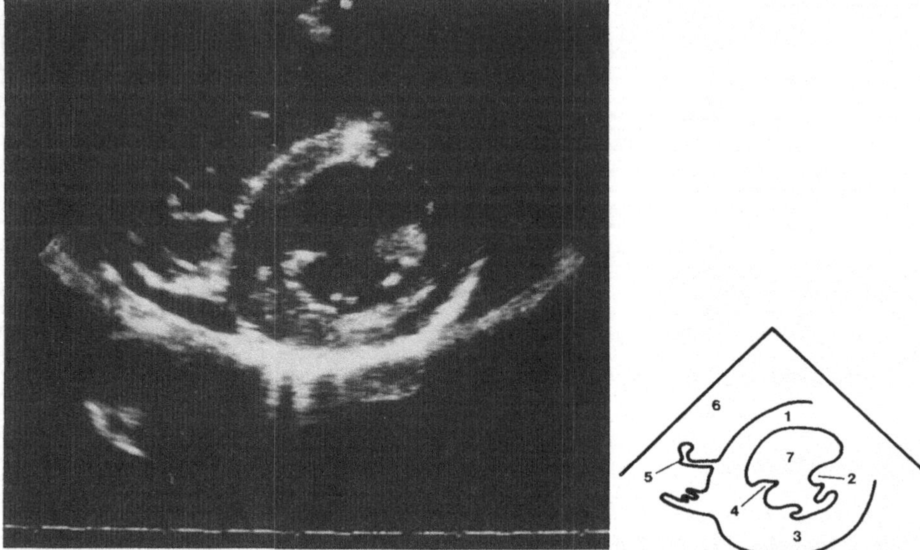

Abb. 4.10. Papillarmuskeln und Trikuspidalklappe (Querschnitt).
1 Septum interventriculare; *2* anterolateraler Papillarmuskel; *3* Hinterwand des linken Ventrikels; *4* posteromedialer Papillarmuskel; *5* septales Trikuspidalsegel; *6* rechter Ventrikel; *7* linker Ventrikel

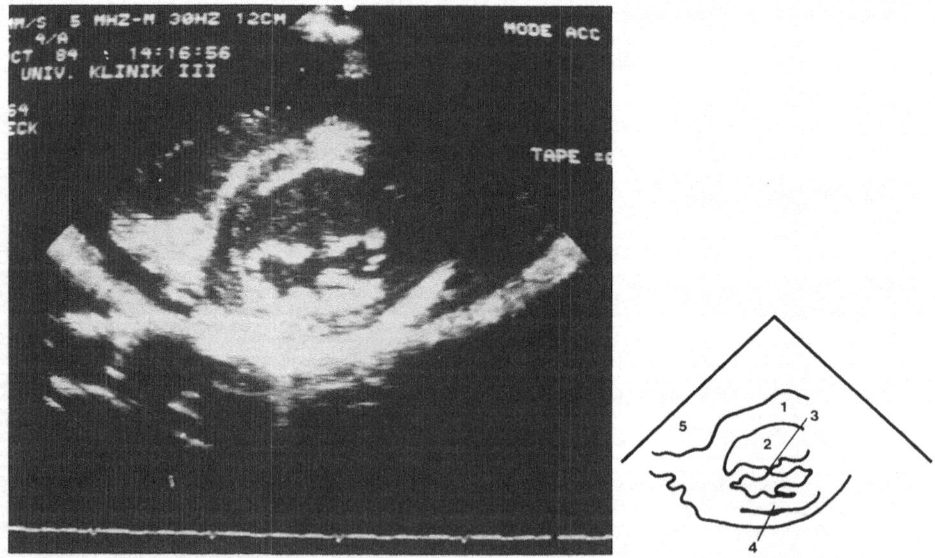

Abb. 4.11. Mitralklappe (Querschnitt).
1 Septum interventriculare; *2* linker Ventrikel; *3* vorderes Mitralsegel; *4* posteriores Mitralsegel; *5* rechter Ventrikel

Zu beachten ist die im Vergleich zur abdominellen Diagnostik andere Orientierung im B-Bild der Herzdiagnostik: Entsprechend den Standards der American Society of Echocardiography (Henry et al. 1980a) ist im Längsschnitt die (kaudal gelegene) Herzspitze der linken Bildseite zugeordnet. (Der Untersucher blick von links in das Herz, in der abdominellen Diagnostik von rechts!) Im Querschnitt entspricht - wie in der abdominellen Diagnostik - die rechte Patientenseite der linken Bildseite (Blick von unten). Auch im apikalen Vierkammerblick bleibt die rechte Herzseite der linken Bildseite zugeordnet. Die transducernahe Herzspitze ist im Bild oben, was anatomisch einem Blick von dorsal auf einen Flachschnitt entspricht. Eine Bildumkehr mit Abbildung des transducernahen Abschnitts unten ist zulässig (Blick von ventral). Diese Regeln gelten für den subkostalen Vierkammerblick sinngemäß.

4.2.3 Echographische Anatomie

In der parasternalen Längsebene sind hinter der Brustwand von vorn nach hinten zunächst die Vorderwand des rechten Ventrikels, dann der Ventrikelraum selbst und dahinter das interventrikuläre Septum (IVS) darzustellen. Dahinter ist dann der linke Ventrikel zu erkennen, mit dem im Ventrikel schwingenden vorderen Mitralsegel. Nach kranial geht das IVS in die Aortenvorderwand, das vordere Mitralsegel in die Aortenhinterwand über. Im Lumen sind die Echos der Aortenklappe darzustellen. Dorsal-kaudal ist dann das hintere Mitralsegel mit seinen Sehnenfäden und dem Papillarmuskel und dahinter die Hinterwand des linken Ventrikels zu erkennen, während der echofreie, kranial davon gelegene Hohlraum dem linken Vorhof entspricht (Abb. 4.8).
Bei günstigen Untersuchungsbedingungen führt das Kippen der Bildebene nach rechts bei gleichzeitiger Drehung der Bildebene im Uhrzeigersinn, bis sie der Körperlängsachse entspricht, zunächst zu einem Verschwinden der Aortenwurzel aus der Bildebene und zur Darstellung vorwiegend des rechten Ventrikels der Trikuspidalklappe und des rechten Vorhofs und schließlich zur Darstellung des rechten Vorhofs mit der pulmonalen Ausflußbahn und der Pulmonalklappe. Bei dieser links-parasternalen Längsschnittebene des rechtsventrikulären Ausflußtrakts sind im Idealfall dahinter das IVS, der linke Ventrikel mit Teilen der Mitralklappe und die linksventrikuläre Ausflußbahn zu sehen sowie hinter der Hinterwand des linken Ventrikels die Aorta descendens.
Die Untersuchung in der Längsachse des Herzens von apikal zeigt den linken Ventrikel mit Mitralklappe und den linken Vorhof sowie Aortenklappe und Aortenwurzel (Abb. 4.12).
Aus der parasternalen Längsachsenebene wird der Schallkopf um exakt 90° in Höhe der Mitralklappe gedreht, um das typische Querachsenbild („short axis") zu erhalten. Hinter dem halbmondförmigen rechten Ventrikel erkennt man dann den kreisrunden linken Ventrikel mit den Echos des vorderen und hinteren Mitralsegels. Die dünne Wand des rechten Ventrikels und die dickere Wand des linken Ventrikels (Septum und Hinterwand) sind dabei besonders gut abzugrenzen.

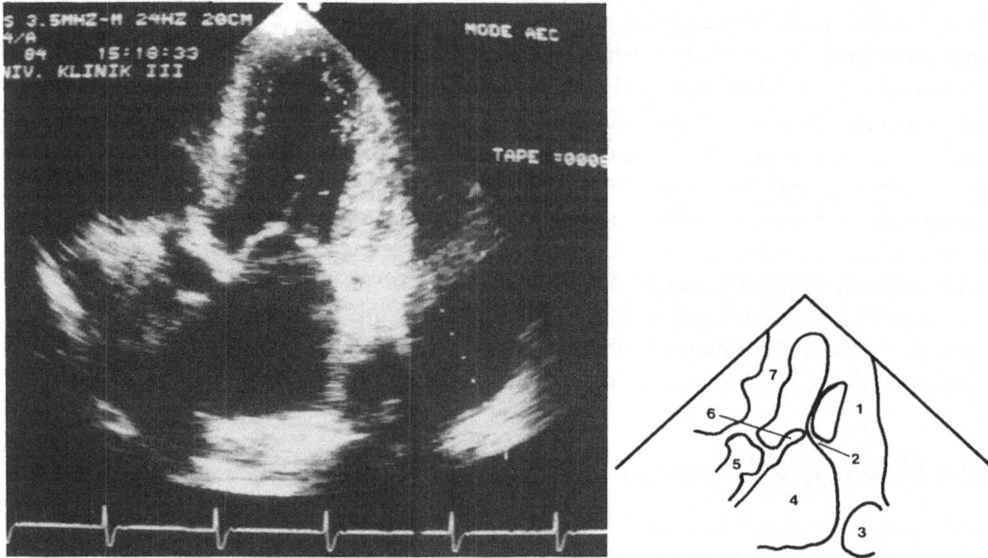

Abb. 4.12. Zweikammerblick von der Spitze aus.
1 Hinterwand des linken Ventrikels; *2* posteriores Mitralsegel; *3* Aorta descendens; *4* linker Vorhof; *5* Aorta; *6* vorderes Mitralsegel; *7* Vorderwand des linken Ventrikels

Ein Kippen der Schnittebene nach kaudal bzw. auch ein Verschieben des Schallkopfs nach kaudal entlang der Längsachsenebene führt zur Darstellung der spitzennahen Abschnitte des linken Ventrikels, wobei zunächst die Sehnenfäden und dann die Papillarmuskeln abgebildet (Abb. 4.9-4.11) werden.

Kippt man die Schnittebene aus der Querachsenebene der Mitralklappe nach kranial und etwas nach medial, so wird in der Ebene der großen Gefäße v. a. die Aortenwurzel mit der Aortenklappe im Querschnitt dargestellt. Dahinter der linke Vorhof, medial der rechte Vorhof, dazwischen - angedeutet - das Vorhofseptum. Vor dem rechten Vorhof finden sich Echos der Trikuspidalklappe. Davor und dann nach links unten verlaufend sind bei meist noch etwas mehr gekipptem oder gedrehtem Schallkopf die rechtsventrikuläre Ausflußbahn, die Pulmonalklappe und der kurze Hauptstamm der Pulmonalarterie darzustellen (Abb. 4.13).

Aus dieser Querachsenebene in Höhe der Aortenwurzel kann auch versucht werden, durch geringe Verschiebungen und Drehungen des Schallkopfs den Stamm der linken und rechten Kranzarterie darzustellen.

Die Untersuchung von der Herzspitze aus bei Linksseitenlage des Patienten ermöglicht den Blick auf alle 4 Herzhöhlen in einer Schnittebene (apikaler Vierkammerblick). Dargestellt sind dann besonders deutlich das Kammerseptum und auch das Vorhofseptum, die die rechte und linke Herzhälfte, sowie die Mitral- und Trikuspidalklappe, die die Vorhöfe von den Kammern trennen. Unter Umständen läßt sich zentral von den 4 Herzabschnitten umgeben noch die Aortenwurzel als „5. Kammer" darstellen.

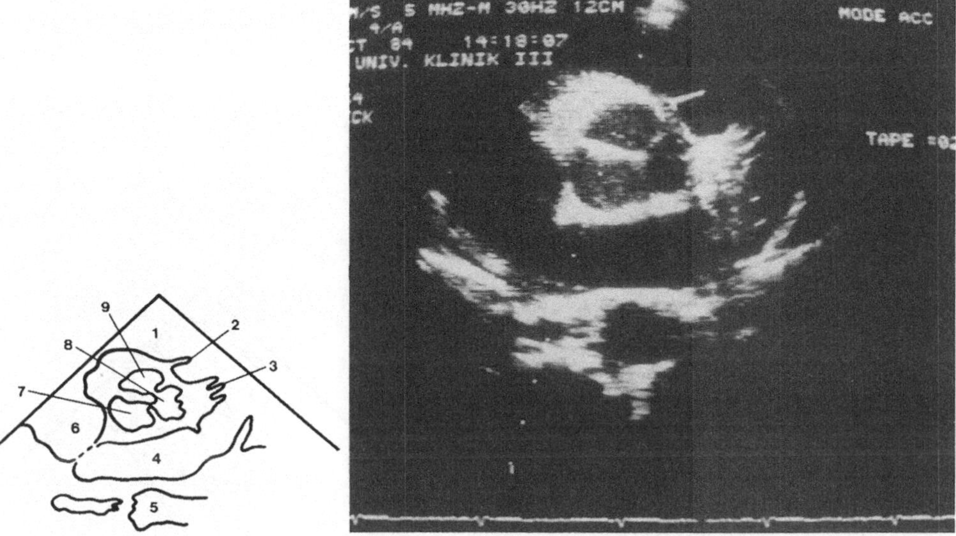

Abb. 4.13. Aortenklappe (Querschnitt).
1 rechter Ventrikel; *2* Pulmonalklappe; *3* linke Koronararterie; *4* linker Vorhof; *5* Aorta descendens; *6* rechter Vorhof; *7* akoronares Aortensegel; *8* linkskoronar tragendes Aortensegel; *9* rechtskoronar tragendes Aortensegel

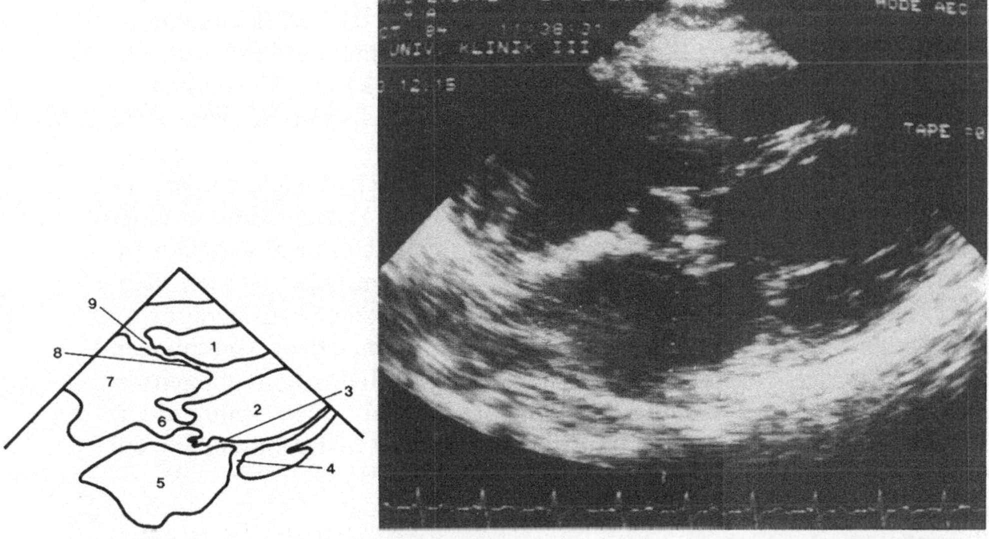

Abb. 4.14. Subkostaler Vierkammerblick mit Aortenausflußbahn (= Fünfkammerblick).
1 rechter Ventrikel; *2* linker Ventrikel; *3* vorderes Mitralsegel; *4* posteriores Mitralsegel; *5* linker Vorhof; *6* Aorta; *7* rechter Vorhof; *8* septales Trikuspidalsegel; *9* anteriores Trikuspidalsegel

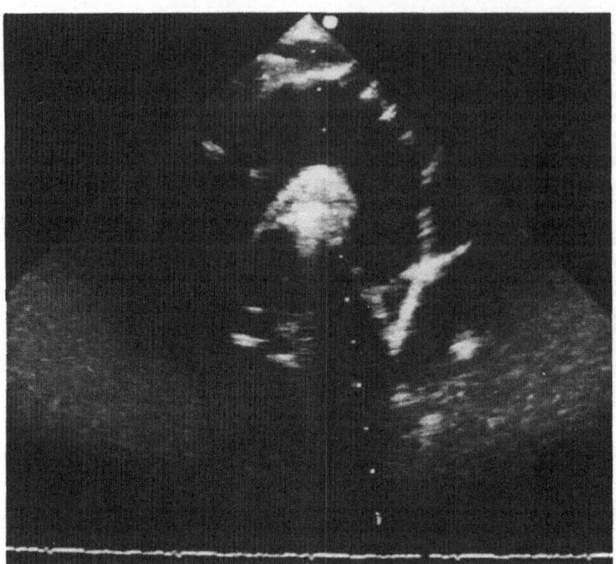

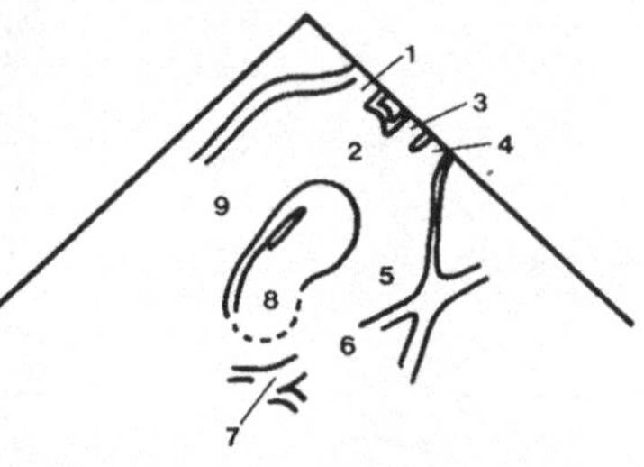

Abb. 4.15. Aortenbogen und Pulmonalarterie von Jugulum aus.
1 Truncus; *2* Arcus aortae; *3* A. carotis communis sinistra; *4* A. subclavia sinistra; *5* Aorta descendens; *6* wahrscheinlich eine Pulmonalvene, die mit der Aorta descendens thoracica überlagert ist; *7* Pulmonalklappe; *8* Pulmonalarterie; *9* Aorta ascendens

Auch vom epigastrischen Winkel aus lassen sich alle 4 Herzabschnitte in einem subkostalen Vierkammerblick überschauen, wobei dann das rechte Herz transducernah und das linke Herz durch die rechte Herzkammer hindurch transducerfern abgebildet wird (Abb. 4.14). Um 90° gedreht kann eine subkostale Querachsenebene rechts und ventral des kreisrunden linken Ventrikels die rechtsventrikuläre Ausflußbahn besonders gut zeigen.
Von suprasternal ist das obere Mediastinum der Ultraschalldiagnostik mit einem Sektorscanner in Grenzen zugänglich. Mit diesem Zugang kann in einer Schnittebene, die etwa 45° nach links und natürlich nach dorsal gerichtet ist, der Aortenbogen aufgrund der pulsierenden Wand identifiziert werden. Kippen und Rotieren des Schallkopfs ermöglichen es, zusätzliche Abschnitte von Aorta ascendens und descendens zu verfolgen und die aus dem Aortenbogen abgehenden Arterien kurzstreckig darzustellen. Innerhalb des Aortenbogens ist im Querschnitt leichter die rechte Pulmonalarterie aufzufinden, während zur Darstellung der linken Pulmonalarterie die Schnittebene steiler und mehr nach rechts gerichtet werden muß (Abb. 4.15).

Größenmaße
In der Echokardiographie werden eine Fülle von Meßdaten sowie Relationen und Formeln zur Erkennung pathologischer Abweichungen bei Herzerkrankungen verwendet. Ein großer Teil dieser Daten ist zudem von der Körpergröße bzw. Körperoberfläche und vom Alter des Untersuchten abhängig. Die Messungen erfolgen dabei größtenteils im TM-Scanverfahren, da gewöhnlich eine

genaue zeitliche Zuordnung der Meßwerte mittels eines simultan registrierten EKGs erforderlich ist. In folgendem sollen daher nur einige anatomisch wichtige Durchmesser angegeben werden, während für die ausführlichen, im TM-Scanverfahren gewonnenen Meßwerte zur Beurteilung der Funktion der einzelnen Herzabschnitte auf die Normtabellen der entsprechenden Lehrbücher hingewiesen wird (Herny et al. 1980a, 1980b; Jadonic u. Wieser 1983; Köhler 1979).

Tabelle 4.1. Normwerte

		[mm]
Linker Ventrikel:	Enddiastolischer Durchmesser	35-56
	Herzwand enddiastolisch	6-11
	Herzwand endsystolisch	8-16
Septum interventriculare:	Enddiastolische Dicke	6-11
	Systolische Dickenzunahme	>30%
Rechter Ventrikel:	Wanddicke	2- 5
Linker Vorhof:	Endsystolischer Durchmesser	12-21
Aorta:	Aortenwurzel, Durchmesser	33-35
	Aorta(suprasternal)	23

Auf die Variation der Normalwerte in Abhängigkeit von Alter und Größe bzw. Körperoberfläche des Untersuchten, sei noch einmal ausdrücklich hingewiesen. Genauere Angaben über die Variationsbreite des Normalen finden sich bei Henry et al. (1980b).

Fehlermöglichkeiten

Die Möglichkeiten einer Herzuntersuchung mit dem Sektorscanner hängt sehr ausgeprägt von den anatomischen Verhältnissen des Thorax und den dadurch gegebenen Möglichkeiten eines akustischen Zugangs ab. Fehlinterpretationen infolge falscher Meßwerte entstehen daher besonders bei schwierigen Untersuchungsbedingungen, wenn es nicht gelingt die - oben angegebenen - Standardschnittebenen exakt einzuhalten. Durch falsch aufgesetzte Schallköpfe kann es typischerweise v. a. zu falsch-niedrigen Durchmessern der Herzhöhlen und zu hohen Bestimmungen der Wandstärke kommen.

Literatur

Henry WL, DeMaria A, Gramiak R et al. (1980a) Report of the American Society of Echocardiography Committee on Nomenclature and Standards in two-dimensional Echocardiography. Circulation 62: 212

Henry WL, Gardin JM, Wear JH (1980b) Echocardiographic measurements of normal subjects from infancy to old age. Circulation 62: 1054

Jadonić B, Wieser HX (1983) Ein- und zweidimensionale klinische Echokardiographie. Urban & Schwarzenberg, München Wien Baltimore

Köhler E (1979) Klinische Echokardiographie. Enke, Stuttgart

Netter FH (1976) Herz. Thieme, Stuttgart

4.3. Mamma

Die Brust ist von variabler Größe, reicht aber i. allg. von der 2. bis zur 6. Rippe mit einer Breitenausdehnung von der Sternal- bis zur vorderen Axillarlinie (Abb. 4.16). Sie bedeckt den M. pectoralis major und hat einen tastbaren Ausläufer zur Axilla hin. In der Mitte der normalerweise halbkugeligen Brust findet sich der Warzenhof (Areola), in dessen Bereich sich die Montgomery-Drüsen befinden, deren Absonderungen die Mamille befeuchten. An der Mamille münden 15-20 Ausführungsgänge (Ductus lactiferi, Sinus lactiferus), in denen sich Drüsensekret ansammeln kann. Die Drüsenschläuche enden in einer die Drüsenläppchen der Brustdrüsen bildenden Epithelmasse, die gemeinsam den parenchymatösen Drüsenkörper bilden.

Das Stroma der Brustdrüse besteht aus Faseranteilen und Fettgewebe. Die Brustfaszie teilt den Drüsenkörper in einzelne Lappen und bildet ein Bündel derber Bindegewebszüge, die in die Haut einstrahlen (Cooper-Ligamente).

Durch die fehlende Impression der Brust bei der Immersionsmethode können hier am ehesten die verschiedensten Bruststrukturen unterschiedlich werden (Abb. 4.17-4.20).

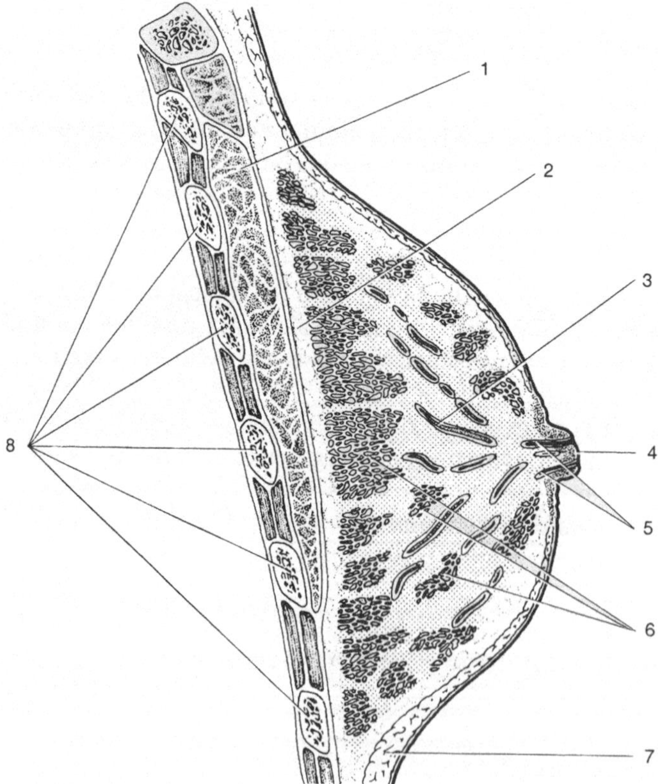

Abb. 4.16. Mamma.
1 M. pectoralis major; *2* retromammäre Faszie; *3* Ductus lactiferus; *4* Mamille; *5* Sinus lactiferi; *6* Drüsenkörper; *7* Subkutanfett; *8* Rippenanschnitte

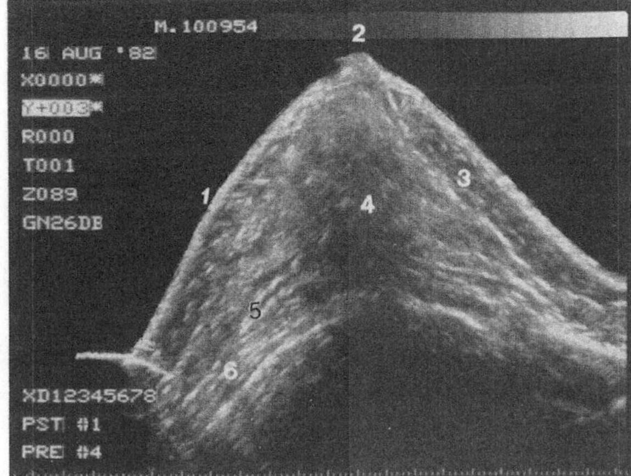

Abb. 4.17. Normale Brust, Querschnitt über der Mamille (28jährige Frau).
1 Haut; *2* Mamille; *3* subkutaner Fettsaum; *4* Drüsenkörper; *5* retromammäre Faszie; *6* Pektoralismuskulatur

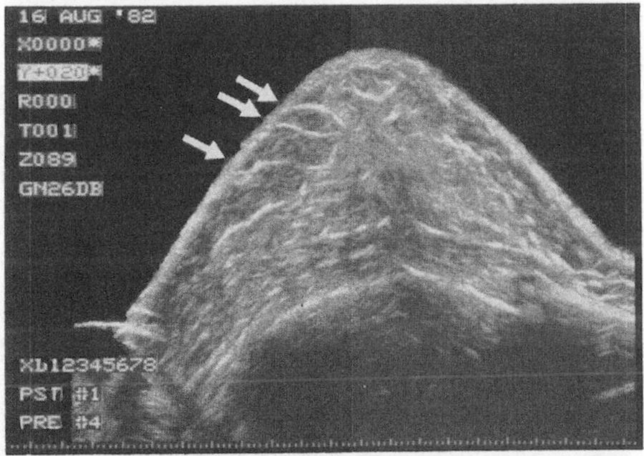

Abb. 4.18. Gleiche Patientin wie Abb. 4.17. Schnittebene mehr kranial, Darstellung der Cooper-Ligamente *(Pfeile)*

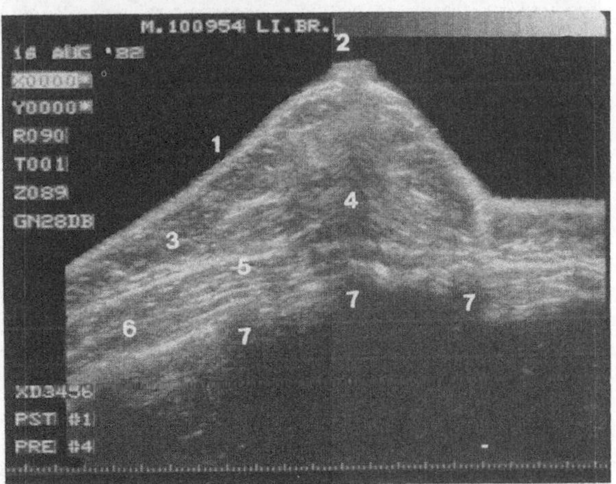

Abb. 4.19. Gleiche Patientin wie Abb. 4.17. Längsschnitt über der Mamille.
1 Haut; *2* Mamille; *3* subkutaner Fettsaum; *4* Drüsenkörper; *5* retromammäre Faszie; *6* Pektoralismuskulatur; *7* Interkostalmuskulatur und Rippenanschnitte

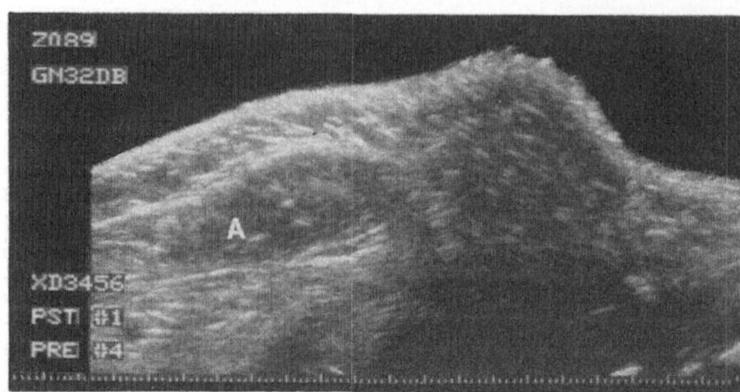

Abb. 4.20. Gleiche Patientin; Axilladarstellung

Im Einzelfall lassen sich dann auch noch weitere Mammastrukturen nachweisen (Abb. 4.21-4.24):
- Ductus lactiferi,
- Sinus lactiferus,
- Montgomery-Drüse,
- subkutane Vene.

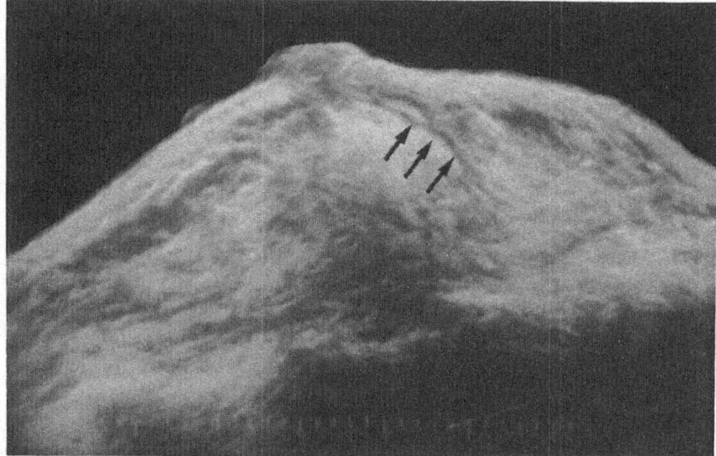

Abb. 4.21. Ductus lactiferus

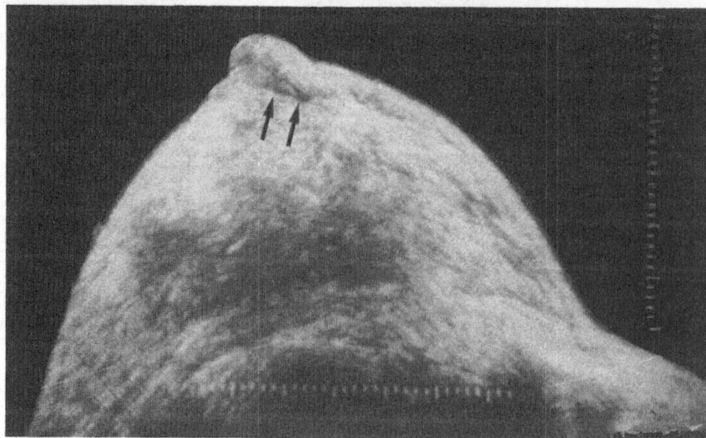

Abb. 4.22. Sinus lactiferus

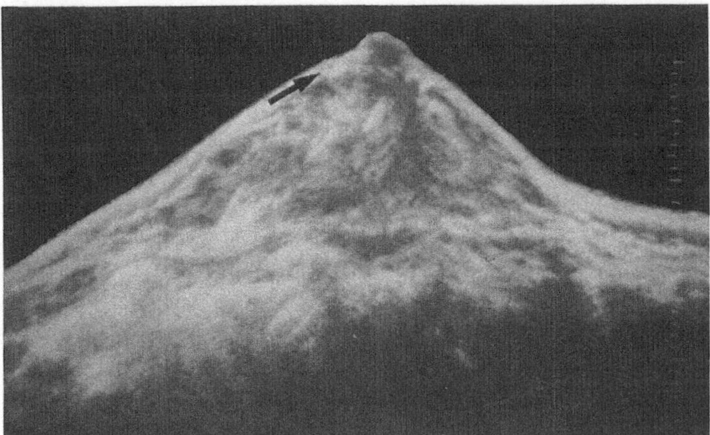

Abb. 4.23. Montgomery-Drüse

Abb. 4.24. Subkutane Vene

Da der Drüsenkörper wohl der ausschlaggebende Bestandteil eines Ultraschallmammogramms ist, ist die Kenntnis seines unterschiedlichen Erscheinungsbildes die Grundlage jeder Diagnostik. Wir unterscheiden im Prinzip 4 Grundtypen:

1) Der zentral stark schallabsorbierende Typ (Abb. 4.25) ist ungünstig für die Beurteilung.
2) Der homogen dichte Typ (Abb. 4.26) läßt sich ohne große Probleme beurteilen.
3) Der teilinvolutionierte Typ (Abb. 4.27) ist durch Fettinfiltration evtl. ungünstig zu beurteilen.
4) Bei der Involutionsmamma (Abb. 4.28) erschwert das hyporeflektive Fett die Erkennbarkeit pathologischer Prozesse.

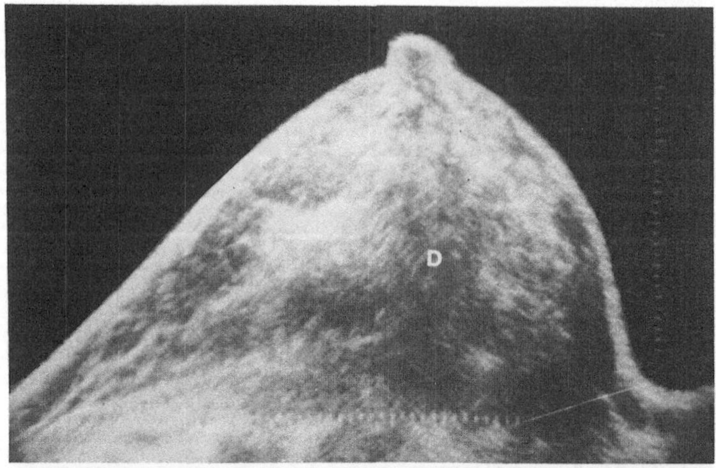

Abb. 4.25. Zentral absorbierender Drüsenkörper

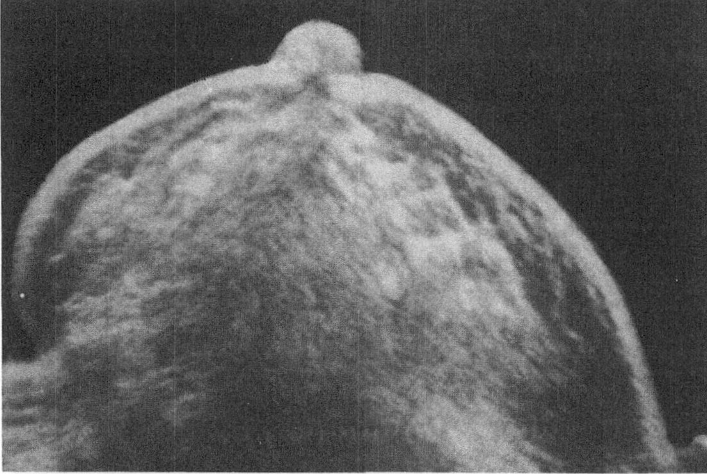

Abb. 4.26. Homogen dichte Brust bei einer 41jährigen

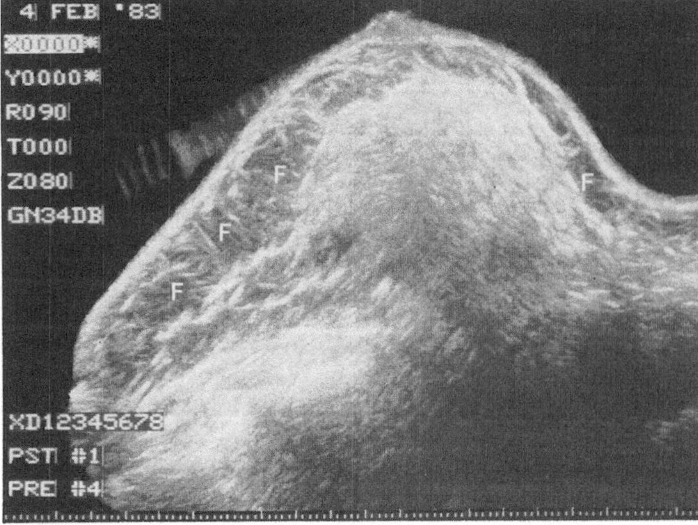

Abb. 4.27. Teilinvolution (*F* Fett)

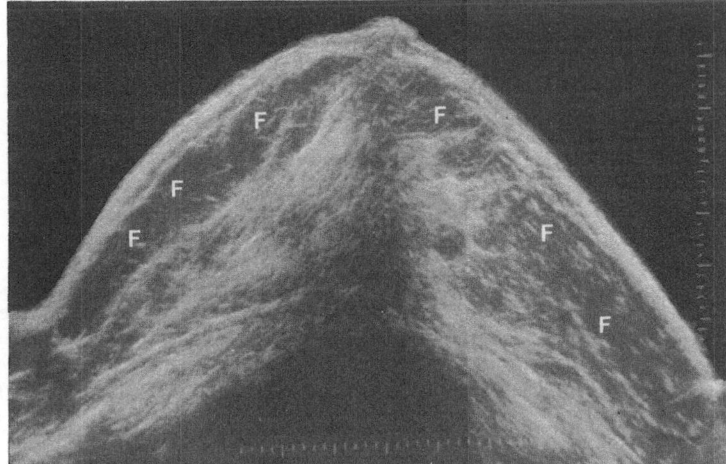

Abb. 4.28. Involutionsmamma (F Fett)

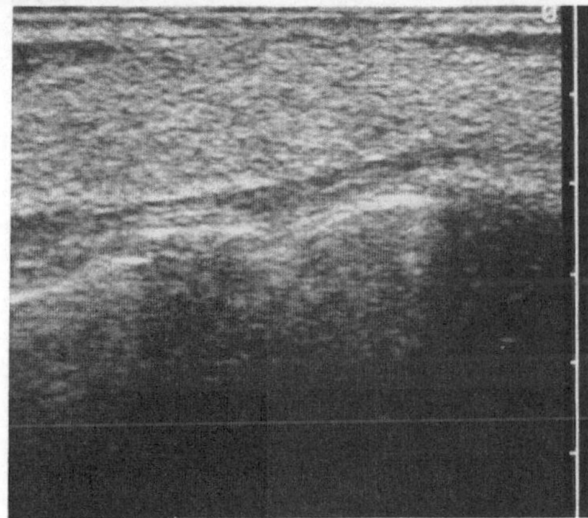

Abb. 4.29. Homogen echodichter Drüsenkörper. Nur wenig subkutanes Fettgewebe. Retromammäres Fettgewebe nicht zu erkennen. Typischer Befund im Alter zwischen 20 und 40 Jahren. (Bild: Teubner, Heidelberg)

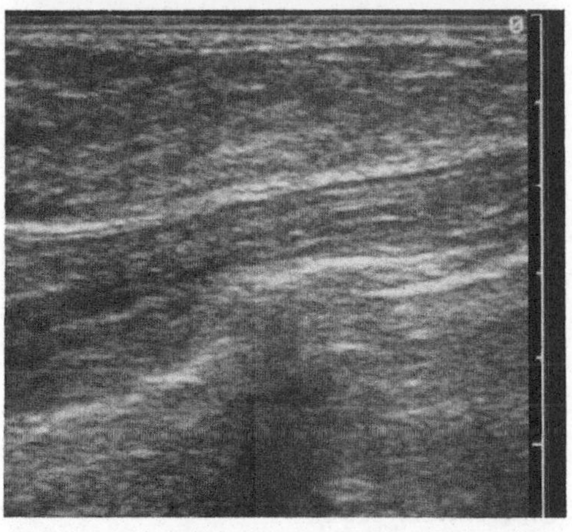

Abb. 4.30. Überwiegend homogener, relativ echoarmer Drüsenkörper. Nur wenig subkutanes Fettgewebe, das eine fast gleiche Echodichte wie der Drüsenkörper aufweist. Retromammäres Fettgewebe nicht zu erkennen. Typischer Befund im Alter zwischen 15 und 25 Jahren. (Bild: Teubner, Heidelberg)

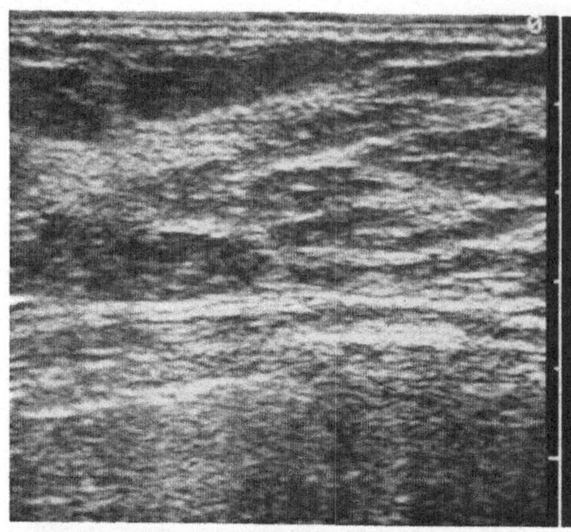

Abb. 4.31. Der Drüsenkörper ist durch multiple Fettinseln aufgelockert. Beginnende Involution. Deutliche retro- und prämammäre Fettschicht. Typischer Befund im Alter zwischen 30 und 50 Jahren. (Bild: Teubner, Heidelberg)

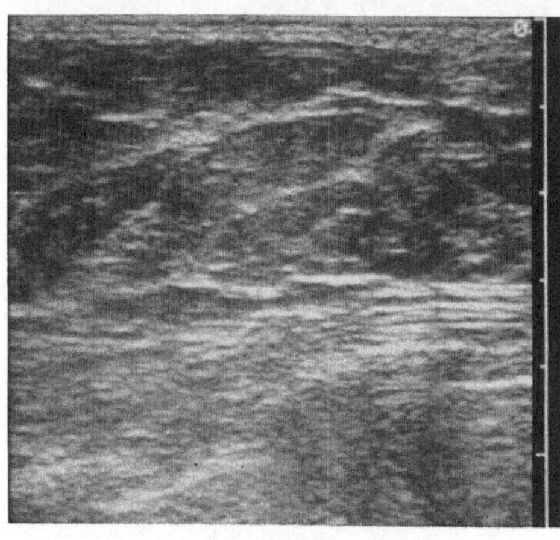

Abb. 4.32. Involvierter Drüsenkörper. Einzelne reflexstarke bindegewebige Septen durchziehen das Fettgewebe. Typischer Befund im Alter zwischen 40 und 80 Jahren. (Bild: Teubner, Heidelberg)

(Die Abb. 4.25-4.28 wurden mit einem Immersionsscanner 3 MHz, Bildbreite 25 cm aufgenommen.)
Die Abb. 4.29-4.32 zeigen verschiedene normale Echomuster der weiblichen Brust, aufgenommen in Real-time-Technik (linearer Multielementscanner 5 MHz, Bildbreite 6 cm).
Nach unserer Erfahrung überwiegen der homogen dichte und der teilinvolutionierte Mammatyp (ca. 70-80%), d. h. die für die Sonographie günstigsten Brusttypen sind auch die häufigsten.

Untersuchungsgang

1) Immersionsscanner, Frequenz 3-4 MHz:
Die Patientin liegt auf dem Bauch oder kniet, und die Brust hängt frei und ohne Impression in einen Wasserbehälter hinein.

Vorteile: Automatische Abtastung, fehlende Impression, Gesamtdarstellung der Brust möglich. Beim Octoson-Gerät sind Compound- und Real-time-Darstellung möglich.
Nachteile: Lokalisationsdiagnostik für spätere Operation schwierig, gleichzeitig Punktion nicht möglich, hoher Personal und Zeitaufwand.

2) Real-time-Scanner, Frequenz 5-7 MHz mit und ohne Wasservorlaufstrekke:
Die Frau liegt auf dem Rücken oder steht und wird per Hand mit einem Schallkopf untersucht.
Vorteile: Billige, schnelle Handhabung, gleichzeitige Punktion unter Sicht möglich, gute Auflösung.
Nachteile: Impression der Brust, fehlender Überblick durch nur ausschnittsweise Darstellung, Fokussierung nur in Teilbereichen der Brust optimal.

5 Abdomen

Zur Übersicht über die anatomischen Verhältnisse im Bauchraum dienen die Abb. 5.1–5.6.

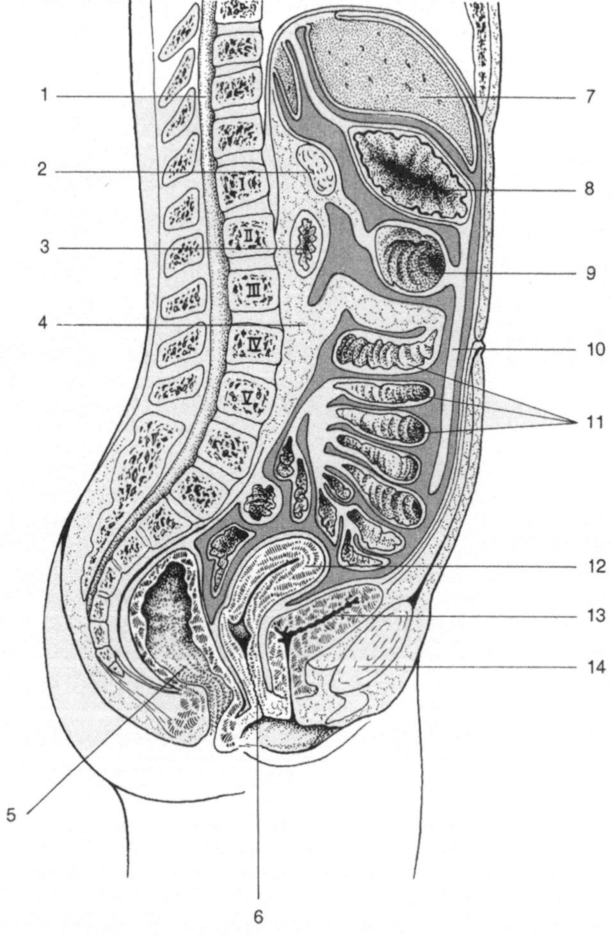

Abb. 5.1 Sagittalschnitt des Bauchraums.
1 Wirbelkanal; *2* Pankreaskörper; *3* Zwölffingerdarm; *4* Mesenterialwurzel; *5* Enddarm; *6* Vagina; *7* Leber; *8* Magen; *9* Querkolon; *10* großes Netz; *11* Dünndarmschlingen; *12* Gebärmutter; *13* Harnblase; *14* Symphyse

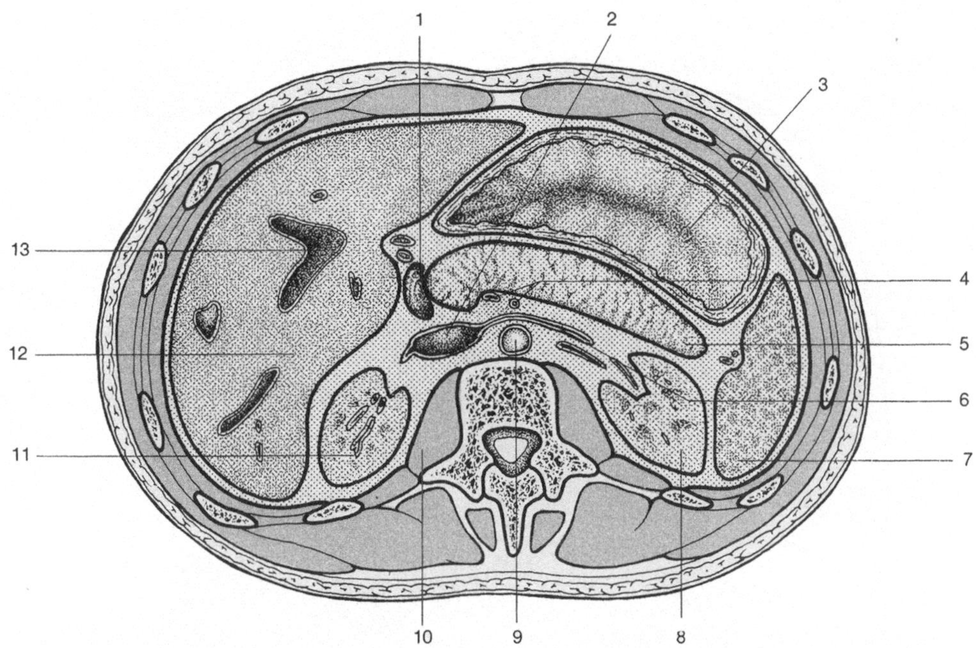

Abb. 5.2. Querschnitt der Oberbauchregion.
1 Zwölffingerdarm; *2* V. cava; *3* Magen; *4* V. und A. mesenterica superior; *5* Pankreas; *6* linke Nierenvene; *7* Milz; *8* linke Niere; *9* Aorta; *10* M. psoas; *11* rechte Niere; *12* Leber; *13* Pfortaderäste

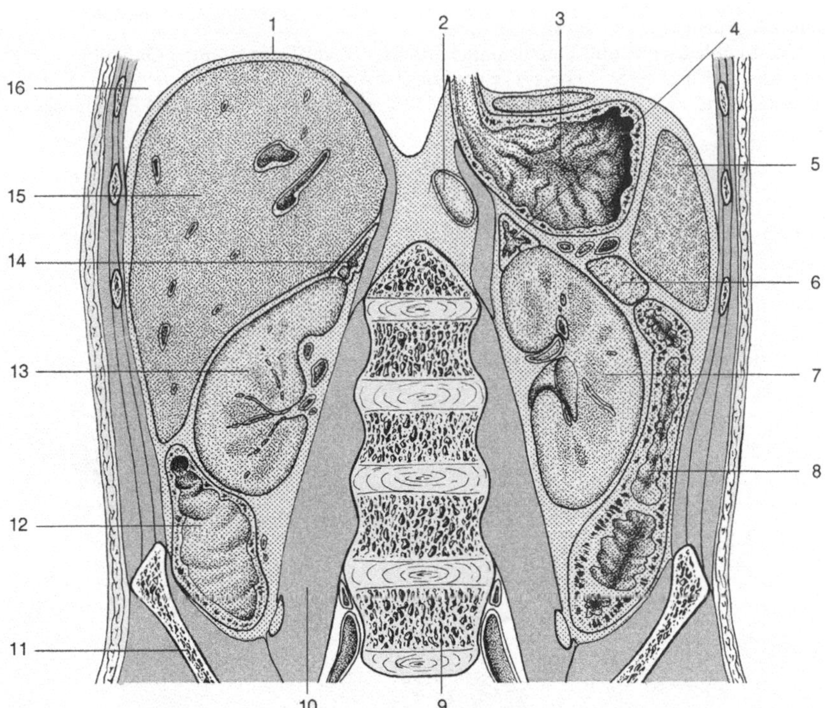

Abb. 5.3. Koronarer Längsschnitt der hinteren Abdominalregion.
1 Zwerchfell; *2* Aorta; *3* Magen; *4* linke Nebenniere; *5* Milz; *6* Pankreas; *7* linke Niere; *8* Colon descendens; *9* Wirbelsäule; *10* M. psoas; *11* Beckenschaufel; *12* Zäkum bzw. Colon ascendens; *13* rechte Niere; *14* rechte Nebenniere; *15* Leber; *16* Sinus phrenicocostalis

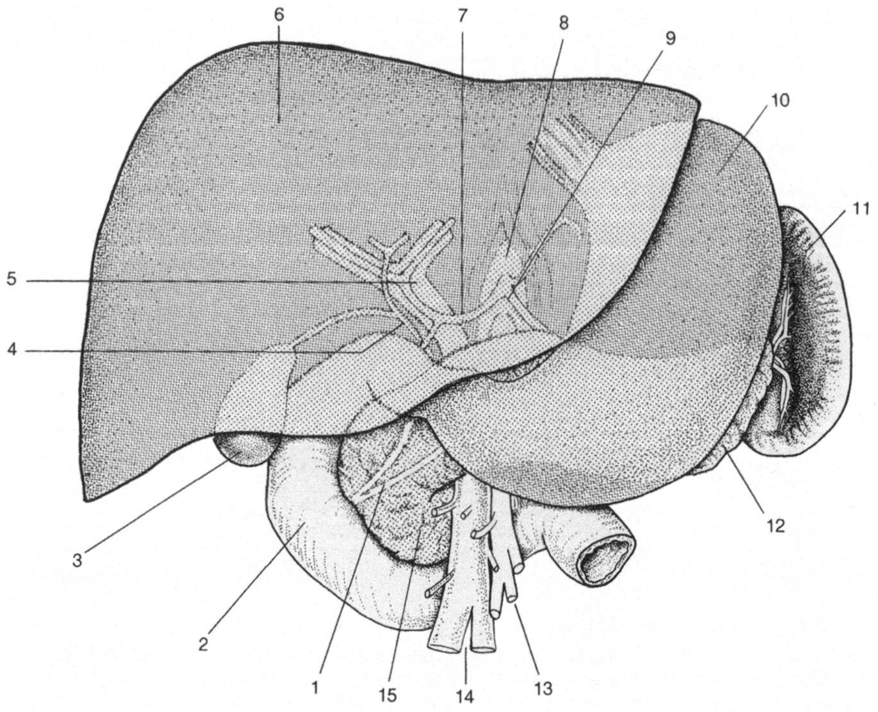

Abb. 5.4. Aufsicht der Oberbauchorgane.
1 Ductus choledochus und Ductus pancreaticus; *2* Zwölffingerdarm; *3* Gallenblase; *4* Ductus choledochus; *5* Pfortader; *6* Leber; *7* A. hepatica; *8* Aorta; *9* A. coeliaca; *10* Magen; *11* Milz; *12* Pankreasschwanz; *13* A. mesenterica superior; *14* V. mesenterica superior; *15* Pankreaskopf

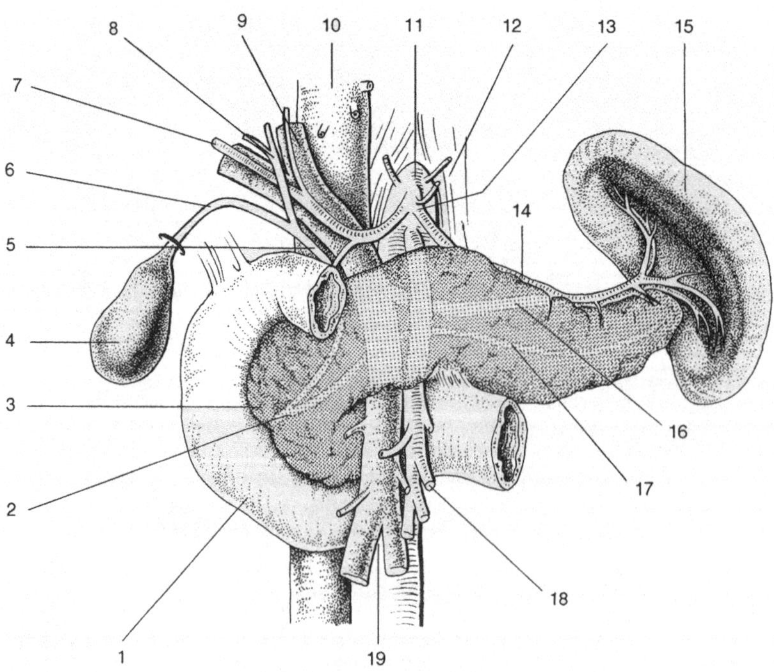

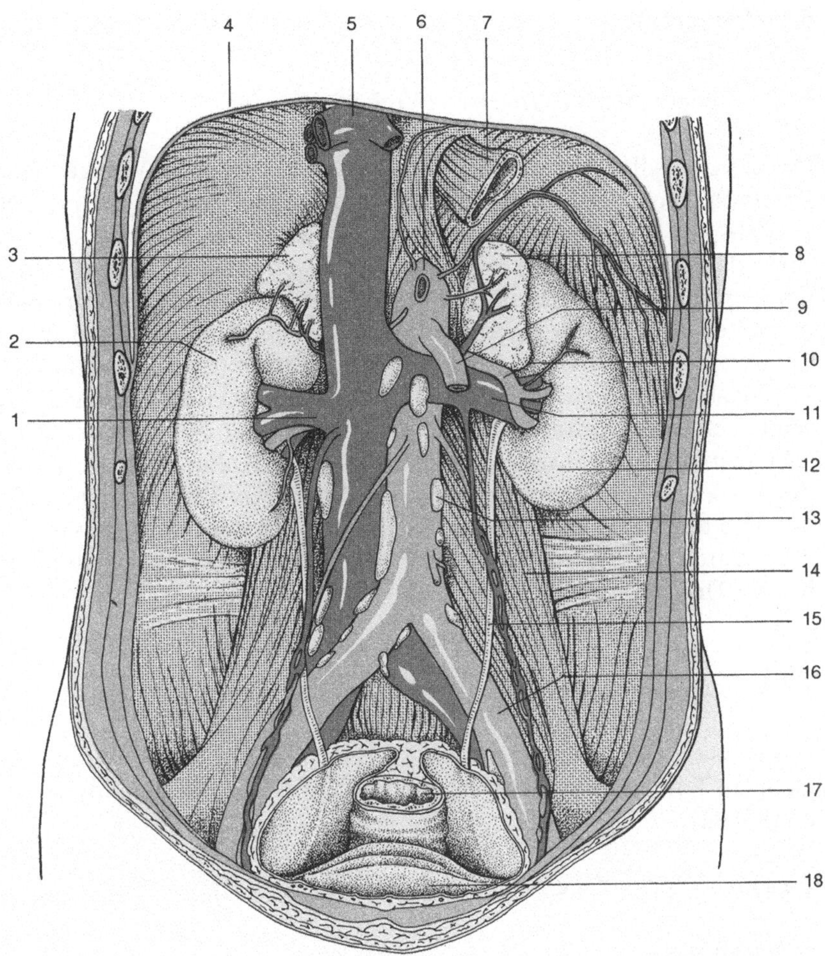

Abb. 5.6. Retroperitonealraum (ohne Pankreas).
1 rechte Nierenvene; *2* rechte Niere; *3* rechte Nebenniere; *4* Zwerchfell; *5* V. cava inferior; *6* Aorta; *7* unterer Ösophagus; *8* linke Nebenniere; *9* A. mesenterica superior; *10* linke Nierenarterie; *11* linke Nierenvene; *12* linke Niere; *13* paraaortale Lymphknoten; *14* M. psoas; *15* linker Harnleiter; *16* A. iliaca communis; *17* Enddarm; *18* Harnblase

Abb. 5.5. Aufsicht der Pankreasregion.
1 Zwölffingerdarm; *2* Ductus choledochus und Ductus pancreaticus; *3* Pankreaskopf; *4* Gallenblase; *5* Ductus choledochus; *6* Ductus cysticus; *7* A. hepatica; *8* Ductus hepaticus; *9* Pfortader; *10* V. cava inferior; *11* Aorta; *12* Zwerchfellschenkel; *13* A. coeliaca; *14* A. lienalis; *15* Milz; *16* V. lienalis; *17* Ductus pancreaticus; *18* A. mesenterica superior; *19* V. mesenterica superior

5.1 Zwerchfell

5.1.1 Topographisch-anatomische Vorbemerkungen

Das Zwerchfell trennt als teils muskulöse, teils bindegewebige Membran die Brusthöhle von der Bauchhöhle. Die muskulären Anteile entspringen als Pars sternalis von der Innenseite des Processus xiphoideus, als Pars costalis an den Innenflächen der Rippen 7-12 und als Pars lumbalis in 3 Schenkeln am vorderen Längsband in Höhe von L 1-2 links, bzw. L 1-3 rechts (Crura medialia), an der Seite von L 2 (Crura intermedia) und aus dem Sehnenbogen an der Ventralfläche von M. psoas und M. quadratus lumborum (Crura lateralia).
Die muskulären Anteile treffen sich in der Kuppel des Zwerchfells, die im wesentlichen vom Centrum tendineum, dem sehnigen Anteil gebildet wird.
Zwischen dem Crura medialia findet sich der Hiatus aorticus, durch welchen die Aorta und der Ductus thoracicus treten. Etwas weiter kranial und ventral an der hinteren Kante des Centrum tendineum tritt der Ösophagus mit den Vagusästen durch das Zwerchfell. Im Centrum tendineum etwas weiter rechts in Höhe von Th 8 findet sich das Foramen venae cavae.

5.1.2 Untersuchungstechnik

Geräte
Größere Teile des Zwerchfells lassen sich noch am ehesten mit Sektorscannern erreichen.

Lagerung: Rückenlage.

Schnittebenen
Längsschnitt mit nach kranial gerichtetem Sectorscanner zur Darstellung der seitlichen Abschnitte des Zwerchfells sowie auch des Foramen venae cavae. Mittels eines Quer- oder Schrägschnitts links unterhalb des Xiphoids mit ebenfalls nach kranial gerichtetem Schallstrahl können dann die mittleren und die dorsalen Abschnitte mit dem Hiatus oesophageus und dem Hiatus aorticus überblickt werden (Abb. 5.7 und 5.8).

5.1.3 Echographische Anatomie

Normalerweise wird das Zwerchfell im Ultraschallbild auf zweierlei Weise abgebildet. Zum einen findet sich die Pars lumbalis als wenige Millimeter starker dunkler Streifen vor und etwas seitlich von der Wirbelsäule. Dabei ist am leichtesten noch das Crus mediale dexter vor der Aorta direkt oberhalb des Truncus coeliacus erkennbar. Dagegen bildet sich kranial der Leber sowie auch der Milz das Zwerchfell als heller, stark reflektierender Streifen ab (s. Abb. 5.16). Dabei

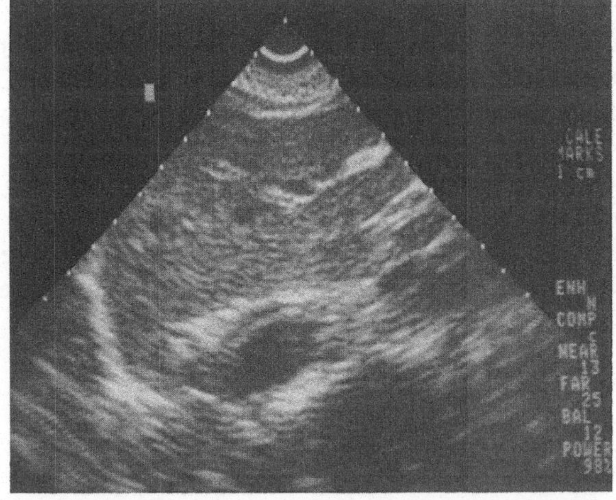

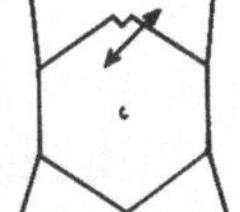

.5.7. Zwerchfell. Bei etwas schräger Schnittführung ist kranial der Leber das Zwerchfell als :s Reflexband erkennbar, dahinter (kranial) findet sich wieder scheinbar Lebergewebe. Dorso- ıial der Leber ist dann der Ösophagus zu erkennen und kaudal vor der Aorta nach unten zie- d und die Aorta dann überkreuzend das Crus mediale dexter der Pars lumbalis des Zwerchfells. :ber; *2* V. portae; *3* V. cava; *4* Zwerchfell; *5* Aorta; *6* Cardia

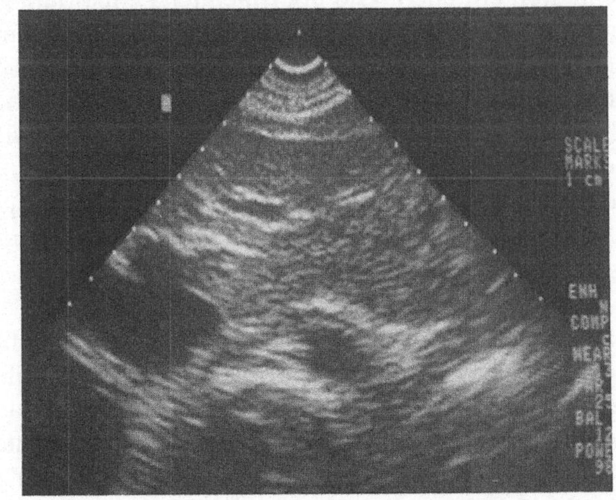

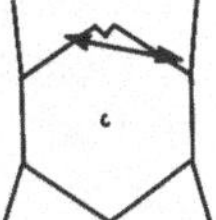

ɓ.5.8. Zwerchfell. Darstellung der Pars lumbalis vor und rechts der Aorta. Zu beachten ist die ıoarme Struktur der Muskeln des Zwerchfells, die im einzelnen Schnittbild ein Gefäß vortäuscht. .eber; *2* V. cava inferior; *3* Zwerchfell; *4* Wirbelsäule; *5* Aorta; *6* Ösophagus

ırfte die echoarme Abbildung von Teilen des Zwerchfells der regelrechten :hostruktur des muskulären Anteils entsprechen. Dagegen kommt die stark flektierende Abbildung durch den hohen Impedanzsprung zwischen Zwerch- ıl und lufthaltigem Lungengewebe oder auch zwischen Zwerchfell und Flüs- ;keit im Pleuraraum zustande.

Ursachen von Fehldiagnosen

Die Pars lumbalis des Zwerchfells, die im kranialen retroperitonealen Raum um die großen Gefäße herum als echoarmes Gebilde zur Darstellung kommt, kann durchaus mit Gefäßen dieser Region verwechselt werden (Abb. 5.8, s. Abb. 5.88).

Die lateralen Anteile des Zwerchfells, etwa kranial und dorsal der Leber, wirken aufgrund der hohen Impedanzsprünge als akustischer Totalreflektor und können dadurch zu eigentümlichen Artefakten führen. Regelmäßig erscheint auf dem Ultraschall kranial des Zwerchfells noch einmal Lebergewebe mit Gefäßen und ggf. auch pathologischen Veränderungen.

5.2 Bauchwand und Bauchraum

5.2.1 Topographisch-anatomische Vorbemerkungen

Die vordere Bauchwand läßt sich beidseits der Linea alba, der vom Brustbein bis zur Schambeinfuge reichenden Grenzlinie zwischen den Mm. recti abdomines, in 3 Schichten einteilen. Die oberflächliche entspricht der Haut und dem Subkutangewebe. Die mittlere Schicht umfaßt die Bauchwandmuskeln und ihre Aponeurosen, während die tiefe 3. Schicht vom Peritoneum parietale und dem Stratum subperitoneale gebildet wird. Die einzelnen Muskelschichten sind individuell ebenso unterschiedlich mächtig ausgeprägt wie das (subkutane) Fettgewebe.

Die hintere Bauchwand wird von der nach ventral vorspringenden Lendenwirbelsäule und den seitlich gelegenen M. psoas und M. quadratus lumborum gebildet (Fossae lumbales), s. Abb. 5.9–5.11.

Der M. psoas major entspringt mit einer ventralen Schicht am 12. Brustwirbelkörper, den 1.–4. Lendenwirbelkörpern sowie den dazwischen gelegenen Zwischenwirbelscheiben und mit einer dorsalen Schicht an allen Querfortsätzen der Lendenwirbel. Mit dem M. iliacus (Innenseite des Darmbeins) vereinigt, verläuft er durch die Lacuna musculorum zum Trochanter minor. Er wird durch die Fascia iliaca gegen den Retroperitonealraum, aber nicht gegen die Wirbelsäule abgeschlossen, was das Entstehen der von der Wirbelsäule ausgehenden Senkungsabszesse im Psoasbereich erklärt. Weiter lateral und dorsal liegt der M. quadratus lumborum, dessen dorsaler Teil von der Crista iliaca zu den Querfortsätzen von L 1–L 3 und der letzten Rippe und dessen ventraler Teil von den Querfortsätzen von L 3–L 5 ebenfalls zur letzten Rippe zieht.

Der Bauchraum ist normalerweise von den in ihm liegenden Organen und Gewebestrukturen vollständig ausgefüllt. Das dorsale Peritoneum unterteilt die ventral gelegene peritoneale Höhle und das dorsal gelegene Retroperitoneum. Durch Colon und Mesocolon transversum wird die Bauchhöhle in 2 Etagen (supra- und infrakolisch) unterteilt. Vor allem durch die Drehung des Magen-Darm-Trakts während der embryonalen Entwicklung kommt es zu einem kom-

zierten System von Spalträumen innerhalb der Peritonealhöhle. Zusätzlich ıren sekundäre Verwachsungen dazu, daß ursprünglich intraperitoneale ırmabschnitte und Organe eine sekundär retroperitoneale Lage einneh- :n.

e intraperitonealen Spalträume haben eine erhebliche praktische Bedeutung. der Ultraschalldiagnostik spielen sie insbesondere für die richtige Zuord- ıng pathologischer Flüssigkeitsansammlungen im Bauchraum eine Rolle.

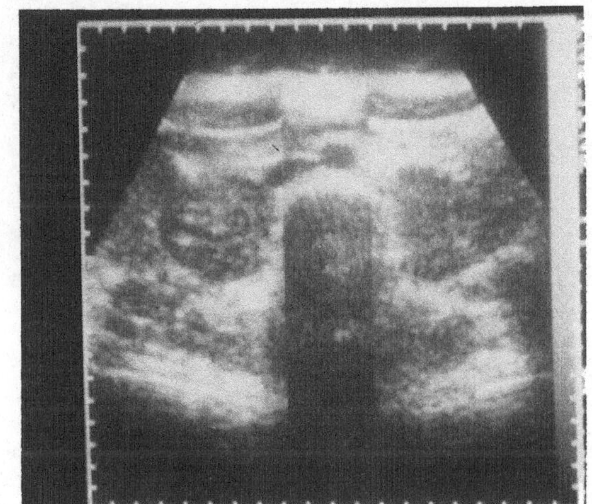

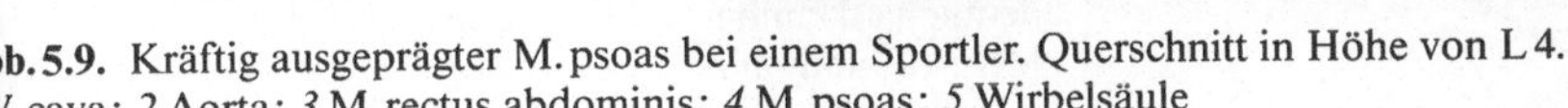

ıb. 5.9. Kräftig ausgeprägter M. psoas bei einem Sportler. Querschnitt in Höhe von L 4. V. cava; *2* Aorta; *3* M. rectus abdominis; *4* M. psoas; *5* Wirbelsäule

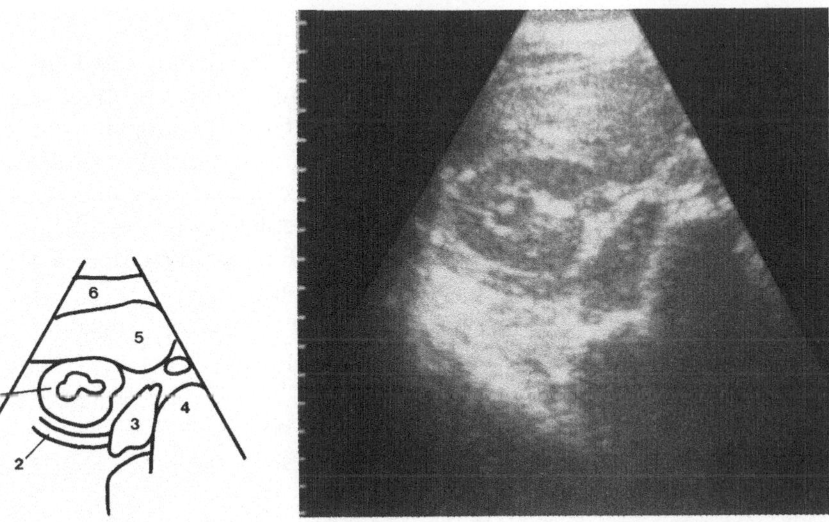

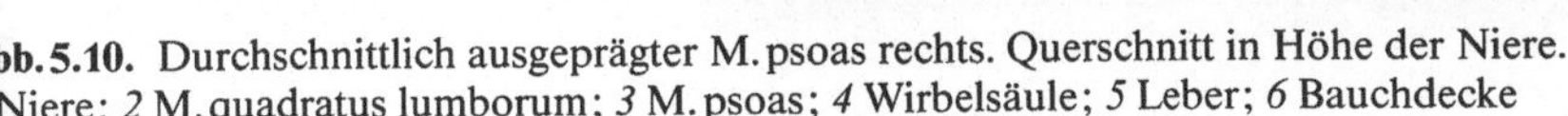

bb. 5.10. Durchschnittlich ausgeprägter M. psoas rechts. Querschnitt in Höhe der Niere. Niere; *2* M. quadratus lumborum; *3* M. psoas; *4* Wirbelsäule; *5* Leber; *6* Bauchdecke

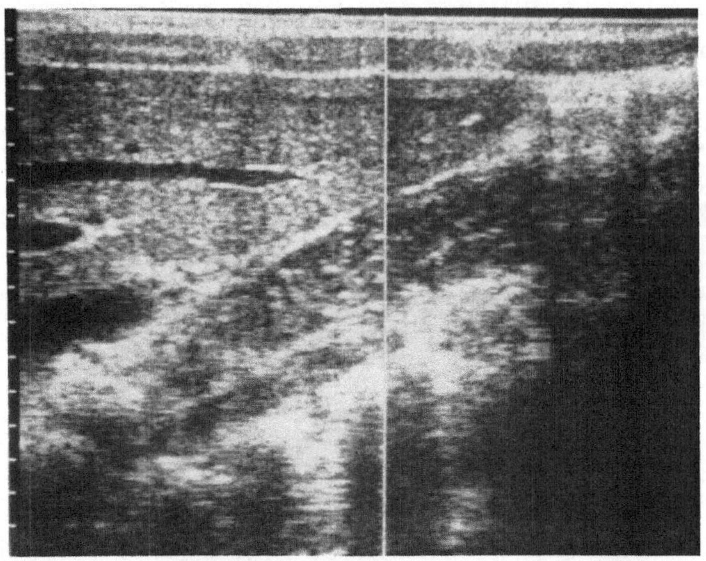

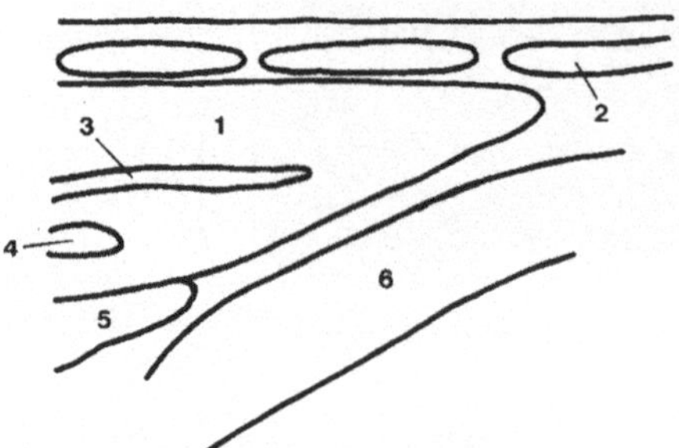

Abb. 5.11. Kräftig entwickelte M. psoas und M. rectus abdominis. Längsschnitt des rechten Ober- und Mittelbauchs. Zu beachten sind die deutlich erkennbaren Inskriptionen, die den M. rectus abdominis in Einzelsegmente teilen. *1* Leber; *2* M. rectus abdominis; *3* V. hepatica; *4* V. portae; *5* V. cava; *6* M. psoas

Dies gilt z. B. für die Bursa omentalis, in deren dorsaler Begrenzung das Pankreas liegt. Sie ist durch das Foramen epiploicum mit dem Recessus subhepaticus verbunden, der zwischen der Dorsalfläche des rechten Leberlappens und der retroperitoneal gelegenen Niere nach dorsal reicht. Vor der Leber findet sich der Recessus subphrenicus dexter, während der Recessus subphrenicus sinister bis um die Milz herum reicht. Im Unterbauch schließlich haben vor allem die Excavatio vesicouterina (Douglas-Raum) sowie die Excavatio rectouterina bei der Frau eine bekannte diagnostisch-praktische Bedeutung.

Das Retroperitoneum (Spatium retroperitoneale) ist ein zusammenhängender spaltförmiger Raum, der vom Zwerchfell bis zum Diaphragma pelvis reicht und vorn vom dorsalen Peritoneum, hinten von der hinteren Bauchwand begrenzt wird. Im Retroperitoneum liegen Nieren- und Nebennieren sowie die großen Bauchgefäße. Eine sekundär retroperitoneale Lage haben das Pankreas und bestimmte Darmabschnitte.

5.2.2 Untersuchungstechnik

Geräte

Zu einer detaillierten Untersuchung der Bauchwand ist an sich nur ein Gerät mit einer höheren Ultraschallfrequenz ab 5 MHz geeignet. Dabei muß gewährleistet sein, daß die ersten Millimeter der Bauchwand bereits einwandfrei abgebildet werden. Dies läßt sich bei Real-time-Scannern meistens nur mit einer Wasservorlaufstrecke lösen. Dagegen sind Schallköpfe von Compoundscannern mit hoher Frequenz (ca. 7,5 MHz), wie sie in der Schilddrüsendiagnostik verwendet werden, sehr gut geeignet (Abb. 5.12).

Lagerung: Rückenlage.

Schnittebenen

Quer- und Längsschnittuntersuchung, gewöhnlich mit Seitenvergleich.

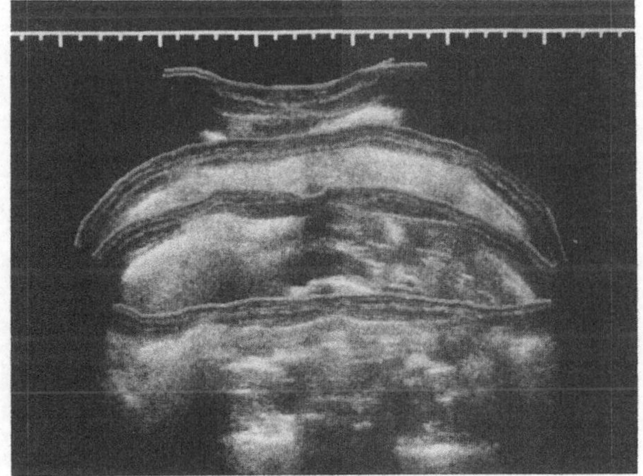

Abb. 5.12. Bauchdecken. Querschnitte in Höhe des epigastrischen Winkels, oberhalb des Nabels, auf Nabelhöhe, unterhalb des Nabels

5.2.3 Echographische Anatomie

Ein geeignetes Gerät vorausgesetzt können alle Bauchwandschichten gut aufgelöst werden. Die einzelnen Muskelgruppen sind voneinander abgrenzbar, sofern sie entsprechend ausgebildet sind. Diesen Zustand findet man meistens nur bei muskelkräftigen Personen. Sonst findet sich die Bauchwand mehr oder weniger ausgeprägt von Fettgewebe durchsetzt, das sich im Ultraschallbild sehr echoarm und homogen darstellt (s. Abb. 5.11-5.14).

Fehlermöglichkeiten

Zu beachten ist eine relativ dicke Fettschicht, die vom Xiphoid bis zum Nabel hinter der Linea alba und noch zu den Bauchdecken gehörig zieht. Sie hat im Querschnitt eine rautenförmige Begrenzung und nimmt im Längsschnitt in ihrer Mächtigkeit von kranial nach kaudal ab. Diese Fettschicht ist unterschiedlich stark ausgeprägt. Sie wird bemerkenswerterweise häufig als Tumor fehlgedeutet (Abb. 5.15, s. auch Abb. 5.42).

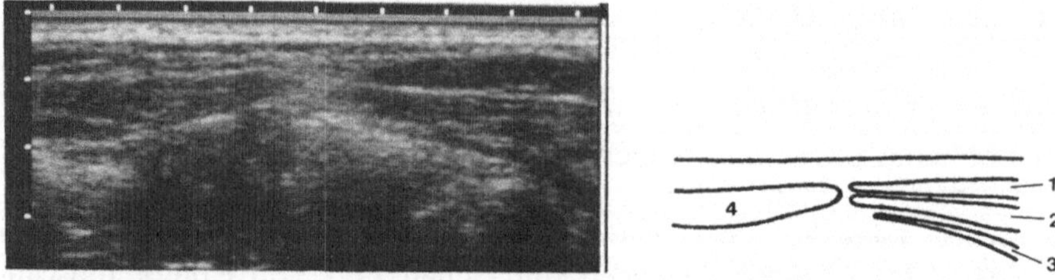

Abb. 5.13. Bauchdecken (Querschnitt).
1 M. obliquus externus; *2* M. obliquus internus; *3* M. transversus; *4* M. rectus abdominis

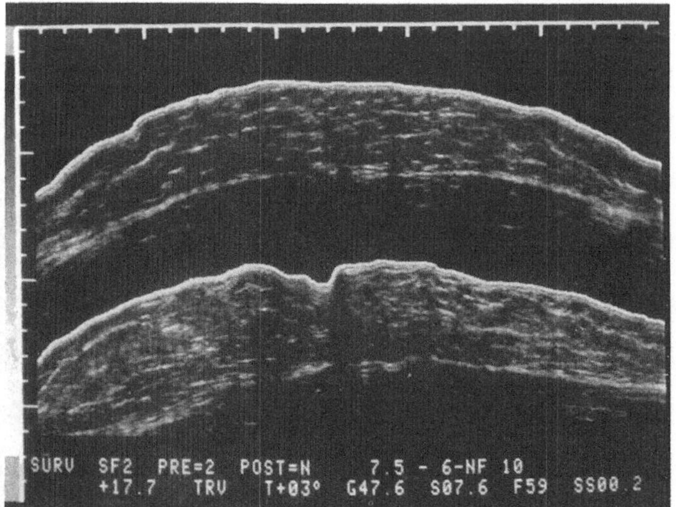

Abb. 5.14. Fettreiche Bauchdecken im Querschnitt (oberhalb des Nabels und in Nabelhöhe)

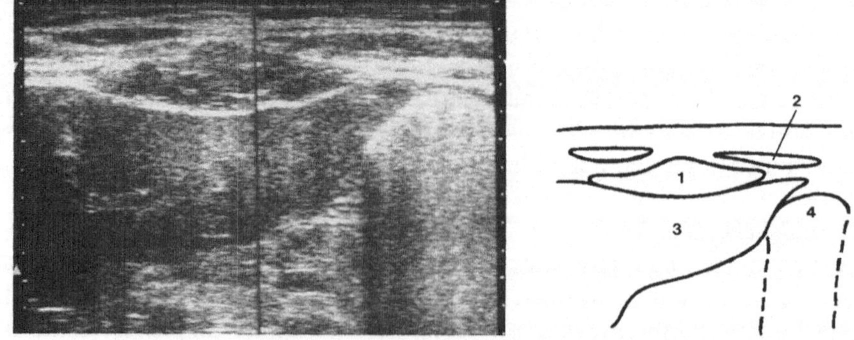

Abb. 5.15. Oberbauchquerschnitt mit Darstellung der relativ ausgeprägten Fettschicht, die sich vom Xiphoid bis etwa zum Nabel in der hintersten Schicht der Bauchdecken erstreckt.
1 Fett; *2* M. rectus abdominis; *3* Leber; *4* Schallschatten

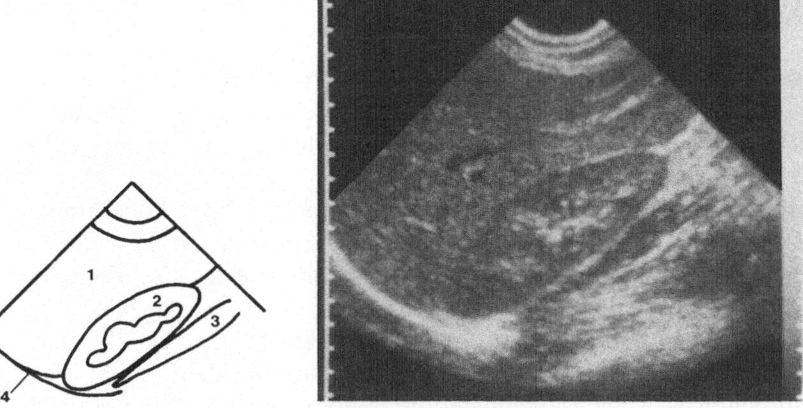

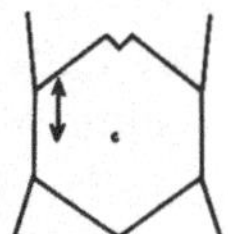

ıbb. 5.16. Kraniodorsale Begrenzung der Bauchhöhle durch Zwerchfell und M. quadratus lumbo-ım. Längsschnitt des rechten Oberbauchs.
Leber; *2* Niere; *3* M. quadratus lumborum; *4* Zwerchfell

'on differentialdiagnostischem Interesse sind schließlich die hinter der Bauch-öhle bzw. hinter dem Retroperitoneum gelegenen Muskeln, insbesondere ⁄I. psoas und M. quadratus lumborum lateral. Ähnlich wie im Bereich der ıauchdecken können diese Muskeln sehr unterschiedlich stark ausgeprägt ein, so daß sie dem weniger Erfahrenen u. U. erstmals bei Sportlern auffal-en.

)ie beiden Mm. psoas liegen beiderseits der Wirbelsäule und damit medial der ⁄iere und weisen einen dreieckigen bis (bei muskelkräftigen Individuen) rund-chen Querschnitt auf. Von kranial nach kaudal nehmen sie an Mächtigkeit zu.)as Echomuster ist gekennzeichnet durch längsverlaufende helle Echolinien, ie dem Muskel ein streifiges Aussehen verleihen.

⁄Iehr als Platte imponieren die beiden Mm. quadrat lumborum lateral der ⁄Im. psoas und dorsal bzw. lateral der Nieren.

ısbesondere der rechte M. psoas wird nicht ganz selten als Tumor fehlgedeu-et. Dies geschieht insbesondere dann, wenn, wie häufig, der linke M. psoas urch lufthaltige Darmschlingen verdeckt ist und damit die typische symmetri-che Anordnung dieses Muskels nicht gesehen werden kann. Ein einfaches Er-ennungsmerkmal des M. psoas ist seine Dickenänderung bei Kontraktion Anziehen des Beines), hierzu Abb. 5.9-5.11).

5.3 Leber

5.3.1 Topographisch-anatomische Vorbemerkungen

Die Leber ist das größte Organ des Körpers. Das Organvolumen des lebergesunden Erwachsenen scheint am besten mit dem Gesamtkörpergewicht (Raeth et al. 1983; Rasmussen 1977) zu korrelieren. Zum größten Teil liegt die Leber verborgen in der rechten Zwerchfellkuppel.
Anatomisch unterscheidet man einen linken und einen rechten Leberlappen. Der rechte Leberlappen gliedert sich in einen Lobus quadratus an der inferioren und einen Lobus caudatus an der posterioren Leberfläche. Die Fixierung der Leber im rechten Oberbauch erfolgt durch ein System peritonealer Ligamente. Von besonderer Bedeutung sind das Lig. falciforme und das Lig. teres mit der obliterierten Nabelvene sowie das Lig. venosum mit dem obliteriertem fetalen Ductus venosus, welches die posteriore Begrenzung zwischen dem rechten und linken Leberlappen markiert. Ligamentum hepatogastricum und Lig. coronarium dextrum begrenzen den Lobus caudatus. Das Lig. hepatoduodenale birgt die Strukturen der Leberpforte. Bis auf die Pars affixa, die Fossa venae cavae inferioris und die Gallenblase ist die Leber vollkommen vom Peritoneum bedeckt. Hieraus läßt sich die gute Verschieblichkeit gegenüber den Nachbarorganen erklären. In enger Nachbarschaft, v.a. zur Pars inferior der Leber, liegen von links nach rechts Magen, Duodenum, rechte Kolonflexur und rechte Niere. Die Blutversorgung der Leber ist doppelt angelegt. Aus dem Truncus coeliacus kommend wird über die A. hepatica communis und propria arterielles Blut zugeführt. Eine zusätzliche Versorgung mit teilarterialisiertem Blut erfolgt über die vom Pfortadersystem vorgeschalteten Stromsysteme der V. lienalis, V. mesenterica superior und inferior sowie der V. gastrica dextra und sinistra. Vom Pfortadersystem ausgehend bestehen Anastomosen mit Bauchwandvenen, mit Venen der kleinen Magenkurvatur, des Ösophagus und des Rektums sowie dorsale portokavale Verbindungen. Als potentielle Umgehungskreisläufe bei portaler Hypertension kommt ihnen eine große klinische Bedeutung zu. Nach dem Eintritt in die Leberpforte teilen sich A. hepatica und V. portae in je 2 Hauptäste zur Versorgung des linken und rechten Leberlappens. Der venöse Abfluß erfolgt über die V. hepatica dextra und sinistra, die im Bereich der Pars affixa in die V. cava inferior münden.

5.3.2 Untersuchungstechnik

Geräte
Eingesetzt werden B-Scan-Geräte für die abdominelle Diagnostik, Frequenzbereich 2,5-3,5 MHz. Sowohl mit Linear-array-Geräten als auch mit Sektorscannern sind gute Ergebnisse zu erzielen. Insbesondere Sektorscanner mit großen Scanwinkeln ($\geq 90°$) erlauben unserer Erfahrung nach einen problemlosen Zugang zu den subkostalen kranialen Leberanteilen und eine bessere Übersicht über das Gesamtorgan.

Vorbereitung

Eine besondere Vorbereitung zur Untersuchung der Leber ist nicht erforderlich. Da jedoch in den meisten Fällen eine Untersuchung der funktionellen Einheit Leber - Gallengangsystem - Pankreas vorgenommen wird, empfiehlt sich die Untersuchung in der ersten Tageshälfte und am nüchternen Patienten.

Lagerung

Die Untersuchung erfolgt in Rückenlage. Zur Darstellung der Strukturen der Leberpforte sollte zusätzlich von rechts lateral in linker Halbseitenlage untersucht werden.

Schnittebenen

Wegen der Größe des Organs ist bei der Untersuchung der Leber ein systematischer, die komplette Organdarstellung gewährleistender Untersuchungsgang von grundlegender Bedeutung. Die statische Einstellung bestimmter Schnittebenen an der inspiratorisch fixierten Leber sollte ergänzt werden durch eine dynamische Untersuchungstechnik, die sich die ausgezeichnete Atemverschieblichkeit des Organs und die Flexibilität der Real-time-Technik zunutze macht. Dies kann dadurch erfolgen, daß die Leber nach optimaler Einstellung der jeweiligen Schnittebene beim kontinuierlichen Hindurchtreten durch das Abbildungsfeld des Schallkopfs beobachtet wird oder daß nach inspiratorischer Fixierung die Schnittebene durch eine kontinuierliche und gleichmäßige Bewegung des Schallkopfs durch die Leber hindurchgeführt wird.
Es empfiehlt sich, die Leber zuerst in Längsschnitten, beginnend mit dem linken Leberlappen in der Aortenebene darzustellen. Danach erfolgt eine kontinuierliche Verschiebung der Schnittebene nach rechts mit Abbildung von Organlängsschnitten der präkavalen Leberanteile, des Übergangs von der linken zur rechten Leber, des Hilusbereichs, durch das Gallenblasenbett, vor der rechten Niere und schließlich im Lateralschnitt quer zu den Interkostalräumen. Anschließend erfolgt die Beurteilung des Leberparenchyms, der duktulären Strukturen wie Lebervenen und intrahepatischer Portalgefäßverzweigung sowie des Hilus im rechtsseitigen subkostalen Oberbauchschrägschnitt. Zur sicheren Beurteilung der ventrokranialen Leberanteile muß bei der Verwendung eines Linear-array-Scanners die Untersuchung durch Interkostalschnitte komplettiert werden. Dies kann sich bei Verwendung eines Sektorscanners erübrigen, da die Darstellung dieser Leberanteile meist bereits in den Längsschnitten gelingt. Insbesondere bei der Verwendung von Sektorscannern mit handlichem Applikator und großer Sektorweite bietet sich zusätzlich eine Untersuchung der gesamten Leber vom Epigastrium aus an. Dazu wird der Applikator vom Längsschnitt in der Aortenebene ausgehend langsam nach rechts bzw. links gedreht. Dadurch ergibt sich neben einer kontinuierlichen Abtastung der gesamten Leber insbesondere eine sichere Abbildung der dorsalen und dorsolateralen Organanteile.

5.3.3 Echographische Anatomie

Die Leber stellt sich sowohl im Längs- als auch im Oberbauchquerschnitt als ein in seiner Grundform dreieckiges Organ dar (Abb. 5.17 a, b), das auch bei Lebergesunden bis zur linken mittleren Axillarlinie reichen kann. Es liegen jedoch erhebliche Formvarianten vor (s. Abb. 5.23).
Die rechte Leber kann je nach Atemlage die rechte Niere gänzlich bedecken (Abb. 5.18). Die gute Atemverschieblichkeit des Organs führt zu einer kombinierten Kipp-Gleit-Bewegung in mehreren Ebenen. Die Organkontur ist gestreckt bis leicht konvex und glatt, der Leberrand spitz. Die Organgrenzen sind i. allg. leicht zur Umgebung hin abgrenzbar (Abb. 5.17 a, b). Die anatomische Grenze zwischen rechtem und linkem Leberlappen wird durch das sonographisch echodichte Ligamentum falciforme markiert (s. Abb. 5.26). An typischer Stelle zwischen V. cava und Leberhilus liegt der je nach Schnittebene längs-

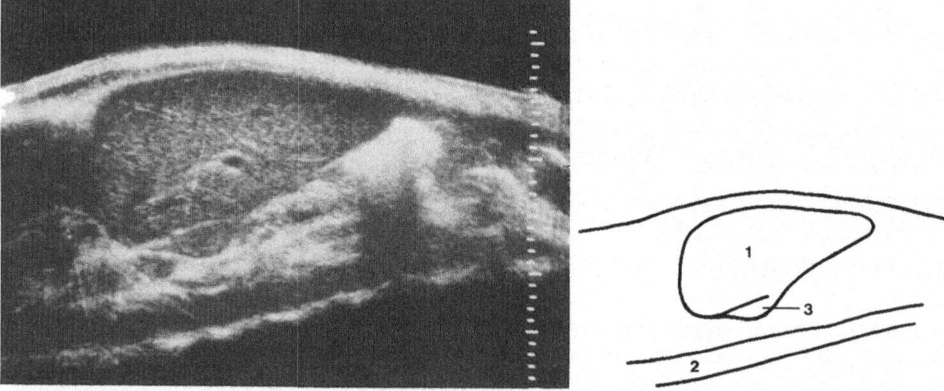

Abb. 5.17 a. Längsschnitt durch den linken Leberlappen in der Aortenebene.
1 Leber; *2* Aorta; *3* Lobus caudatus

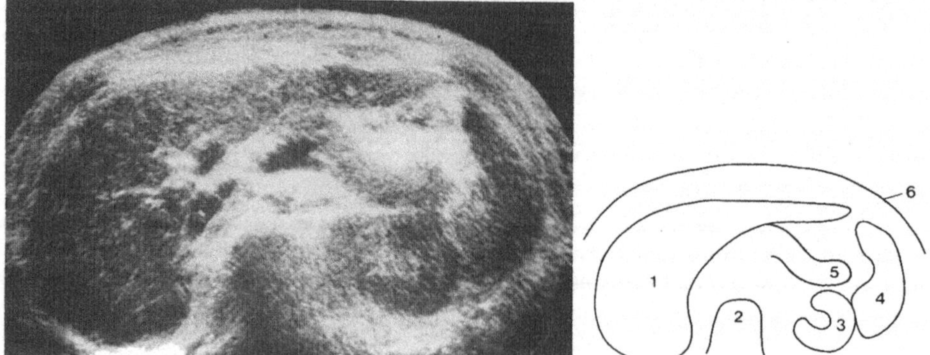

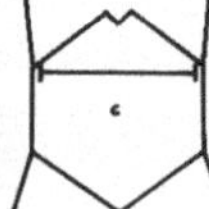

Abb. 5.17 b. Form und Lagebeziehung der großen parenchymatösen Oberbauchorgane. Oberbauchquerschnitt in Ganzkörpertechnik (Octoson).
1 Leber; *2* Wirbelsäule; *3* Niere; *4* Milz; *5* Pankreas; *6* Bauchdecke

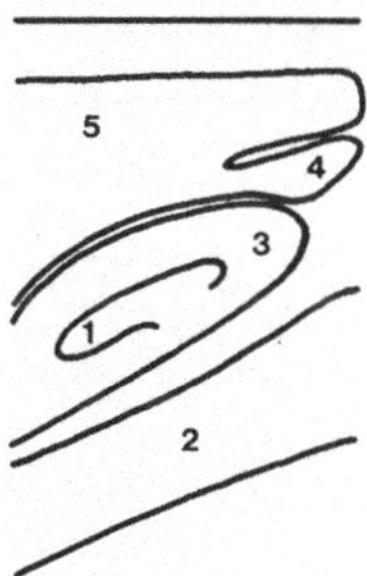

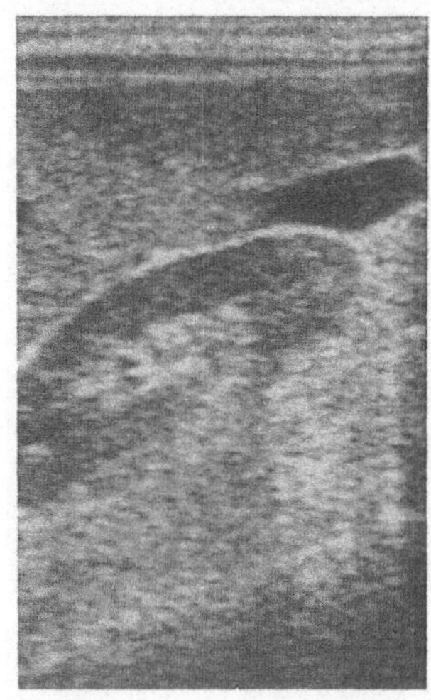

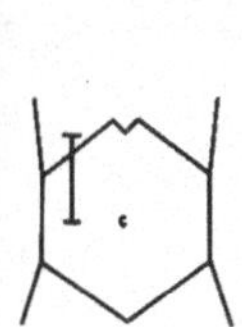

Abb. 5.18. Rechte Leber und Gallenblase bedecken die rechte Niere und überragen den unteren Nierenpol nach kaudal. Flankenschnitt rechts lateral.
1 Pyelonreflex; *2* M. psoas; *3* Niere; *4* Gallenblase; *5* Leber

oder querovale Lobus caudatus (Abb. 5.19 a, b). Nach kranioventral wird er durch die oft echodicht erscheinende Fissur für das Ligamentum venosum begrenzt (Marks et al. 1979; Parnlekar 1979).
Das Echomuster der normalen Leber ist aus feinen Einzelechos aufgebaut, die locker geschichtet und homogen verteilt sind. Als Referenzorgan bezüglich des Echomusters wird von verschiedenen Autoren das geringgradig echoärmere Reflexmuster der normalen Niere angegeben. Die großen Lebervenen mit rechtem, mittlerem und linkem Hauptast sowie den größeren Segmentvenen lassen sich im subkostalen Schrägschnitt durch die Pars affixa der Leber als konfluierende radikulär und gradlinig auf die quer getroffene V. cava zustrebende duktuläre Strukturen darstellen (Abb. 5.20). In den entsprechenden rechtslateralen Längsschnitten ist der Verlauf des rechten venösen Hauptasts zur Einmündungsstelle in die V. cava hin in typischer Weise abgebildet (Abb. 5.21). Entlang den Lebervenen ist entweder kein oder nur ein geringgradig ausgeprägter Wandreflex vorhanden (Abb. 5.20). Unmittelbar nach dem Eintritt in die Leberpforte verzweigt sich die Pfortader in je einen Hauptast für die linke und rechte Leber (Abb. 5.22). Dieser von der intrahepatischen Portalgefäßverzweigung ausgehende Portalgefäßbaum ist relativ weit bis in die Organperipherie hinein darstellbar. Vor allem in den zentralen Abschnitten zeigen die Portalgefäße ausgeprägte Wandreflexe (Abb. 5.22). Die Darstellung und Differenzierung der im Leberparenchym eingebetteten normalen Gallengänge gelingt allenfalls zentral im Hilusbereich, wo sie zu den Pfortaderästen ventral und parallel verlaufen; weiter peripher gelegene Gallengänge sind im Normalfall nicht differenzierbar.
Von besonderer Bedeutung für die sonographische Diagnostik ist die topographisch-anatomische Kenntnis der duktulären Strukturen der Leberpforte. Normalerweise verläuft der Ductus choledochus ventrolateral und parallel zur Portalvene und die A. hepatica kreuzt normalerweise ebenfalls ventral der V. portae, jedoch dorsal des Ductus choledochus. Diese Anordnung ist jedoch einer

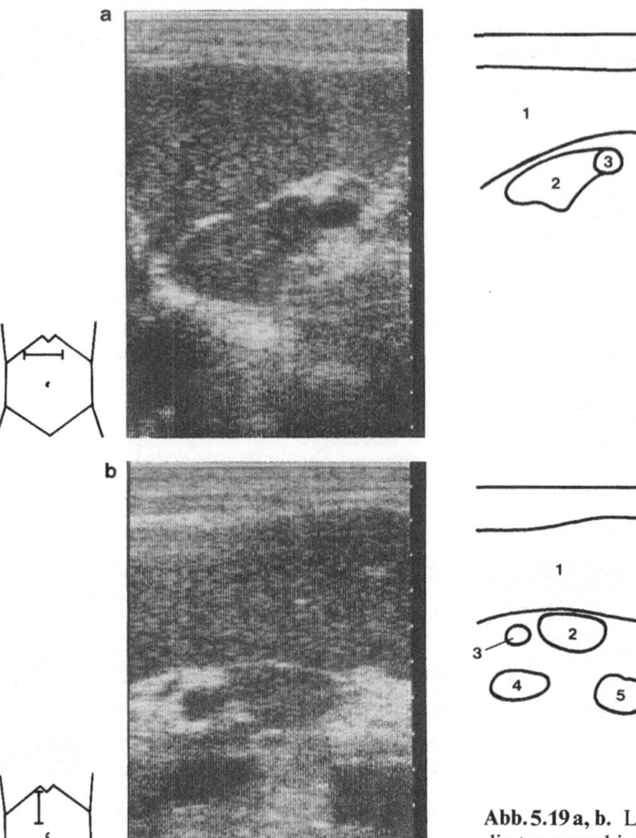

Abb. 5.19 a, b. Lobus caudatus längs (**a**) und quer (**b**). Beachte die topographischen Beziehungen zu V. cava, V. portae und Aorta.
1 Leber; *2* Lobus caudatus; *3* V. portae; *4* V. cava; *5* Aorta

Vielzahl anatomischer Variationen unterworfen. Folgende Kriterien können zu einer verläßlichen sonographischen Identifizierung der einzelnen Strukturen herangezogen werden (Berland et al. 1982):

1) Lediglich Arterien oder Venen zeigen Eigenpulsationen. Allerdings ist die Beurteilung durch fortgeleitete Pulsationen größerer Gefäße oft nicht sicher möglich.
2) Die A. hepatica kann deutliche Einkerbungen in Gallengang oder Portalvene verursachen. Der umgekehrte Fall wurde bis jetzt nicht beobachtet.
3) Gelegentlich sind Kaliberschwankungen im selben Untersuchungsgang bei wiederholten Messungen am Ductus choledochus feststellbar.
4) Durch sog. „Kinking" kann die Leberarterie mehrfach ihre Verlaufsrichtung wechseln und deshalb oft nicht in einer einzigen sonographischen Schnittebene dargestellt werden.
5) Jede sonographische Untersuchung der Leberpforte sollte eine Darstellung und sichere Identifizierung aller duktulären Strukturen dieser Region zum Ziel haben.

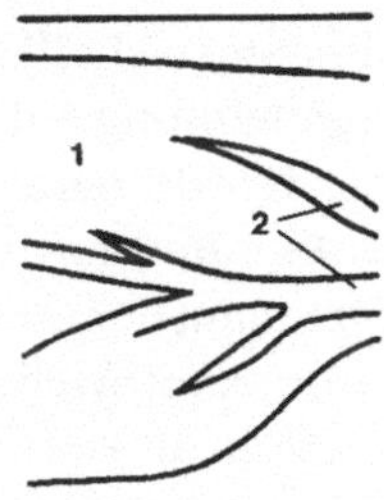

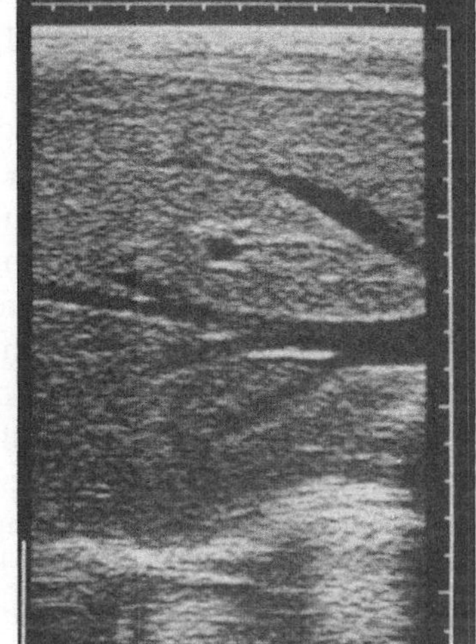

bb. 5.20. Typischer radikulärer Verlauf der großen
ebervenen. Subkostaler Schrägschnitt durch die Pars
ffixa der Leber.
Leber; *2* Vv. hepaticae

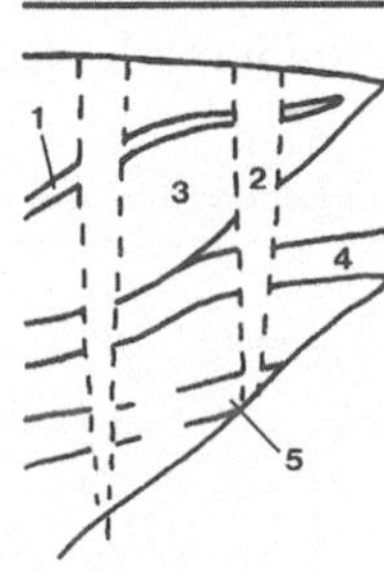

bb. 5.21. Bogenförmiger Verlauf einer Lebervene zur
. cava hin. Rechtslateraler, zentralwärts gerichteter Längs-
chnitt mit Schallschatten der Rippen und Darstellung von
. cava und Aorta.
V. hepatica; *2* Schallschatten; *3* Leber; *4* V. cava inferior;
Aorta

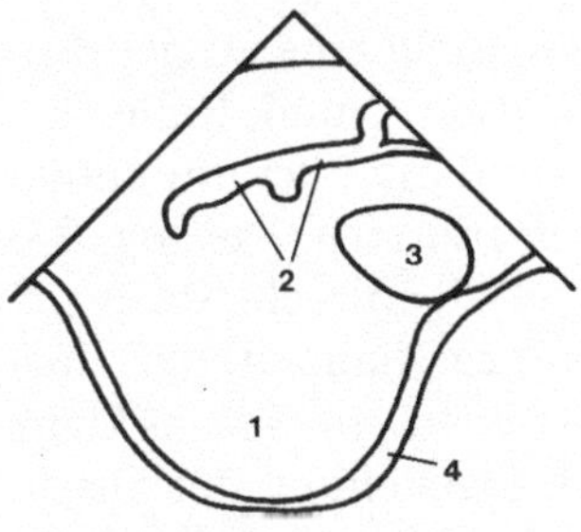

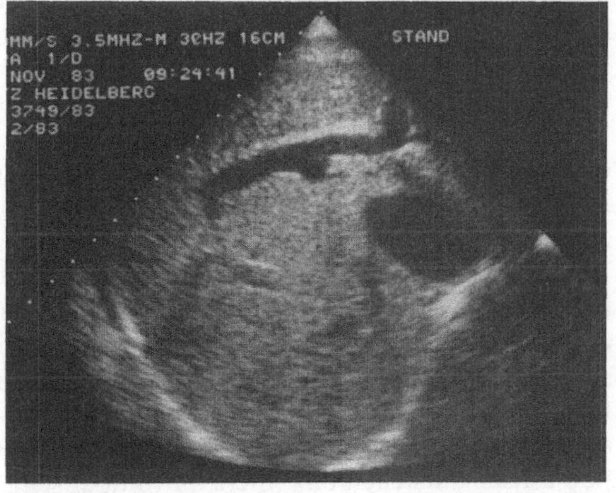

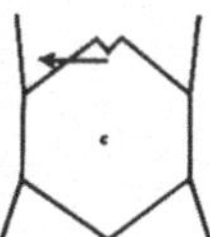

bb. 5.22. Intrahepatische Portalgefäßverzweigung. Subkostalschnitt nach kranial geneigt.
1 Leber; *2* V. portae; *3* V. cava;
4 Zwerchfell

Größenmaße

Durch die Größe herkömmlicher linealer Schallköpfe bedingt gelingt es nicht, die Leber in ihrer gesamten Längsausdehnung auf einem Ultraschallbild darzustellen. Hierzu müssen methodische Kniffe herangezogen werden, welche die Meßgenauigkeit einschränken. Bei Geräten mit teilbaren Bild ist es möglich, das Organ in seiner gesamten Längenausdehnung „aneinander zu stückeln" und die Längenausdehnung mit Hilfe einer Meßeinrichtung des Geräts zu erfassen. Eine andere Möglichkeit besteht in der Ermittlung der kranialen Lebergrenze mittels Perkussion mit nachfolgender Hautmarkierung und Bestimmung der kaudalen Lebergrenze in der selben Atemlage mittels Ultraschall und ebenfalls nachfolgender Hautmarkierung. Der kraniokaudale Durchmesser kann dann mittels Lineal gemessen werden.

In der Praxis hat sich die Angabe des kraniokaudalen Durchmessers in der rechten Medioklavikularlinie bzw. die Messung der maximalen Vertikalausdehnung des rechten Leberlappens durchgesetzt. Aufgrund der bekannten Formvarianten der Leber und methodisch bedingter Meßungenauigkeiten haben diese Maßzahlen jedoch nur orientierende Bedeutung (Tabelle 5.1).

Tabelle 5.1. Maßzahlen zur Bestimmung von Lebergröße und -form

Kraniokaudaler Durchmesser in der rechten Medioclavicularlinie (Gosink u. Leymaster 1981)	10-13 cm
Größte kraniokaudale Ausdehnung der Leber	16-18 cm
Winkelmaße	
Im Longitudinalschnitt:	
- kaudaler Leberrand rechts	bis 75°
- kaudaler Leberrand links	bis 45°
Im Querschnitt: linkslateraler Leberrand	bis 45°

Normvarianten

Variationen der normalen Leberform sind häufig und haben keinen Krankheitswert (Abb. 5.23). Die vergleichende Anatomie beschreibt eine ausgeprägte Lappung der Leber bei verschiedenen Tierspezies (Schwein, Hund, Ratte etc.). Grundsätzlich ist dies auch beim Menschen möglich, und die Literatur enthält Fallbeschreibungen von bis zu 16 unterscheidbaren Leberlappen. Der sog. Riedel-Lappen (Abb. 5.24) trägt die Bezeichnung „Lappen" zu Unrecht, da es sich lediglich um eine Formvariante des rechten Leberlappens handelt, der einen zungen- oder zapfenartigen Ausläufer nach kaudal bildet, welcher bis ins kleine Becken reichen kann. Sonographisch läßt sich durch Darstellung der Organkontinuität und besonders durch das mit der Restleber identische Echomuster diese Veränderung leicht als solche erkennen. Bei der Umstellung der Blutversorgung der Leber nach der Geburt kann es infolge einer anlagebedingten fehlenden Blutversorgung des linken Leberlappens zu einer kompletten Atrophie dieses Leberanteils kommen. Infolgedessen wird er sich im Sonogramm als hypoplastisch darstellen bzw. nicht auffindbar sein.

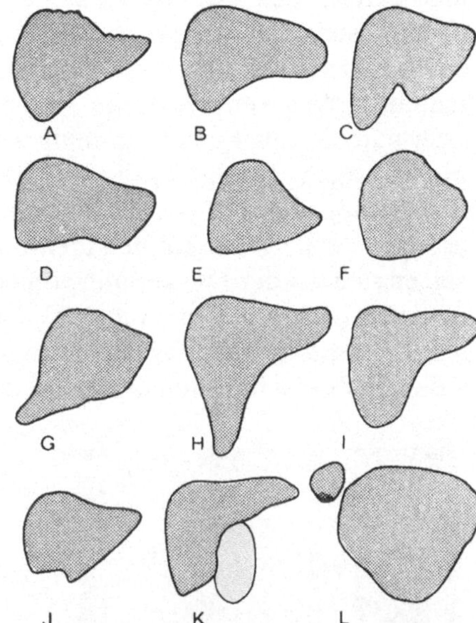

Abb. 5.23. Formvarianten der Leber (schematische Darstellung). In ⅔ aller Fälle kommt es zu den Formvarianten der obersten Bildreihe. (Nach Mc Afee, 1965)

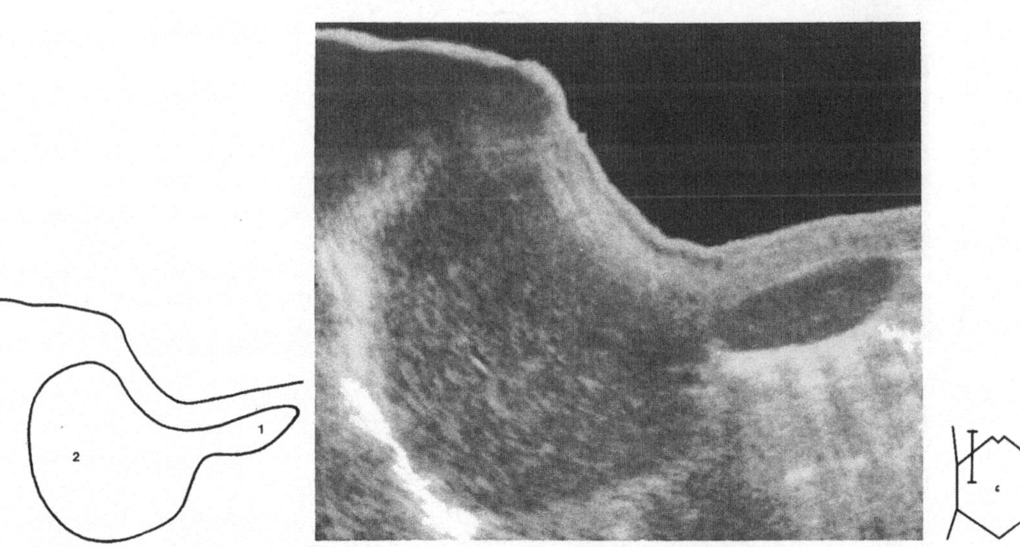

Abb. 5.24. Der sog. Riedel-Lappen, eine Formvariante des rechten Leberlappens. *1* Riedel-Lappen; *2* Leber

Fehlermöglichkeiten

Fehldiagnosen können zunächst bei der Größenbeschreibung der Leber entstehen, da die angegebenen Werte einer erheblichen Streubreite unterliegen (s. Tabelle 5.1) und zusätzlich v. a. bei Linear-array-Geräten methodische, durch die Kürze des Schallkopfs bedingte Meßfehler entstehen können. Erfahrungsgemäß bereitet dem Anfänger auch die Beurteilung eines normalen Leberparenchymmusters Schwierigkeiten, was in der zu häufig gestellten Diagnose des diffusen Leberparenchymschadens resultiert. Der Lobus caudatus kann im Normalfall recht prominent sein, so daß er gelegentlich als Pankreaskopfprozeß oder parakavales Lymphom fehlgedeutet wird (Abb. 5.19 a, b). Durch seine typische Lage in bezug auf die Restleber und die Nachbarorgane sowie die großen Gefäße und sein mit der Restleber weitgehend identisches Echomuster läßt er sich jedoch als Leberanteil identifizieren. Besonders bei vergrößerten Lebern zeigen sich bei der Darstellung von ventral gelegentlich echoarme Herde in den dorsalen Leberanteilen (Abb. 5.25). Der Grund hierfür liegt oft in der fehlerhaften Einstellung des Tiefenausgleichs. Durch eine Untersuchung von lateral bzw. von dorsal in Bauchlage werden diese Herde selbst bei einer großen Leber

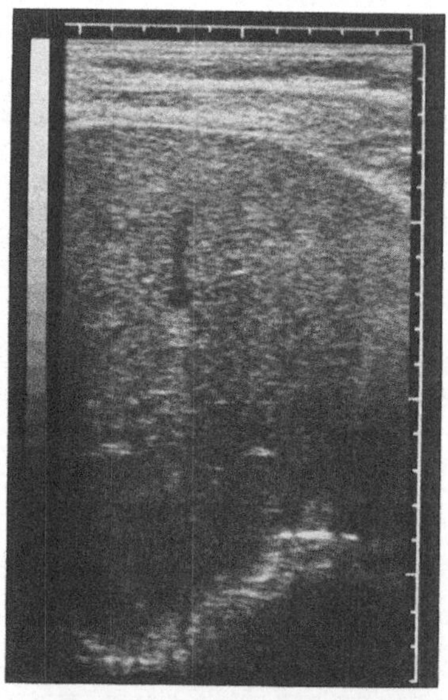
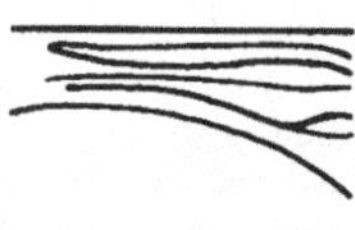

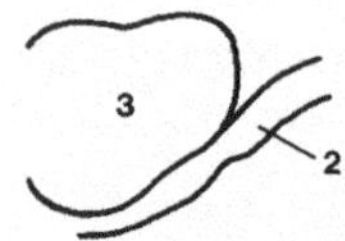

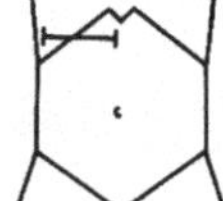
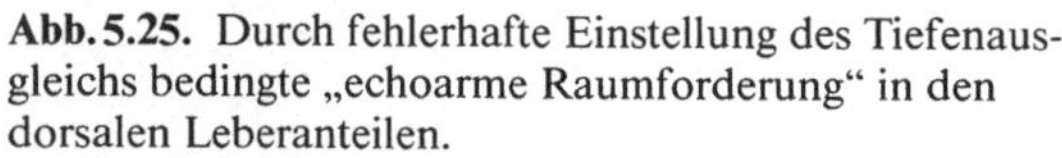

Abb. 5.25. Durch fehlerhafte Einstellung des Tiefenausgleichs bedingte „echoarme Raumforderung" in den dorsalen Leberanteilen.
1 Leber; *2* Zwerchfell; *3* „Raumforderung"

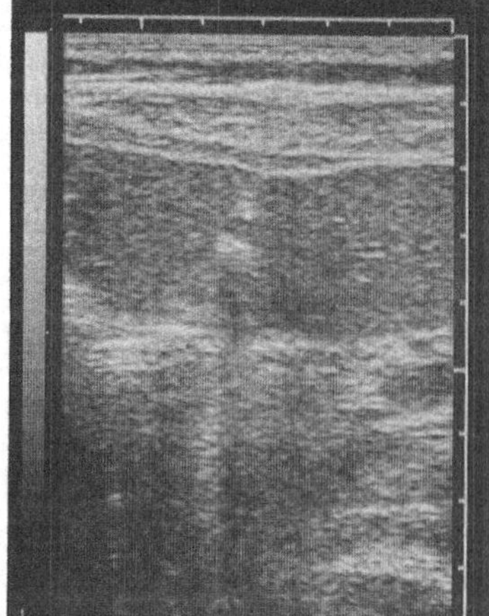
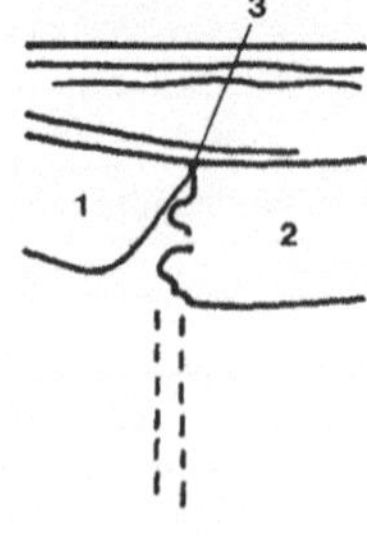

Abb. 5.26. Durch lokale Fetteinlagerung entlang dem Lig. teres imitierte „Raumforderung" am rechten und linken Leberlappen. Subkostalschnitt nach kranial geneigt.
1 rechter Leberlappen; *2* linker Leberlappen; *3* Lig. teres

in den Fokusbereich des Transducers gebracht und eine Fehldiagnose auf diese Weise vermieden. Insbesondere bei der Verwendung von linearen Multi-array-Scannern besteht die Gefahr, daß kraniale, in den Rippenschatten gelegene Leberanteile als sog. echoarme, zwerchfellnahe Raumforderungen beschrieben werden. Eine sorgfältige Untersuchung dieser Leberanteile unter In- und Expiration durch die Interkostalräume hindurch sollte diese Fehldiagnose jedoch ausräumen. Besonders bei einer großkalibrigen Pfortader oder gestauten Lebervenen werden bei entsprechender Schnittführung Anteile dieser Gefäßstrukturen als zystische intrahepatische Raumforderungen fehlgedeutet. Abhilfe: Einstellung der Schnittebene entsprechend dem Gefäßverlauf. Bei sog. echodichten Raumforderungen im Bereich des Lig. teres an der Grenze zwischen rechtem und linkem Leberlappen handelt es sich oft um lokale Fetteinlagerungen entlang diesem Ligament, die nicht mit einem Hämangiom bzw. echodichten Metastasen verwechselt werden sollten (Abb. 5.26).

Literatur

Berland LL, Lawson TL, Fowley WD (1982) Porta hepatis: Sonographic discrimination of bile ducts from arteries with pulsed Doppler with new anatomic criteria, AJR 138: 833-840

Gosink BB, Leymaster CE (1981) Ultrasonic determination of hepatomegaly. J Clin Ultrasound 9: 37-41

Marks WM, Filly RA, Callen PW (1979) Ultrasonic anatomy of the liver: a review with new applications. J Clin Ultrasound 7: 137-146

Parnlekar SG (1979) Ligaments and fissures of the liver: sonographic anatomy. Radiology 130: 409-411

Raeth U, Johnson PJ, Williams R (1983) Sonographische Diagnostik bei primären Carcinomen der Leber. Radiologe 23: 108-113

Rasmussen SN (1977) Liver volume determination by ultrasonic scanning. Lage Foreningen, Copenhagen

5.4 Gallenblase

5.4.1 Topographisch-anatomische Vorbemerkungen

Die Gallenblase liegt in der Fossa vesicae felleae der Leber und überragt den vorderen Leberrand um 10-15 mm. Die Größe variiert je nach Funktionszustand. Gewöhnlich wird jedoch eine Weite von 5 cm und eine Länge von 7-10 cm nicht überschritten. Neben der engen Lagebeziehung zur Leber ist sie dem Duodenum und dem Querkolon benachbart. An der Gallenblase unterscheidet man 3 Abschnitte: Fundus, Korpus und Kollum. Der Fundus ist allseitig von Serosa überzogen und frei entfaltbar, während das Korpus mit der Fossa vesicae felleae der Leber mehr oder weniger stark verwachsen ist und lediglich an seiner freien Oberfläche einen Serosaüberzug aufweist. Das Kollum setzt sich in den Ductus cysticus fort, es ist nicht mit der Leber verwachsen. In der Hartmann-Tasche, einer Aussackung des Gallenblasenhalses, finden sich besonders häufig Gallensteine. Seltene Lagevarianten, z. B. eine komplett intrahepatische Gallenblase, werden in der Literatur beschrieben (Kane 1982).

5.4.2 Untersuchungstechnik

Geräte

B-Scan-Geräte für abdominelle Diagnostik, Frequenzbereich 2,5-3,5 MHz, bei Kindern auch 5 MHz. Mit Linear-array-Geräten und mit Sektorscannern sind gleich gute Ergebnisse zu erzielen.

Vorbereitung

Die Untersuchung wird am nüchternen Patienten in der ersten Tageshälfte durchgeführt. Zusätzlich empfiehlt sich eine Vorbereitung mit Polysiloxanpräparaten. In hartnäckigen Fällen können Abführmaßnahmen am Vortag erforderlich sein. Die sonographische Prüfung der Gallenblasenfunktion kann mittels einer Reizmahlzeit erfolgen.

Lagerung

Der Patient wird in Rückenlage bei inspiratorisch fixierter Leber untersucht. Insbesondere für die Darstellung des Gallenblasenhalsbereichs empfiehlt sich eine leichte Anhebung der rechten Körperhälfte, wobei der rechte Arm zur Erweiterung der Interkostalräume über den Kopf gehalten wird.

Typische Schnittebenen

Darstellung der Gallenblase im rechtsparakavalen Längsschnitt, wobei die Darstellung jedoch oft durch Luft im Querkolon behindert ist. Danach Schwenken des Transducers in den subkostalen Schrägschnitt rechts unter langsamem Kippen des Schallkopfs von kranial nach kaudal und Aufsuchen der Gallenblase. Zusätzliche Darstellung der Gallenblase entlang ihrer anatomischen Längsachse von einem hochangesetzten Flankenschnitt rechts durch die Leber hindurch. Die Schnittebene soll dabei so gelegt werden, daß sie im Gallenblasenbett aus der Leber heraustritt. Auf diese Weise gelingt auch die Darstellung einer darmgasüberlagerten Gallenblase beim nicht nüchternen Patienten.
Ähnliches gilt auch für die Darstellung der Gallenblase durch die Interkostalräume hindurch. Bei zweifelhaften Befunden (Steine, Schichtungsphänomene) (Conrad et al. 1979; Fiske u. Filly 1982) muß eine Untersuchung im Stehen angeschlossen werden, wobei zu bedenken ist, daß das Absinken eines Schichtungsphänomens 20-30 min dauern kann (Abb. 5.27). Die Palpation der Gallenblase unter Ultraschallsicht sollte ein integraler Bestandteil jeder sonographischen Untersuchung dieses Organs sein.

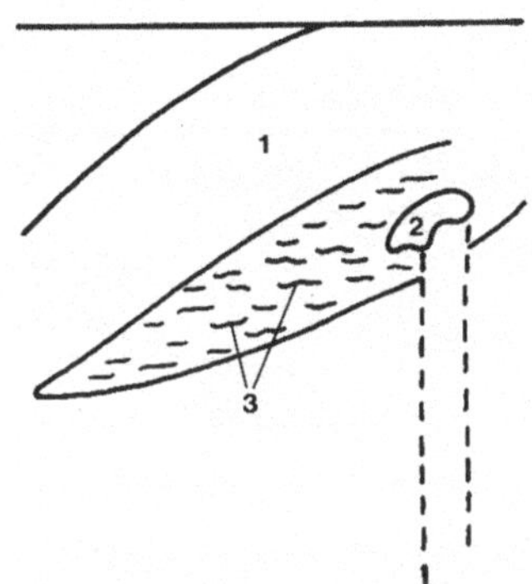

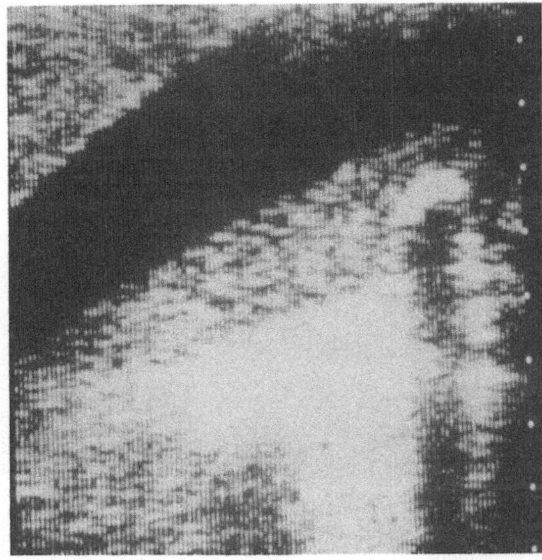

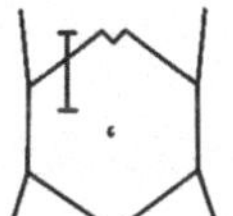

Abb. 5.27. Schichtungsphänomen des Gallenblaseninhalts. Längsschnitt durch die Gallenblase (vergrößert). Beachte die Schallverstärkung hinter der Gallenblase mit sludgebedingtem Schichtungsphänomen im Vergleich zu dem Gallenblasenkonkrement mit Schallschatten.
1 Gallenblase; *2* Stein mit Schallschatten; *3* Schichtung des Gallenblaseninhalts

5.4.3 Echographische Anatomie

Bei der Darstellung entlang der anatomischen Längsachse ist die Gallenblase von birnenförmiger bis runder Gestalt (Abb. 5.28). Die Form kann jedoch dem Funktionszustand entsprechend erheblich variieren. Je nach Konstitution des Patienten kann das an der Dorsalseite der Leberwand gelagerte Organ weit nach kaudal reichen. Entsprechend der Schnittführung kommt es bei der Abbildung der Gallenblase zur Mitdarstellung von Leberanteilen, der V. cava, der Gebilde der Leberpforte bzw. der rechten Niere. Im kontrahierten Zustand (Abb. 5.29 a, b) ist gelegentlich eine Dreischichtung der Gallenblasenwand mit Tunica serosa, Tunica muscularis und Tunica mucosa darstellbar (Marchal et al. 1980). Bei gefülltem Organ ist das Lumen echofrei. Bei 70% aller Patienten bildet sich die von der Gallenblase meist zum rechten Pfortaderast ziehende Lappenfissur in Parasagittalschnitten durch den rechten Oberbauch als echoreiches Band ab und erleichtert so das Auffinden einer sonst schwer lokalisierbaren Gallenblase (Calten u. Filly 1979).

Maße

Der Längsdurchmesser der Gallenblase variiert beträchtlich und beträgt nach Angabe verschiedener Autoren 7-10 cm. Die Variationsbreite des Querdurchmessers ist geringer und liegt bei 3-5 cm. Bei größerem Querdurchmesser muß der Verdacht auf eine Dilatation geäußert werden. Grundsätzlich sollte jedoch bedacht werden, daß unterschiedliche Gallenblasengrößen oft nur dem jeweiligen Funktionszustand des Organs entsprechen.

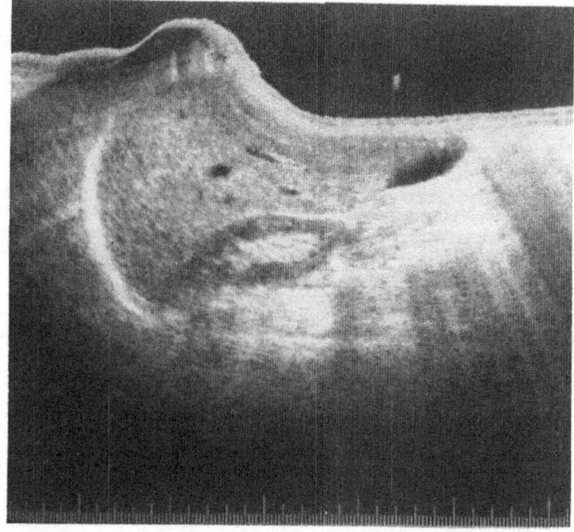

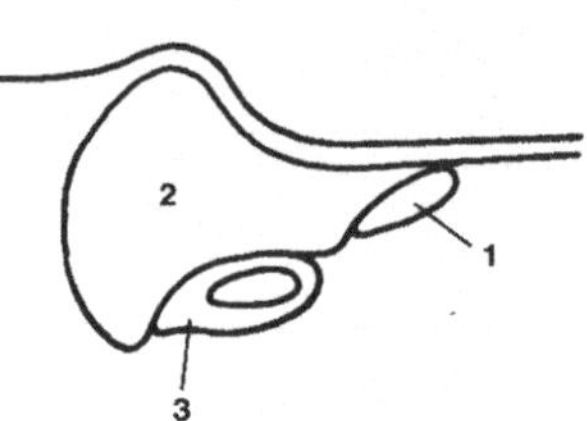

Abb. 5.28. Gut gefüllte Gallenblase. Schlanker, bis in das Becken reichender rechter Leberlappen; dadurch liegt die Gallenblase kaudal des unteren rechten Nierenpols. Längsschnitt des rechten Oberbauchs.
1 Gallenblase; *2* Leber; *3* Niere

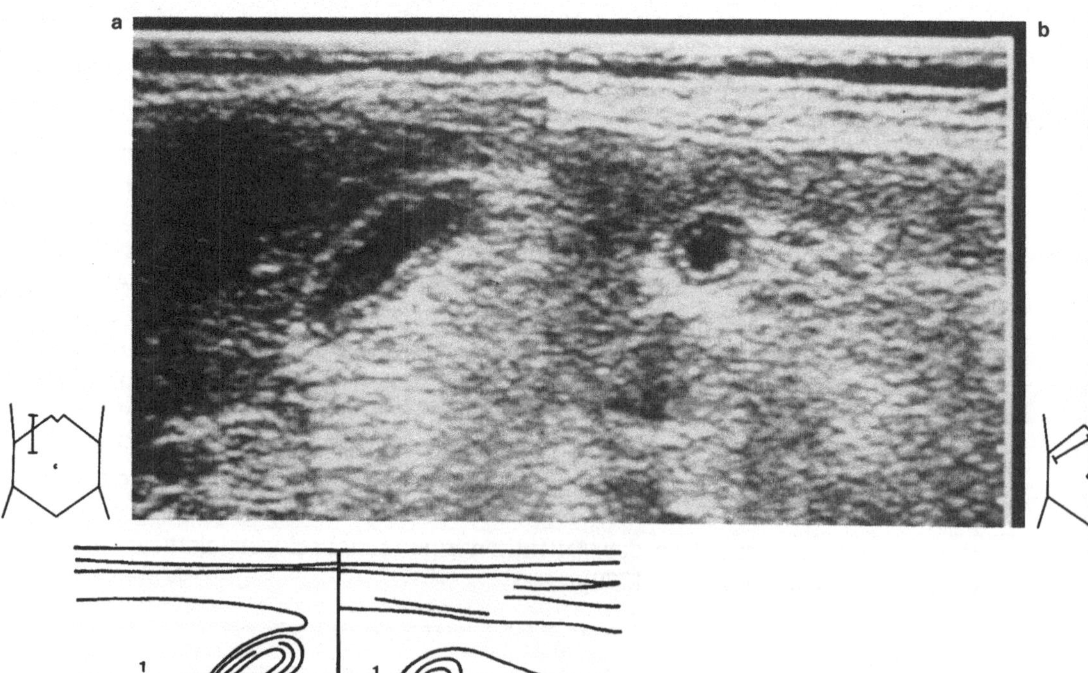

Abb. 5.29 a, b. Dreischichtung der Gallenblasenwand bei Kontraktion nach Reiz. Längs- (**a**) und Horizontalschnitt (**b**) des rechten Oberbauchs.
1 Leber; *2* Gallenblase

Die Dicke der normalen Gallenblasenwand ist abhängig von der angewandten Meßtechnik und vom Füllungszustand. Wird z.B. die die Gallenblase umgebende echoreiche Konturlinie mitgemessen, beträgt die Wanddicke bis maximal 5 mm, unter Ausschluß dieser Struktur jedoch nur 2–3 mm. Bei nüchternen Patienten fand Sanders (1980) eine mittlere Wanddicke, die 3 mm nicht überschritt. Nach einer Mahlzeit und nachfolgender Entleerung der Gallenblase kam es zu einer Zunahme der mittleren Wanddicke auf 4 mm.
Die Berechnung des Gallenblasenvolumens mittels mathematischer Formeln ergibt meist nur Annäherungswerte, wobei bei den meisten Methoden eine Tendenz zur Überschätzung der tatsächlichen Volumina besteht. Eine zuverlässige, auch experimentell abgesicherte Methode zur Volumenbestimmung wird von Everson et al. (1980) angegeben.

Normvarianten
Die häufigste Variation der Form ist die geknickte Gallenblase in Gestalt einer sog. phrygischen Mütze (Abb. 5.30). Die Abbildung einer kompletten oder inkompletten Septierung des Gallenblasenlumens ist selten. Durch entwicklungs- und anlagebedingte Störungen können auch eine intrahepatische Lage, Doppelanlagen bzw. Aplasien auftreten. Extrem selten ist die Lage von Gallenblase und Leber im linken Oberbauch bei Situs transversus.

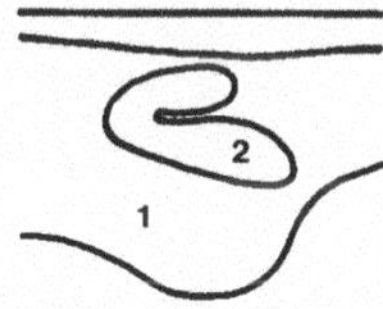

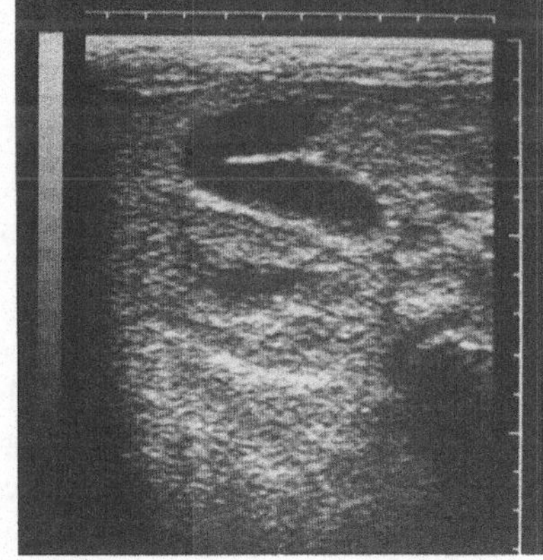

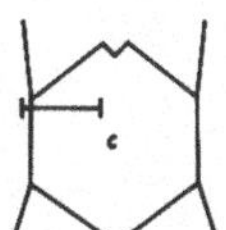

Abb. 5.30. Geknickte Gallenblase, sog. „phrygische" Mütze. Horizontalschnitt des rechten Oberbauchs. *1* Leber; *2* Gallenblase

Ursachen von Fehldiagnosen
Grundsätzlich muß der Patient nach operativen Eingriffen am Oberbauch gefragt werden. Es ist sehr gut möglich, daß bei nicht ursprünglich die Gallenblase betreffenden Eingriffen dieses Organ mit entfernt wurde. Es kommt bei älteren Patienten auch vor, daß zur Entfernung von Gallensteinen lediglich eine Cholezystotomie vorgenommen wurde, sich also trotz einer Gallenblasenoperation dieselbe noch vor Ort befindet. Behinderungen der Darstellung durch Luft im Querkolon bzw. Bulbus duodeni, die sich auch durch Palpation und Umlagerung des Patienten nicht beseitigen läßt, erfordern eine Wiederholungsuntersuchung nach gründlicher Vorbereitung. Als Lagevariation bei schlanken

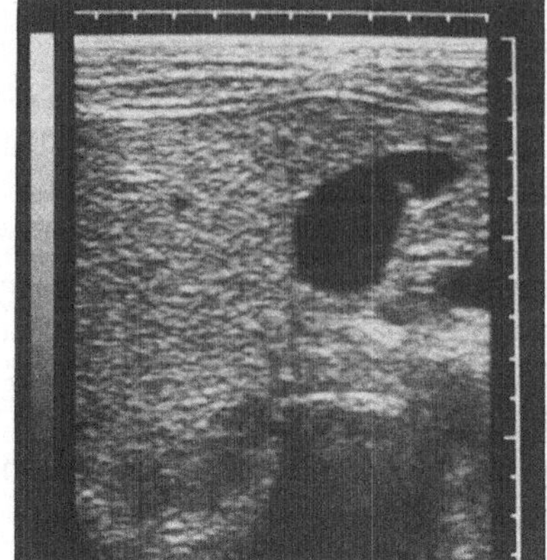

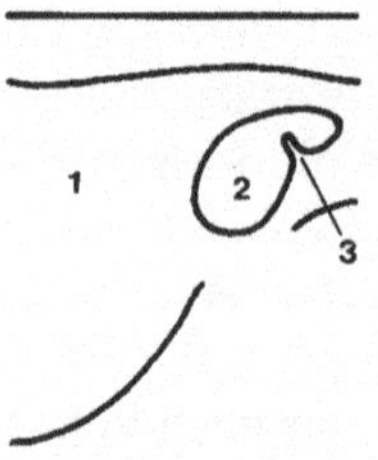

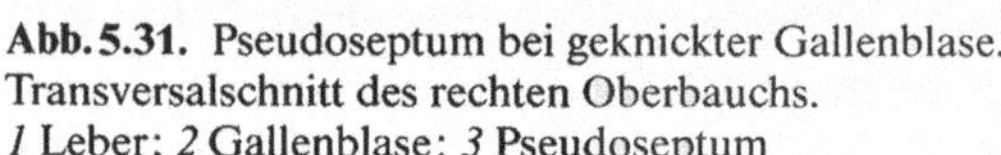

Abb. 5.31. Pseudoseptum bei geknickter Gallenblase. Transversalschnitt des rechten Oberbauchs. *1* Leber; *2* Gallenblase; *3* Pseudoseptum

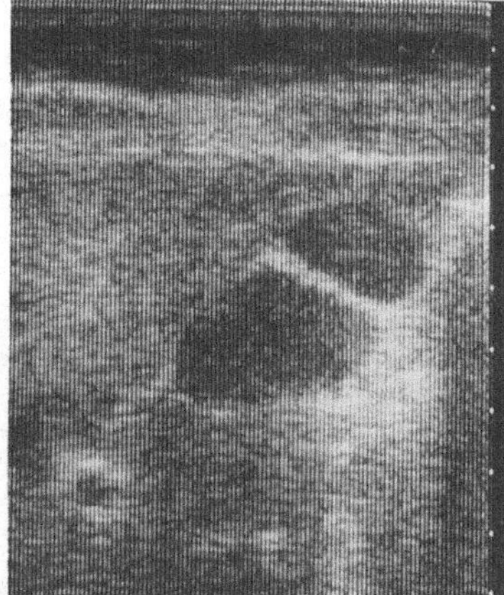

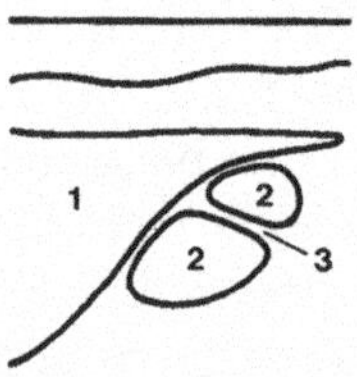

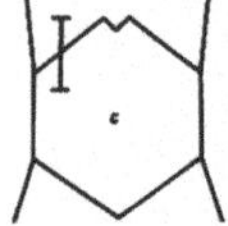

Abb. 5.32. Durch entsprechende Schnittführung vorgetäuschte komplette Septierung der Gallenblase. *1* Leber; *2* Gallenblase; *3* Septierung

Patienten kann die Gallenblase über oder gar lateral der rechten Niere zu liegen kommen und auf diese Weise als Nierenzyste fehlgedeutet werden. Eine einwandfreie Zuordnung dieser „Zyste" gelingt jedoch durch Beobachtung ihrer Lageveränderung bei tiefer In- und Expiration. Durch eine inkomplette Untersuchung der Gallenblase kann bei einem geknickten Organ ein Septum vorgetäuscht werden (Abb. 5.31 und 5.32). Abhilfe: Sorgfältige Darstellung des Organs in mehreren Schnittebenen. Bei schlechter Abgrenzbarkeit der Gallenblasenwand können darmgasbedingte Echos als Steinechos fehlgedeutet werden. Oft kann die Natur dieser „Steine" jedoch durch gezielte Palpation bzw. Beobachtung der bei In- und Expiration sich bewegenden Gallenblase unter Ultraschallsicht aufgeklärt werden. Laterale, artefaktbedingte Schattenphänomene werden gelegentlich als wandständige Konkremente fehlgedeutet (Abb. 5.33). Der Konkrementausschluß gelingt jedoch in den meisten Fällen durch Darstellung der Gallenblase in mehreren Schnittebenen. Bei Patienten mit Leberzirrhose, nach langer parenteraler Ernährung, bei Diabetikern, unter anticholinergischer Medikation und bei Pankreatitis stellt sich oft eine sehr große, die

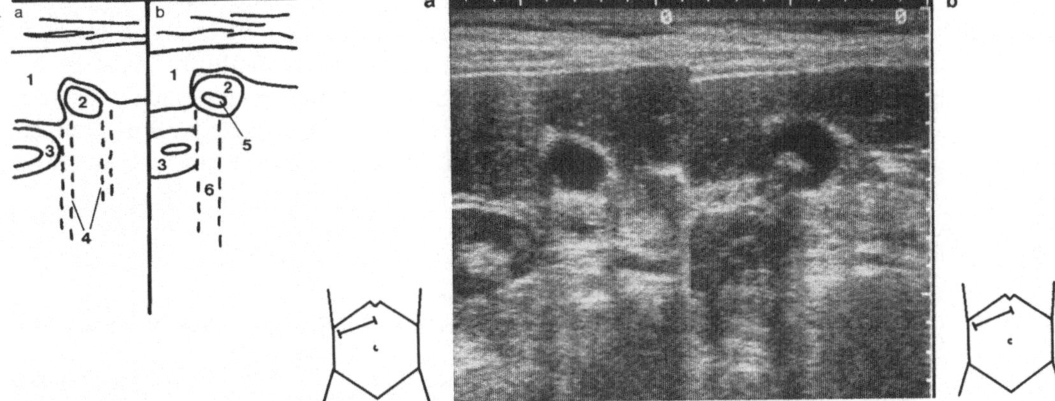

Abb. 5.33 a, b. Laterales Schallschattenphänomen (sog. Zöpfe). Entsteht durch Brechung und Beugung des Ultraschallstrahls an akustischen Grenzflächen (**a**). Zum Vergleich ein der Gallenblasenwand angelagertes Konkrement mit dorsalem Schallschatten (**b**)
1 Leber; *2* Gallenblase; *3* rechte Niere; *4* lat. Schattenphänomen; *5* Konkrement mit *6* Schallschatten.

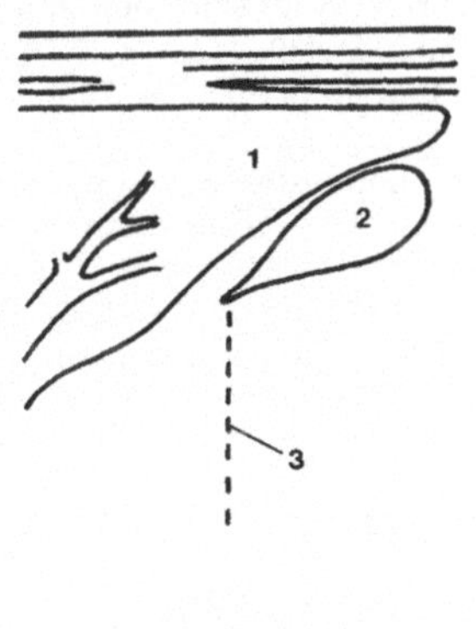

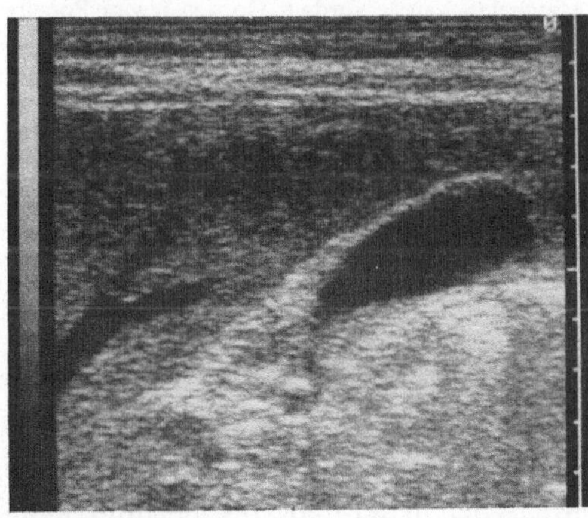

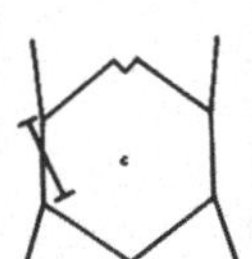

Abb. 5.34. Schallschatten an der Grenze von Ductus cysticus und Gallenblasenhals: Artefakt oder durch Heister-Spirale verursacht.
1 Leber; *2* Gallenblase; *3* Schallschatten

Normmaße überschreitende Gallenblase dar. Bei Verabreichung einer Reizmahlzeit zeigt die Gallenblase jedoch ein normales Kontraktionsverhalten.

Gelegentlich sieht man an der Infundibulumgrenze eine sehr kleine echodichte Struktur, die einen Stein oder einen kleinen Gallenblasenhydrops vortäuscht, besonders wenn sie einen akustischen Schatten verursacht. Es handelt sich dabei um eine Schleimhautfalte, die aufgrund ihrer konstanten, durch Lageveränderung nicht beeinflußbaren Lokalisation als solche identifiziert werden kann (Sukov et al. 1979). Schallschatten an der Grenze zwischen Ductus cysticus und Gallenblasenhals können durch die Heister-Spirale verursacht oder artefaktbedingt sein (Abb. 5.34). Diese Artefakte entstehen durch Brechung und Beugung des Ultraschallstrahls an akustischen Grenzflächen.

Insbesondere bei schlanken Patienten treten in den transducernahen Fundusanteilen der Gallenblase oft Wiederholungsechos auf, die nicht als Steine bzw. als Schichtungsphänomen fehlgedeutet werden sollten. Hier hilft eine sorgfältige Darstellung des Organs in mehreren Schnittebenen. Schließlich sollte bei Nichtdarstellbarkeit der Gallenblase auch an eine ausgeprägte Kontraktion, eine Schrumpfgallenblase, eine völlige Ausfüllung des Organs mit Steinen sowie an eine abnorme Lokalisation gedacht werden.

Literatur

Calten PW, Filly RA (1979) Ultrasonographic localisation of the gallbladder. Radiology 133: 687-691

Conrad MR, Jonas JO, Dietchy J (1979) Significance of low level echoes within the gallbladder. AJR 132: 967-972

Everson GT, Bravermann DZ, Johnson ML, Kern F (1980) A critical evaluation of real-time ultrasonography for the study of gallbladder volume and contraction. Gastroenterology 70: 40-46

Fiske CE, Filly RA (1982) Pseudo-Sludge. Radiology 144: 631-632

Kane RA (1982) Ultrasonographic evaluation of the gallbladder. CRC Crit Rev Diagn Imaging 17 (2): 107-159

Marchal G, Van de Vorde P, Dooren W van, Ponette E, Baert A (1980) Ultrasonic appearance of the filled and contracted normal gallbladder. J Clin Ultrasound 8: 439-442

Sanders RC (1980) The significance of sonographic gallbladder wall thicking. J Clin Ultrasound 8: 143-146

Sukov RJ, Sample WF, Sarti DA, Whitcomp MJ (1979) Cholecystosonography - the junctional fold. Radiology 133: 435-436

5.5 Gallenwege

5.5.1 Topographisch-anatomische Vorbemerkungen

(intrahepatische Gallenwege s. 5.3)

Ductus cysticus und Ductus hepaticus communis vereinigen sich bei 70% aller Menschen in der Leberpforte zum Ductus choledochus, der im Lig. hepatoduodenale unter dem Duodenum und dem Pankreaskopf hindurch zur Papilla duodeni major zieht. Im Regelfall vereinigt er sich kurz vor seinem Eintritt in die Papille mit dem Ductus pancreaticus und bildet mit diesem zusammen die Ampulla Vateri. Im Lig. hepato-duodenale liegt er ventral der V. portae und rechts von der A. hepatica. Sein Durchmesser beträgt bis 7 mm; beim Zustand nach Cholezystektomie sind bis zu 10 mm beschrieben (Sherlock 1981).

5.5.2 Untersuchungstechnik

Geräte

B-Scan-Gerät für abdominelle Diagnostik, Frequenzbereich 2,5-3,5 MHz. Bei Kindern und schlanken Patienten auch 5 MHz. Gute Ergebnisse mit Linear-array- und Sektorscannern.

Vorbereitung s. 5.4.

Lagerung
Untersuchung entweder in Rücken- oder Linksseitenlage (s. auch 5.4).

Schnittebenen
Die Darstellung des Ductus choledochus erfolgt in linker Halbseitenlage in einer Schnittebene, die etwa dem Verlauf der extrahepatischen Pfortader entspricht (Weill et al. 1978). Durch Verlagerung der Schnittführung nach ventral stellt sich dann der extrahepatische Gallengang als parallel zur Pfortader verlaufende Gangstruktur dar. Auf Transversalschnitten in Höhe des Pankreaskopfs findet man den Ductus choledochus dorsal der A. hepatica communis.

5.5.3 Echographische Anatomie

Bei linker Halbseitenlage des Patienten und einer dem Verlauf der extrahepatischen Pfortader entsprechenden Schnittführung liegt der Ductus choledochus ventral der V. portae und rechts von der A. hepatica, um dann nach der Unterquerung des Duodenums in Höhe des Pankreaskopfs nach kaudal zur Papille hin umzubiegen (Abb. 5.35).

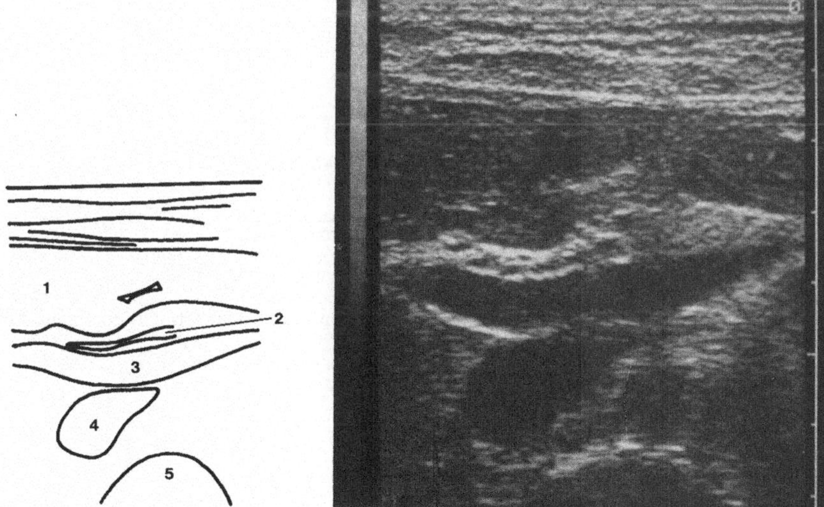

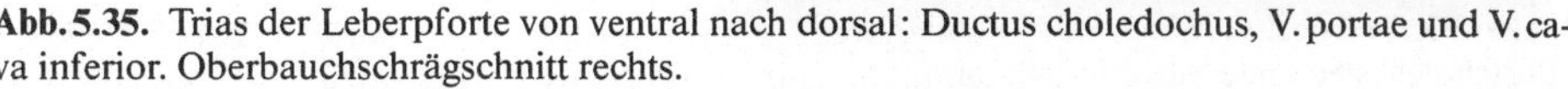

Abb. 5.35. Trias der Leberpforte von ventral nach dorsal: Ductus choledochus, V. portae und V. cava inferior. Oberbauchschrägschnitt rechts.
1 Leber; *2* Ductus choledochus; *3* V. portae; *4* V. cava inferior; *5* Wirbelsäule

Größenmaße
Die Weite des Ductus choledochus ist abhängig vom Ort der Messung sowie von der angewandten Meßtechnik. Nachdem jetzt Studien an großen Patientenkollektiven vorliegen, sollte das Lumen des Ductus choledochus gemessen

an der weitesten Stelle und ohne Wandreflexe 7 mm nicht übersteigen (Niederau et al. 1983; Weill et al. 1978). Aufgrund von In-vitro-Studien muß jedoch angenommen werden, daß der Meßfehler bis zu 2 mm betragen kann (Sauerbrei et al. 1980). Die oft beschriebene Erweiterung des Ductus choledochus nach Cholezystektomie bis auf 10 mm scheint eher die Ausnahme darzustellen. Wie postoperative Follow-up-Studien an solchen Patienten zeigen konnten, ändert sich die Weite des präoperativ normalen Ductus choledochus nach der Operation über einen längeren Zeitraum nicht (Mueller et al. 1981).

Normvarianten s. 5.5.1.

Fehlermöglichkeiten

Verwechslungen mit der A. hepatica können vorkommen. Als Abhilfe evtl. Darstellung der Pulsation sowie Verfolgung des Gefäßes bis zum Truncus coeliacus (Abb. 5.36). Gleichfalls kommen Verwechslungen mit der V. portae vor, die durch eine gleichzeitige Abbildung von Ductus choledochus und V. portae vermieden werden können.

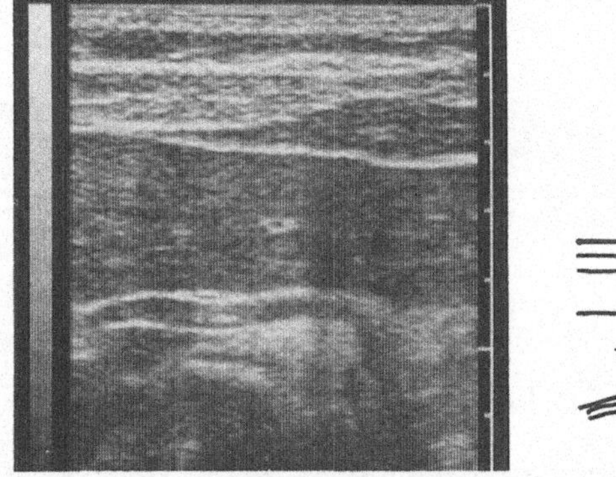

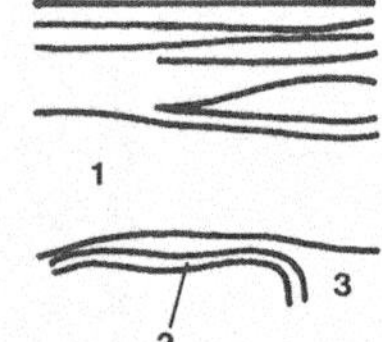

Abb. 5.36. Transabdominaler Verlauf der A. hepatica communis vom Truncus coeliacus ausgehend. Oberbauchtransversalschnitt.
1 Leber; *2* A. hepatica communis; *3* Truncus coeliacus

Literatur

Mueller PR, Ferrucci JT, Simeone JF, Wittenberg J, vom Sonnenberg E, Polansky A, Ister RJ (1981) Postcholecystectomie bile duct dilatation: myth or reality? AJR 136: 355-358

Niederau C, Müller J, Sonnenberg A von, Scholten T, Erckenbrecht J, Fritsch WP, Brüster T, Strohmeyer G (1983) Extrahepatic bile ducts in healthy subjects, in patients with cholelithiasis, and in postcholecystectomy patients: a prospective ultrasonic study. J Clin Ultrasound II: 23-27

Sauerbrei EE, Cooperberg PL, Gordon P, Li D, Cohen MM, Burhenne HJ (1980) The discrepancy between radiographic and sonographic bile duct measurements. Radiology 137: 751-755

Sherlock S (1981) Diseases of the liver a biliary system, 6th edn. Blackwell Scientific, Oxford

Weill F, Eisencher A, Zeltner F (1978) Ultrasonic study of the normal and dilated biliary tree. Radiology 127: 221-224

5.6 Milz

5.6.1 Topographisch-anatomische Vorbemerkungen

Die gesamte Milz liegt intraperitoneal. Das bohnenförmige Organ hat eine von Pol zu Pol gemessene transversale Länge von 11 cm, ist 6-8 cm breit und 3-4 cm dick. Ein System von Ligamenten fixiert die Milz in ihrer gänzlich unter dem linken Rippenbogen verborgenen Lage, wobei die Organlängsachse etwa entlang der 10. Rippe verläuft. Auch bei maximaler Inspiration überragt die normale Milz bei regelrechter Beweglichkeit den unteren Rippenbogen nicht. Die Innenseite der Milz steht in enger Lagebeziehung zu Magenfundus, Pankreasschwanz, oberem linken Nierenpol und linker Kolonflexur; während die Außenseite dem Zwerchfell anliegt. Die Milzgefäße verlaufen im Lig. phrenicolienalis zum Milzhilus. Die A. lienalis zieht aus dem Truncus coeliacus kommend am kranialen Pankreasrand entlang, während die V. lienalis kaudal der Arterie und hinter dem Pankreas gelegen ist. Klinisch wichtige Anastomosen bestehen zu den Vv. gastricae breves. Die Aufzweigungen der großen Gefäße können sowohl im Milzhilus als auch perihilär liegen.

5.6.2 Untersuchungstechnik

Geräte

B-Scan-Gerät für abdominelle Diagnostik, Frequenzbereich 2,5-3,5 MHz. Sowohl mit Linear-array-Geräten als auch mit Sektorscannern sind gute Ergebnisse zu erzielen. Sektorscanner ermöglichen eine komplette Milzdarstellung von subkostal ohne störende Schallschatten der Rippen.

Vorbereitung

Eine besondere Vorbereitung des Patienten ist nicht erforderlich.

Lagerung

Untersuchung entweder in Rücken- oder Rechtsseitenlage, ggf. von dorsal in Bauchlage.

Schnittebenen

Die Darstellung des Organs in der transversalen anatomischen Achse erfolgt im Längsschnitt von lateral. Im lateralen Querschnitt wird die Organdicke bestimmt. Mit dem Sektorscanner Organdarstellung von lateral und subkostal bei inspiratorisch fixiertem Organ.

5.6.3 Echographische Anatomie

Bei Darstellung im lateralen Längsschnitt entlang der anatomischen Achse zeigt die Milz eine angedeutete dreieckige Konfiguration, wobei die laterale, dem Zwerchfell anliegende Begrenzung leicht konvex und die mediale Begrenzung konkav bis gestreckt verläuft (Abb. 5.37). Bei Inspiration verlagert sich das Organ nach kaudal, medial und ventral. Das Parenchymechomuster besteht aus feinen und homogen verteilten Einzelechos, die insgesamt nicht ganz so dicht gepackt sind wie in der Leber. Im Milzhilus bzw. perihilär zeigen sich die organspezifischen großen Gefäße und ihre Aufzweigungen (Abb. 5.38).

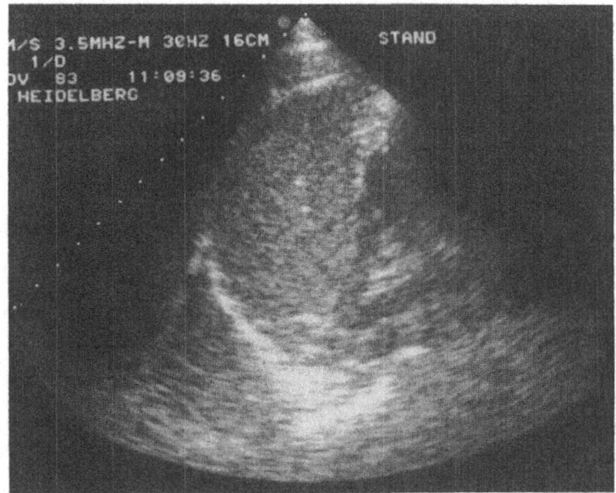

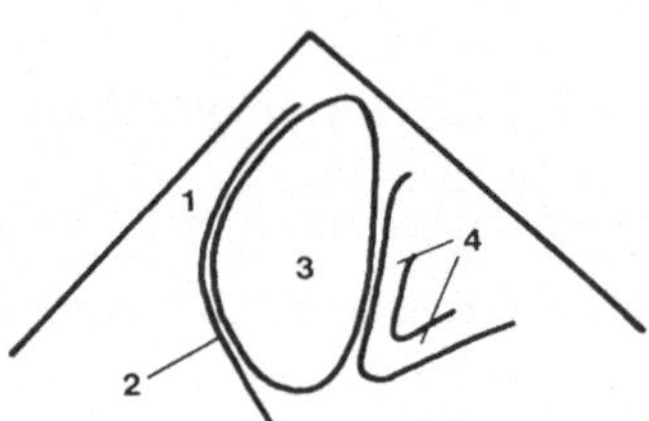

Abb. 5.37. Normale Milz. Gute Darstellung auch subkostaler Organanteile mittels Sektorscanner. Flankenschnitt links.
1 Rippenschatten; *2* Zwerchfell; *3* Milz; *4* Niere

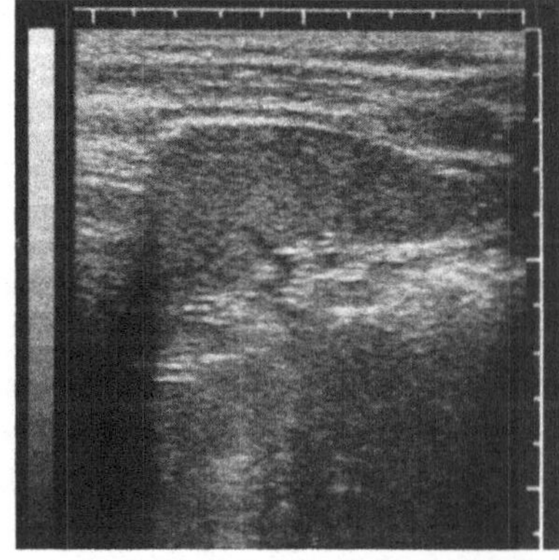

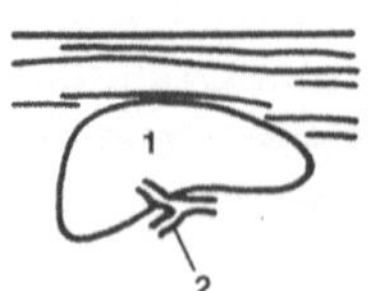

Abb. 5.38. Milzhilus mit extrahilär sich aufzweigender Milzvene. Linkslateraler Schrägschnitt durch den Milzhilus.
1 Milz; *2* Milzvene

Maße

Der kraniokaudale Pol-zu-Pol-Durchmesser der Milz beträgt 11 cm. Er kann als Maß zur Orientierung und Größenbestimmung verwendet werden. Zusammen mit dem ventrodorsalen Durchmesser (7 cm) und dem Querdurchmesser (4 cm) ist der Pol-zu-Pol-Durchmesser in der Merkformel für die Milzgröße „4711“ zusammengefaßt.

Normvarianten

Die häufigste (10–35%) Normvariante ist die Nebenmilz (Abb. 5.39 a, b). Sie liegt zu 75% perihilär, es sind jedoch auch Lokalisationen im Lig. Phrenicolienale oder retroperitoneal beschrieben. Eine Nebenmilz kann singulär oder multipel auftreten, wobei eine Verbindung zur Hauptmilz nicht immer besteht. Die sog. Wandermilz ist durch eine Schlaffheit der Aufhängebänder bedingt, so daß das Organ eine ektope Lage im Epigastrium oder sogar im kleinen Becken einnehmen kann. Störungen bei der Milzanlage bzw. Entwicklung können zu Organlappungen bzw. Hypo- oder Asplenie führen.

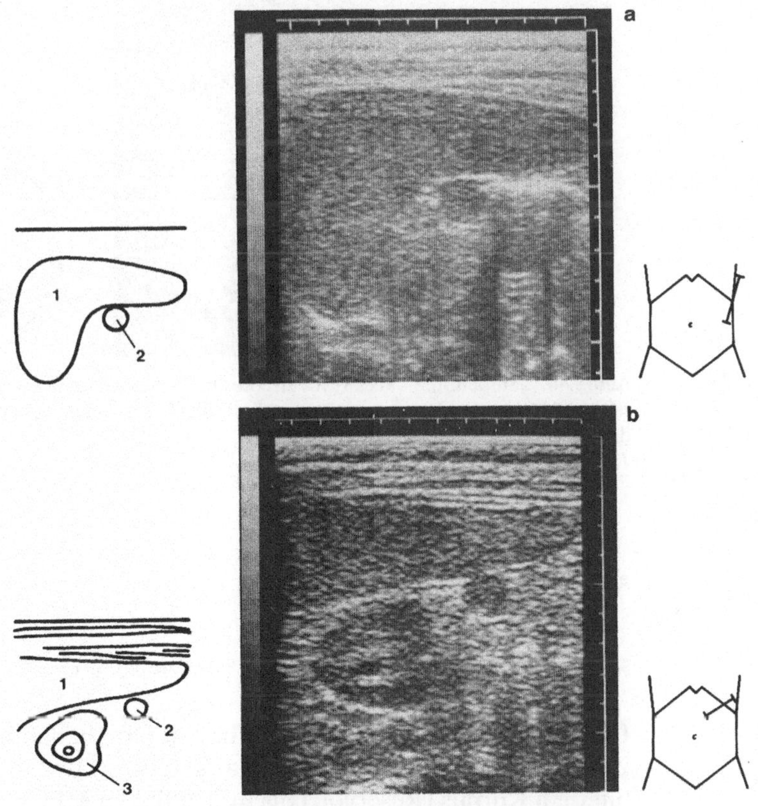

Abb. 5.39. a Im Hilusbereich liegende Nebenmilz. Linkslateraler Längsschnitt. **b** Nebenmilz medial des unteren Milzpols. Linkslateraler Schrägschnitt. Identisches Echomuster von Milz und Nebenmilz in beiden Abbildungen!
1 Milz; *2* Nebenmilz; *3* Niere

Fehlermöglichkeiten

Zu Fehldiagnosen können Nebenmilzen Anlaß geben, insbesondere, wenn sie mit der Hauptmilz nicht direkt in Verbindung stehen. Sie werden dann als abdominelle Tumoren mit unklarer Organzuordnung fehlgedeutet. Eine exakte Lokalisationsdiagnostik (s. Normvarianten) und ein mit der Hauptmilz identisches Parenchymechomuster sollten hier differentialdiagnostisch weiterhelfen. Bei entsprechender Schnittführung können Anteile einer sog. Tulpenmilz, einer aus der Computertomographie bekannten Formvariante (Abb. 5.40) als Pankreasschwanz bzw. Nebennierentumor interpretiert werden. Durch entsprechende Variationen der Schnittführung gelingt aber eine Darstellung der Organkontinuität.

Dystope, sog. Wandermilzen können ebenfalls als abdominelle Raumforderungen imponieren. Typische Form und Echomuster der „Raumforderung" sowie fehlende Darstellung des Organs in loco typico stellen jedoch sehr bald die richtige Diagnose sicher.

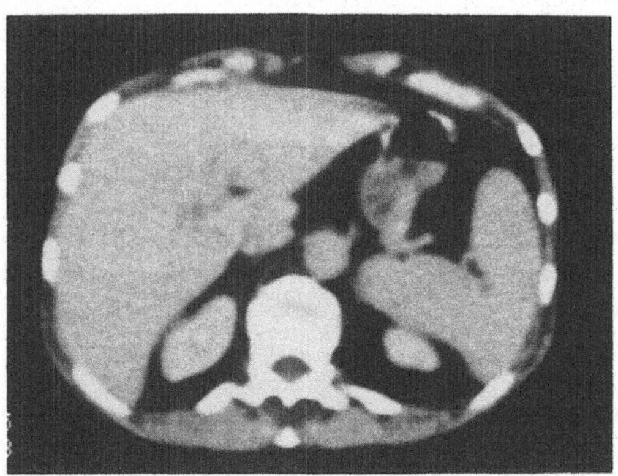

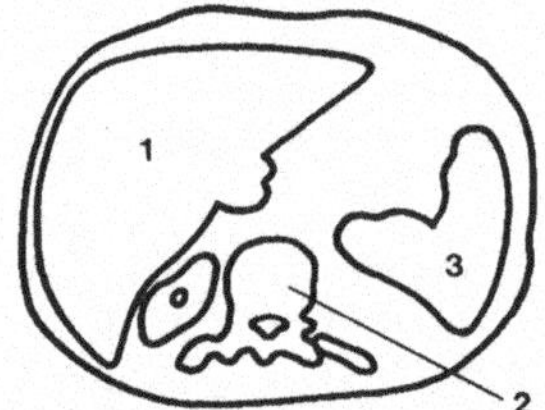

Abb. 5.40. „Tulpenmilz" als Formvariante im Computertomogramm. Der sehr weit nach medial reichende Schenkel kann sonographisch als Pankreas- oder Nebennierentumor fehlgedeutet werden.
1 Leber; *2* Wirbelsäule; *3* Milz

5.7 Magen-Darm-Trakt

5.7.1 Topographisch-anatomische Vorbemerkungen

Der Magen liegt größtenteils im linken Oberbauch und reicht von der linken Zwerchfellkuppel (Fundus, medial gelegen: Cardia) je nach Füllungszustand mit dem Korpus (Reservoir) bis in den linken Mittelbauch. Der distale Magenabschnitt mit Antrum und Pyloruskanal verläuft dann nach ventral und medial sowie kranial ansteigend hinter den linken Leberlappen und vor das Pankreas. Die kleine Kurvatur ist nach oben rechts, die große Kurvatur nach links unten gerichtet. Die Vorderwand des Korpus grenzt an die vordere Brust- und Bauchwand sowie zum Teil, wie auch die distalen Magenabschnitte, an die Dorsalfläche der Leber. Die Hinterwand des Magens bildet einen Teil der vorderen Wand der Bursa omentalis und grenzt in den distalen Abschnitten an die Vorderfläche des Pankreas (flüssigkeitsgefüllter Magen als akustischer Zugang zum Pankreas!). Die arterielle Blutversorgung stammt aus dem dorsal des Antrums gelegenen Truncus coeliacus (s. Abb. 5.4). Der venöse Abfluß erfolgt insgesamt über die Pfortader. Der Lymphabfluß erfolgt über die Lymphknoten an der A. gastrica sinistra (kleine Kurvatur) bzw. der A. gastroepiploica dextra (große Kurvatur) bzw. der A. lienalis (Fundusbereich).

Das Duodenum verläuft bogenförmig von ventral kranial nach kaudal und dorsal und liegt zum größeren Teil (sekundär) retroperitoneal. Es umschließt den Pankreaskopf (konventionelle Röntgendiagnostik!) und grenzt mit seinem Anfangsteil auch an die Dorsalfläche der Leber sowie mit dem absteigenden Teil an die rechts gelegene Gallenblase. Vor dem distalen Duodenum verläuft der Gefäßstiel des Mesenteriums mit A. und V. mesenterica superior (s. Abb. 5.4).

Der intraperitoneal gelegene Dünndarm beginnt mit der Flexura duodenojejunalis links der Wirbelsäule in Höhe von L 2 und mündet in der Fossa iliaca dextra leicht ansteigend in das Zäkum ein. Er hängt beweglich am Mesenterium, das links neben L 2 hängt und schräg über die Aorta, das distale Duodenum und den rechten M. psoas nach kranial verläuft. In ihm verlaufen die versorgenden Gefäße.

Der Dickdarm bildet einen unterschiedlich verlaufenden Rahmen um das Dünndarmkonvolut und verläuft mit Zäkum und Colon ascendens rechts vor dem M. psoas und der Niere zunächst nahe der vorderen Bauchwand und biegt dann etwas nach dorsal hinter den unteren Leberrand zur rechten Kolonflexur. Das Querkolon verläuft dann variabel über den rechten oberen Nierenpol, das Duodenum und das Pankreas vor den linken oberen Nierenpol, wobei die linke Flexur gewöhnlich etwas lateral der Niere zu finden ist. Das Colon descendens liegt ganz lateral und verläuft an der lateralen Kante der Niere nach unten und geht in das in seinem Verlauf stark variable Sigma über. Schließlich verläuft das Rektum entsprechend der Kreuzbeinvorderfläche ganz dorsal im kleinen Becken, so daß die anderen Organe des kleinen Beckens vor ihm liegen.

5.7.2 Untersuchungstechnik

Geräte

Alle in der abdominellen Diagnostik verwendeten Geräte mit einer Frequenz zwischen 2,5 und 3,5 MHz.

Vorbereitung

Untersuchung des Magens meistens nüchtern im Rahmen der Oberbauchdiagnostik. Auffüllung mit Flüssigkeit oder auch halbfester Nahrung bei Motilitätsuntersuchungen.

Der Dünndarm wird normalerweise nicht mittels Ultraschall untersucht. Eine Reinigung des Dickdarms durch Einläufe ist bei Untersuchungen im Abdomen gelegentlich notwendig um zwischen echten Tumoren und Darminhalten unterscheiden zu können (s. Abb. 5.49 und 5.50).

Lagerung: Rückenlage.

Schnittebenen

Mageneingang in linken Oberbauch durch den linken Leberlappen mit nach kranial gekipptem Sectoscanner. Magenausgang längs und quer hinter bzw. kaudal des linken Leberlappens vor bzw. etwas kranial des Pankreas (s. Abb. 5.42). Direkt kaudal des distalen Magens findet sich dann typischerweise das meist luftgefüllte Querkolon im Längs- und Querschnitt.
In einem Längsschnitt lateral der Niere im linken Mittelbauch ist dann häufig das Colon descendens darzustellen (s. Abb. 5.50).

5.7.3 Echographische Anatomie

Beim nüchternen Patienten ist der kraniale Bereich des Magens mit der Cardia nur mit einem Sectorscanner ganz kranial und dorsal des linken Leberlappens darzustellen. Dagegen sind die distalen Magenabschnitte dorsal und kaudal des linken Leberlappens und vor dem Pankreas praktisch immer zu sehen (Abb. 5.41 u. 5.42).
Füllt man den Magen mit Flüssigkeit auf, so findet er sich mehr oder weniger weit aufgedehnt als echofreier Bezirk, charakteristischerweise mit einzelnen auf- und abschwebenden intensiven Echos. Die jeweils an den höchstgelegenen Stellen des Magens befindlichen Luftreflexe stören das Gesamtbild. Bald ist dann in den distalen Abschnitten eine lebhafte Peristaltik zu beobachten. Bei

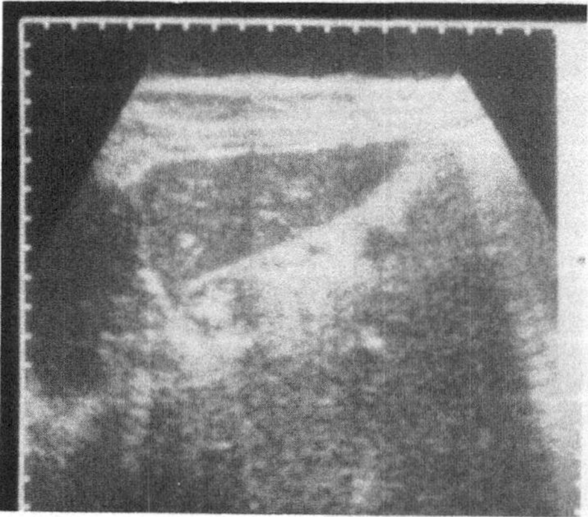

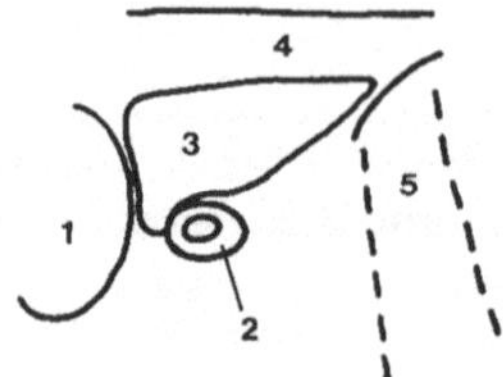

Abb. 5.41. Magen, Cardia. Der Mageneingang ist unmittelbar unterhalb des Zwerchfells dorsal des linken Leberlappens als kleine „Kokarde“ abgebildet.
1 Herz; *2* Mageneingang; *3* Leber; *4* Bauchwand; *5* Schallschatten

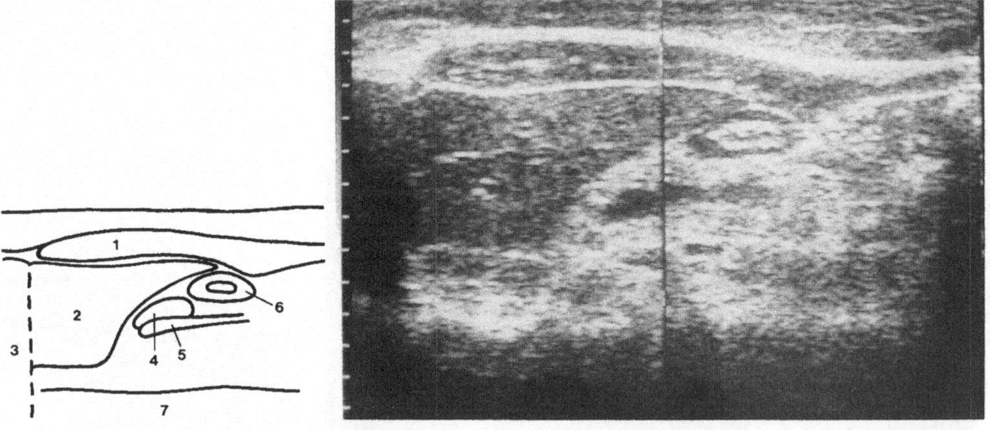

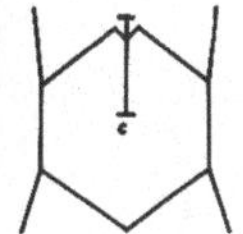

\bb. 5.42. Querschnitt durch den distalen Magen unmittelbar präpylorisch. Der distale Magen iegt am dorsalen Unterrand des linken Leberlappens und ventrokaudal des Pankreaskorpus. Der ;chnitt durch den Magen zeigt außen die dunkle Muskelschicht, während die hellen ringförmigen ?eflexe der Magenschleimhaut entsprechen. In diesem zusammengesetzten Längsschnittbild geıau in der Körpermittellinie sind weiterhin zu beachten: die obere Mesenterialvene, der Schall- chatten des Xiphoids und die relativ ausgeprägte Fettgewebsschicht zwischen der eigentlichen 3auchwand und der Leibeshöhle.
1 Fettgewebe; *2* Leber; *3* Schallschatten; *4* Pankreas; *5* V. mesenterica; *6* Magen; *7* Wirbelsäule

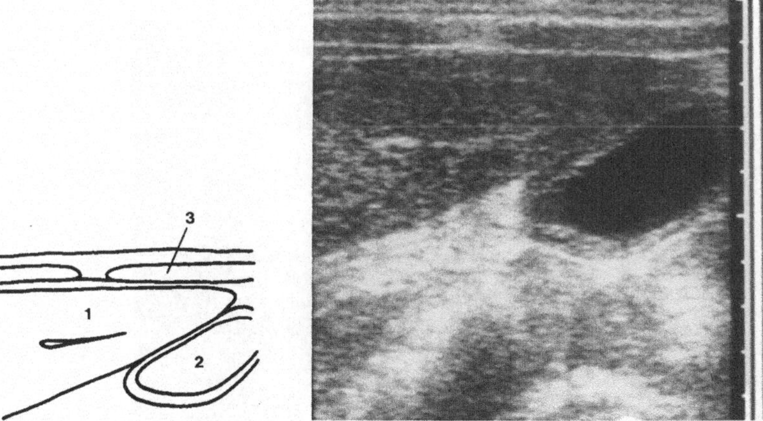

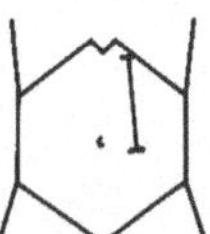

Abb. 5.43. Querschnitt durch den flüssigkeitsgefüllten Magen (Korpus). Andeutungsweise sind auch hier der muskuläre Anteil und der Schleimhautanteil der Magenwand zu trennen.
1 Leber; *2* Magen; *3* M. rectus abdominis

fester oder teilwese fester Nahrung wirkt der Mageninhalt sehr echodicht (Abb. 5.43-5.45).

Sowohl beim leeren als auch beim vollen Magen lassen sich gewöhnlich 2 Wandschichten unterscheiden, nämlich die innere echodichte Schleimhaut und der äußere dunkle (echoarme) Ring der Muskulatur. Dieses Bild wird vielfach als „Kokarde“ bezeichnet (Abb. 5.42). Bei einer Wanddicke von 5-6 mm

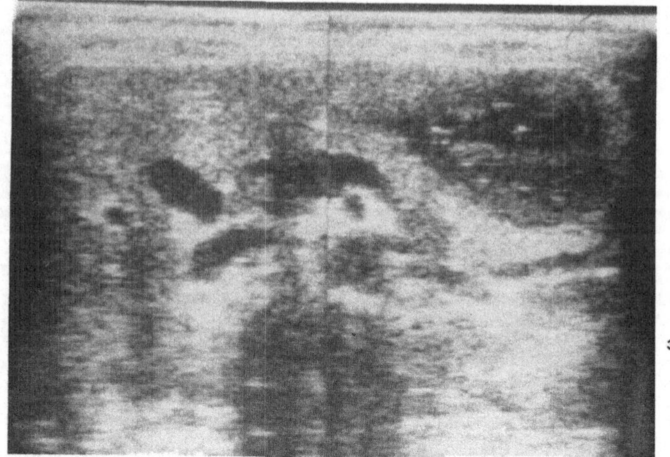

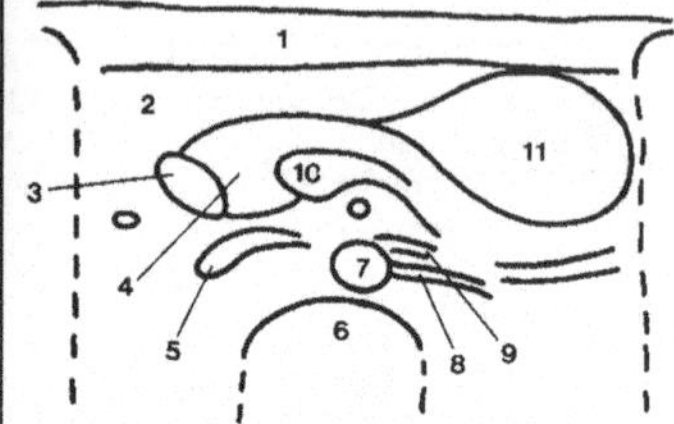

Abb. 5.44. Querschnitt durch den mittleren Oberbauch bei flüssigkeitsgefülltem Magen. Die Lage des Magenkorpus zu den distalen Pankreasbereichen ist zu beachten. Die einzelnen relativ hellen Echos in der sonst echofreien Flüssigkeit bewegen sich im Real-time-Bild, insbesondere unter Palpation, und sind charakteristisch für Flüssigkeit in Magen- oder Darmabschnitten.
1 Bauchdecke; *2* Leber; *3* Gallenblase; *4* Pankreas; *5* V. cava; *6* Wirbelsäule; *7* Aorta; *8* A. renalis; *9* V. renalis; *10* V. lienalis; *11* Magen

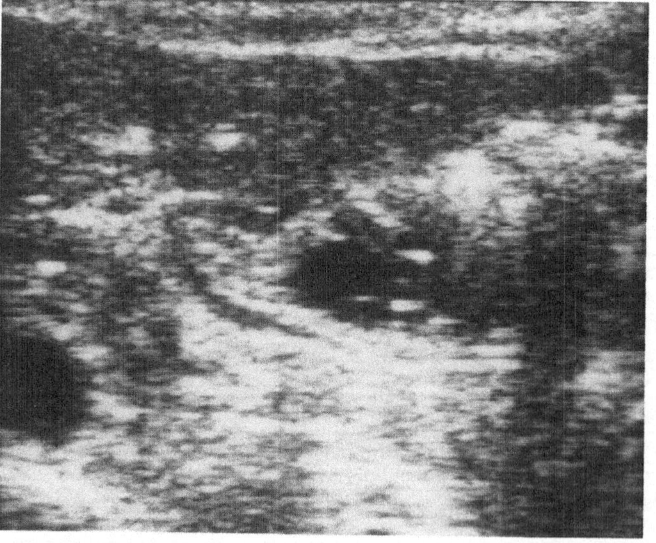

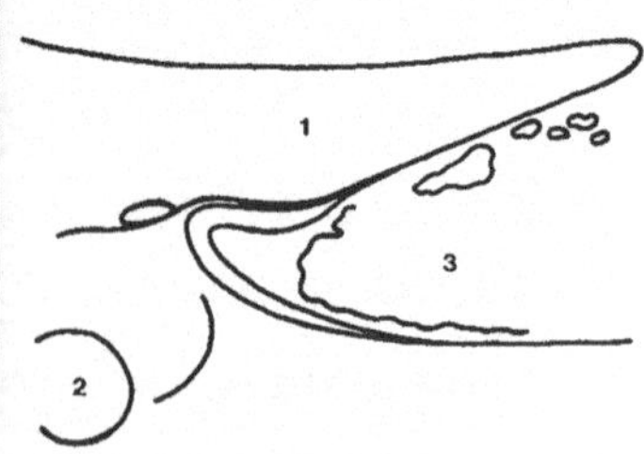

Abb. 5.45. Distaler Magen. In diesem vergrößerten Oberbauchquerschnitt sind die distalen Anteile des Magens bis zum Pylorus in der Längsachse abgebildet. Vor allem distal sind die muskulären Anteile und die Schleimhaut der Magenwand wieder deutlich von einander zu trennen.
1 Leber; *2* V. cava; *3* Magen

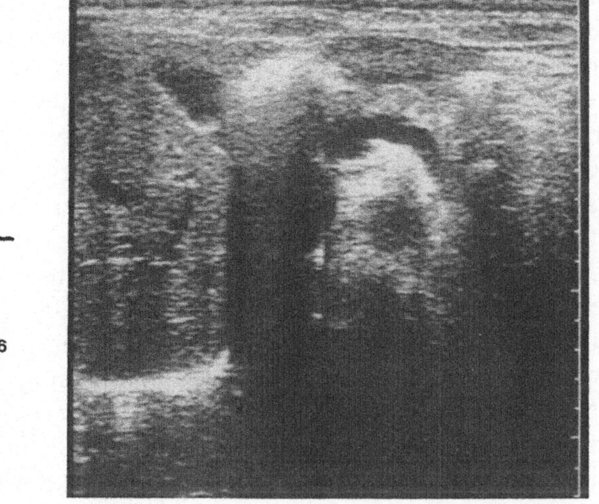

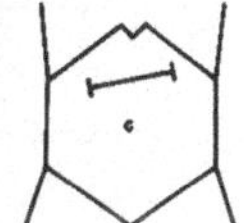

Abb. 5.46. Luft im Bulbus duodeni. Der direkt hinter dem Unterrand der Leber im Lappenüber-gangsgebiet links der Gallenblase gelegene Luftreflex verdeckt typischerweise Anteile des Pankre-askopfes.
1 Leber; *2* Gallenblase; *3* Duodenum; *4* Pankreas; *5* Magen; *6* V. lienalis; *7* Schallschatten

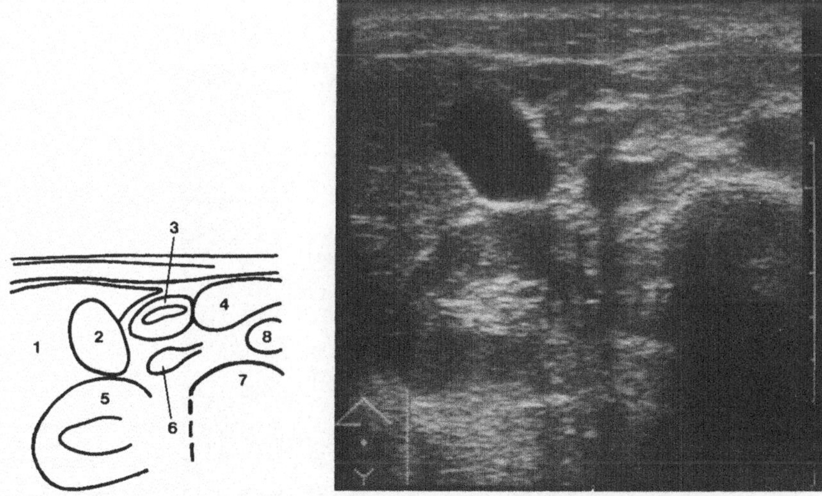

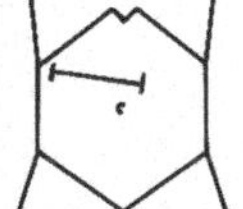

Abb. 5.47. Duodenum. Der im Vergleich zur Abb. 5.46 etwas distalere Abschnitt enthält nur wenig Luft und ist somit klar zwischen der Gallenblase und dem Pankreaskopf darstellbar.
1 Leber; *2* Gallenblase; *3* Duodenum; *4* Pankreas; *5* Niere; *6* V. cava; *7* Wirbelsäule; *8* Aorta

bedeutet dies aber keinesfalls einen pathologischen Befund. Das Duodenum ist beim nüchternen Patienten im Ultraschallbild häufig aufgrund eines Luftreflexes im Bulbus duodeni (Abb. 5.46 u. 5.47) an der kranialen ventralen Seite des Pankreaskopfs sowie auch aufgrund einer peristaltischen Bewegung an der lateralen Begrenzung des Pankreaskopfs zu identifizieren. Bei Flüssigkeitsfüllung des Magens und medikamentös gestoppter Peristaltik läßt es sich auch in Rechtsseitenlage aufgrund des Inhalts deutlicher darstellen. Der distale Abschnitt kann wegen seines Inhalts als „Raumforderung" fehlinterpretiert werden. Die Dünndarmschlingen sind meist nicht eindeutig mit Ultraschall abzugrenzen. Manchmal finden sich bei leerem Dünndarm in diesem Bereich lediglich Luftreflexe mit entsprechenden Schattenzonen, die die dorsalen Strukturen verdecken. Seltener kann man schmale bandförmige Strukturen beobachten, die eine Dreiteilung - echoarme Wandschicht, zentrale helle Linie (Lumen), echoarme Wandschicht - aufweisen. Bei Flüssigkeitsfüllung finden sich echoarme bis echofreie Bezirke, die häufig eine lebhafte peristaltische Bewegung aufweisen.

Auch der Dickdarm kann meist nur aufgrund seines Inhalts echographisch dargestellt werden. Dabei finden sich besonders im Bereich des Querkolons häufig charakteristische bogenförmige Luftreflexe, die Luft- bzw. Gasblasen in den Haustren entsprechen (Abb. 5.48). Colon descendens und Sigma werden dagegen nicht selten als teilweise bizzar begrenzte, vorwiegend echoarme Bezirke vor und lateral der linken Niere sowie kaudal im Mittel- und Unterbauch aufgrund ihres Inhalts sichtbar, - ein Befund, der nicht als „Raumforderung" fehlgedeutet werden sollte (Abb. 5.49 u. 5.50).

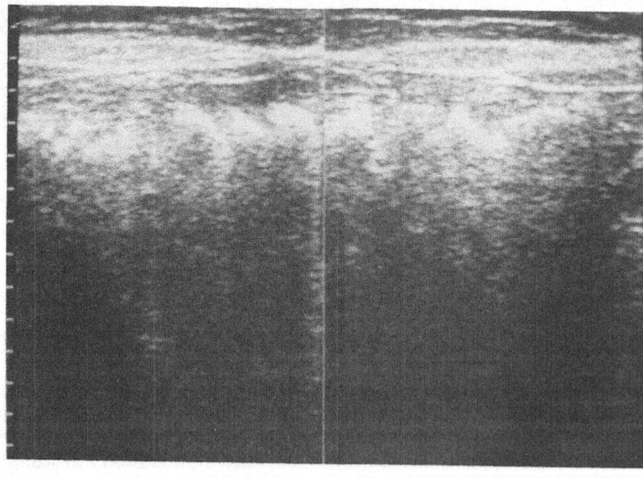

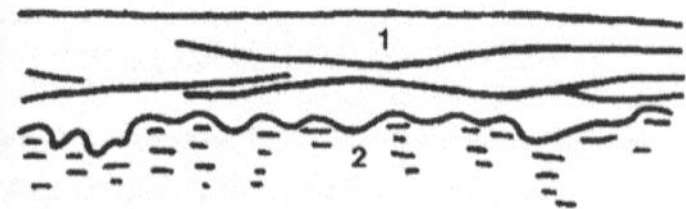

Abb. 5.48. Lufthaltiges Querkolon. Die in den einzelnen Haustren hängenden Luftblasen verursachen insgesamt einen Schallschatten, der alle dahinter gelegenen Strukturen verdeckt.
1 Bauchdecke; *2* Kolon

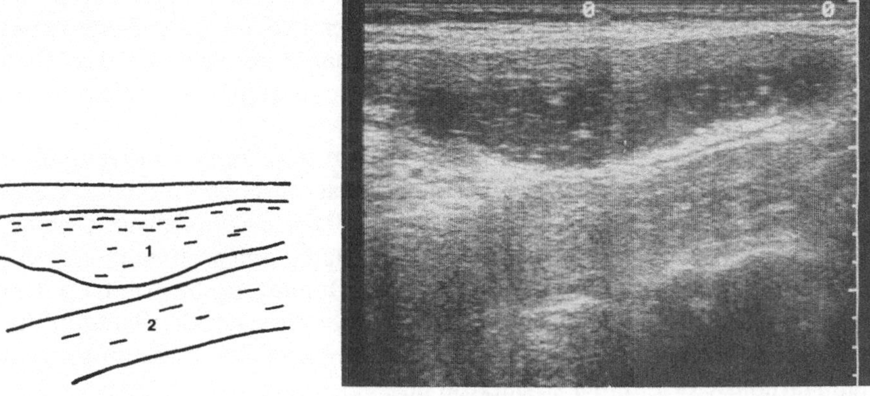

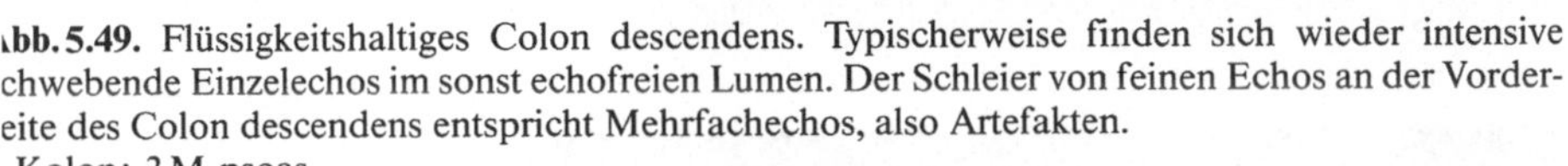

ıbb. 5.49. Flüssigkeitshaltiges Colon descendens. Typischerweise finden sich wieder intensive chwebende Einzelechos im sonst echofreien Lumen. Der Schleier von feinen Echos an der Vorder-eite des Colon descendens entspricht Mehrfachechos, also Artefakten.
Kolon; *2* M. psoas

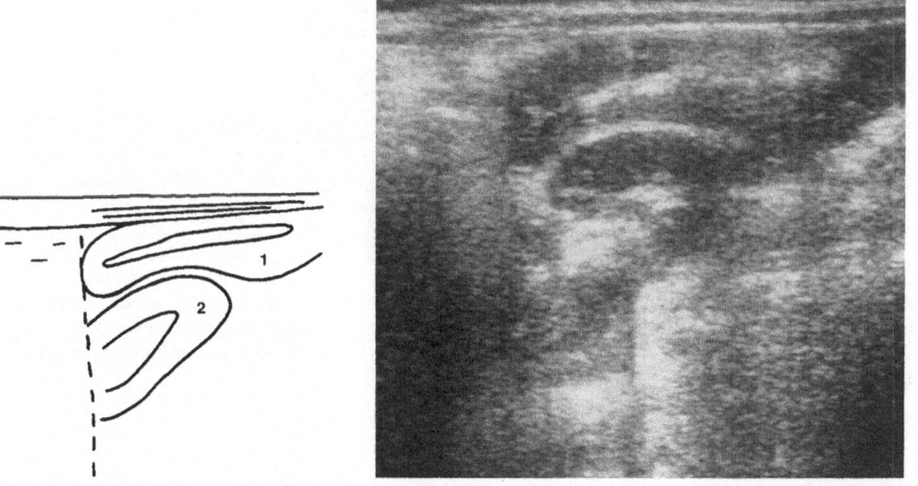

Abb. 5.50. Kotgefülltes Colon descendens. Zu beachten ist der echoarme periphere Bereich des Darminhalts bei schmalem echodichtem zentralem Streifen. Dieser Befund darf nicht als Wandinfiltration fehlgedeutet werden!
1 Kolon; *2* Niere

Fehlermöglichkeiten

Flüssigkeit in Dünn- und Dickdarmschlingen läßt sich von freier Flüssigkeit im Abdomen gewöhnlich aufgrund schwebender Einzelechos sowie natürlich der Peristaltik leicht unterscheiden (Abb. 5.45). Andererseits ist ein Rückschluß auf die Frage, ob diese Flüssigkeit physiologischerweise (Flüssigkeitsaufnahme) oder pathologischerweise (Diarrhö, Ileus) vorhanden ist, nicht möglich.

Magen- und Darmabschnitte mit Inhalt werden nicht ganz selten als „Raumforderung“ fehlgedeutet, was bei Beachtung der Peristaltik, Unbeständigkeit des Befundes (Kontrolluntersuchung) und überhaupt der Kenntnis des echoarmen Erscheinungsbildes von Darminhalt (auch Barium!) vermieden werden kann (Abb. 5.51).

Diagnostisch problematisch erscheint manchmal das Duodenaldivertikel. Bei fehlender Peristaltik und in einem oft nicht ideal einsehbaren Gebiet gelegen kann es durchaus einen echten Tumor, etwa des Pankreaskopfs, vortäuschen.

Darmabschnitte ohne Inhalt zeigen meistens das komplexe Echomuster einer „Kokarde“. Bei einer Wanddicke unter 4 mm (Dünndarm) bzw. unter 5–6 mm (Dickdarm) darf dies nicht als pathologisch im Sinne eines die Wand infiltrierenden Prozesses gewertet werden. Beispielsweise ist das Rektum hinter der vollen Harnblase fast immer so dargestellt.

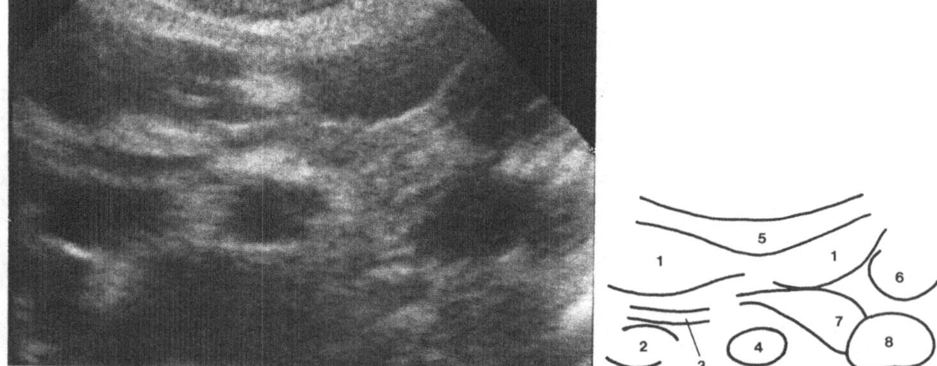

Abb. 5.51. Flüssigkeitsgefüllter Dünndarmabschnitt am distalen Pankreas. Dieser darf ebenso wenig wie der flüssigkeitsgefüllte Magen als echoarme Raumforderung fehlgedeutet werden. *1* Leber; *2* V. cava; *3* V. portae; *4* Aorta; *5* Bauchdecke; *6* Magen; *7* Pankreas; *8* flüssigkeitsgefüllter Dünndarmabschnitt

5.8 Pankreas

5.8.1 Topographisch-anatomische Vorbemerkungen

Das Pankreas entsteht aus 2 Ausstülpungen des Duodenums, die sich im weiteren Verlauf der Entwicklung vereinigen. Nach Anastomose der ursprünglichen 2 Pankreasgänge verödet meist sekundär die Papilla duodeni minor, und das gesamte Sekret wird über den Ductus pancreaticus major (Wirsung) durch die Papilla major in das Duodenum sezerniert. Anomalien wie das Persistieren des Ductus Santorini und der Papilla Vateri minor, Pancreas divisum und Pancreas anulare sind aus dieser Entwicklung verständlich.

Das normal ausgebildete Organ ist schmal und langgestreckt. In a.-p.-Projektion verläuft es meist leicht S-förmig, in horizontaler Projektion springt das Korpus vor der Wirbelsäule bogenförmig nach ventral vor.
Folgende Abschnitte werden unterschieden: Der rechts gelegene Pankreaskopf, der mit seinem unterschiedlich ausgeprägten Processus uncinatus vollständig vom Duodenum umgeben ist. Von ihm setzt sich das Pankreaskorpus mit der dünnsten Stelle des Pankreas direkt vor der V. mesenterica superior (Hals) recht deutlich ab. Nicht so deutlich läßt sich der unterschiedlich lange und unterschiedlich dicke Pankreasschwanz abgrenzen, der wieder nach dorsal umbiegt und bis vor die Milzpforte bzw. den linken oberen Nierenpol reicht.
Die Länge des Pankreas wird mit 14-18 cm, seine Dicke mit 2-3 cm angegeben. Der Durchmesser des Pankreasgangs beträgt 2 mm. Das Pankreas liegt sekundär retroperitoneal. Der Kopf hat eine enge topographische Beziehung zum Duodenum sowie zur V. cava, während in der Rinne zwischen Kopf und Processus uncinatus die V. mesenterica superior verläuft (s. Abb. 5.52 a, b). Das Pankreaskorpus liegt in der Hinterwand der Bursa omentalis und damit direkt hinter dem distalen Magen. Der Pankreasschwanz reicht in das Lig. phrenicolienale hinein, wobei die A. lienalis an der oberen Kante, die V. lienalis in einer Rinne an der hinteren Fläche des Pankreas verläuft.
Dementsprechend erfolgt die Blutversorgung des Pankreas aus der A. pancreaticoduodenalis superior (aus der A. gastroduodenalis) und der A. pancreaticoduodenalis caudalis (aus der A. mesenterica superior) sowie aus Ästen der A. lienalis. Der venöse Abfluß erfolgt über die Vv. lienales sowie über eine Vene, die hinter dem Ductus choledochus direkt in die V. porta einmündet. Der Lymphabfluß erfolgt in Lymphknoten der pankreatikoduodenalen Region, der paraaortalen Region und des Milzhilus.

5.8.2 Untersuchungstechnik

Geräte

B-scan-Gerät für abdominelle Diagnostik, Frequenzbereich 2,5-3,5 MHz, bei schlanken Individuen und Kindern auch 5 MHz. Nach unserer Erfahrung läßt sich mit dem Linear-array-Gerät das Pankreas oft besser gegen die Umgebung abgrenzen. Der Sectorscanner andererseits hat Vorteile bei teilweiser Darmgasüberlagerung, da mit ihm bei kleinem akustischen Fenster ein größerer Abschnitt zu überblicken ist.

Vorbereitung

Untersuchung möglichst nüchtern. Zusätzliche diätetische und/oder evtl. medikamentöse (Kombinationspräparat mit Polysiloxan und Pankreasfermentanteil) Vorbereitung über mindestens 2 Tage gegen Meteorismus empfehlenswert. Eine alternative Möglichkeit ist die Darstellung speziell der Pankreasschwanz- und Pankreaskopfregion durch den mit Flüssigkeit (Orangensaft) gefüllten Magen.

Lagerung

Lagerung zunächst auf den Rücken. Bei ungenügender Darstellung des Pankreas Schräglage oder Untersuchung im Stehen. Der Pankreaskopf läßt sich manchmal besonders gut in halber Linksseitenlage wie zur Darstellung des Gallengangs auffinden. Der Pankreasschwanz kann auch von links lateral her in Rechtsseitenlage untersucht werden.

Bei flüssigkeitsgefülltem Magen ist in der Regel zur Beurteilung des Pankreaskopfs die Rechtsseitenlage, zur Beurteilung der mittleren Pankreasanteile die Schräglage und zur Beurteilung des Pankreasschwanzes die Schräg- oder Linksseitenlage am besten geeignet, da auf diese Weise jeweils die störende Luft aus der Untersuchungsregion weg- und die Flüssigkeit vor das Pankreas gebracht wird.

Schnittebenen

Zunächst Untersuchung des Pankreaskorpus im Längsschnitt vor der Aorta zur ersten Orientierung. Ein mittlerer Abschnitt des häufig schlecht gegen die Umgebung abzugrenzenden kleinen Pankreas findet sich dann in dem nach kaudal offenen Winkel zwischen Dorsalfläche der Leber und der Aorta unmittelbar vor der V. mesenterica superior. Direkt davor oder etwas kaudal liegt der distale Magen.

Die eigentliche Beurteilung des Pankreas erfolgt annähernd im Querschnitt entsprechend der Längsachse des Pankreas. Die beste Darstellung wird durch langsames Verschieben des Applikators von kranial in die Pankrearegion bei Atemstillstand erreicht. Als Leitlinien dienen die Dorsalfläche des linken Leberlappens und der distale Magen ventral sowie die V. lienalis und die V. mesenterica superior dorsal.

Die Untersuchung durch den flüssigkeitsgefüllten Magen erfordert manchmal eine getrennte Untersuchung der proximalen und distalen Pankreasabschnitte in der jeweils günstigsten Lage.

5.8.3 Echographische Anatomie

Das Pankreas zeigt sich in einer seiner Längsachse entsprechenden Schnittebene gewöhnlich als bogenförmig verlaufendes Organ, das in der Mitte vor der Wirbelsäule am weitesten nach ventral vorspringt. Der Pankreaskopf reicht direkt bis zur V. cava und wird rechts von der Gallenblase bzw. dem Duodenum begrenzt. Das Pankreaskorpus ist v. a. durch die „Landmarke“ V. mesenterica superior gekennzeichnet, während die Aorta und die A. mesenterica superior einen deutlichen Abstand zum Pankreas aufweisen. Der Pankreasschwanz biegt mehr oder weniger steil nach dorsal um und reicht bis in die Region des Milzhilus bzw. vor den oberen Nierenpol (Abb. 5.52–5.58).

Das Echomuster des Pankreas ist auch im Normalfall unterschiedlich. Während des Pankreas beim jungen Patienten ziemlich echoarm ist und in seiner Dichte allenfalls der normalen Leber entspricht, wird es bei älteren Patienten

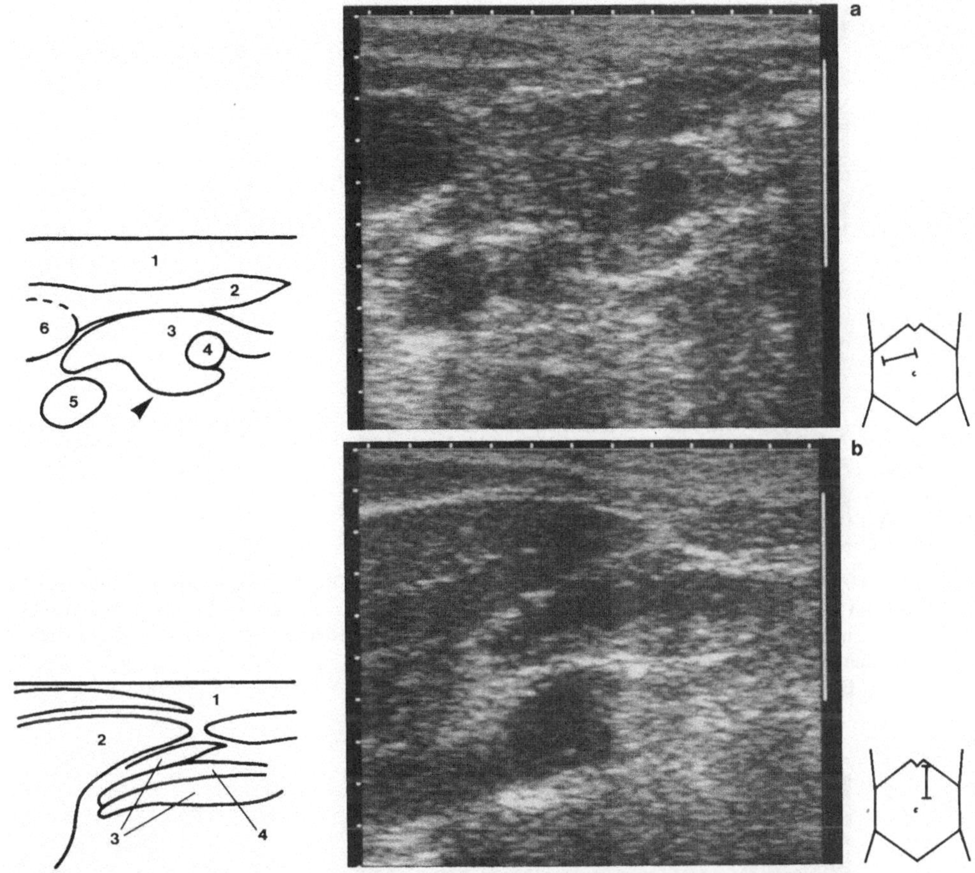

›b. 5.52. **a** Pankreaskopf und Processus uncinatus. Deutlich ist in dieser Schnittebene der Hakenrtsatz hinter der oberen Mesenterialvene dargestellt *(►)*. **b** Processus uncinatus im Längsschnitt nter der V. mesenterica superior.
3auchdecke; *2* Leber; *3* Pankreas; *4* V. mesenterica superior; *5* V. cava; *6* Gallenblase

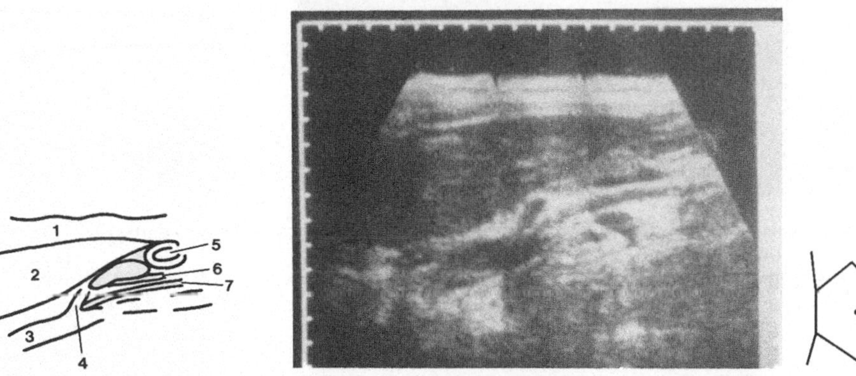

›b. 5.53. Pankreas. In dieser der Körperlängsachse entsprechenden Schnittebene, die das Pankrekorpus quer schneidet, erscheint das Organ klein und unauffällig und ist nur aufgrund seiner tyschen Grenzen (Dorsalfläche der Leber, distaler Magen, V. mesenterica superior) aufzufinden.
3auchdecke; *2* Leber; *3* Aorta; *4* Truncus coeliacus; *5* Magen; *6* V. mesenterica; *7* A. mesenterica

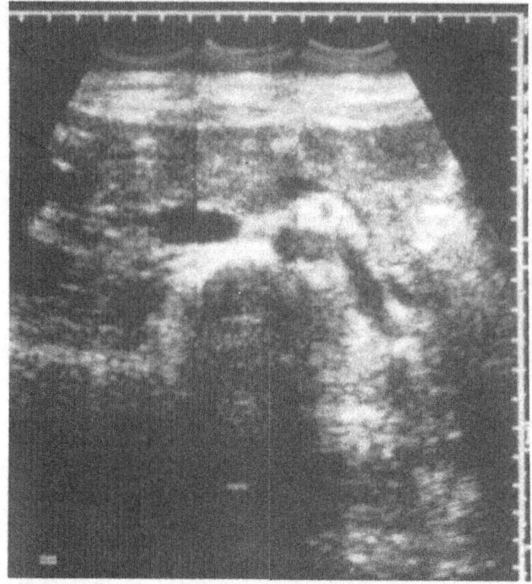

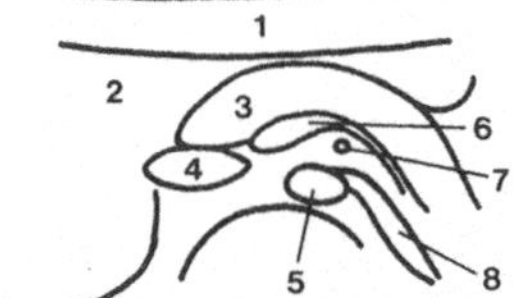

Abb. 5.54. Pankreas, mittlere und distale Abschnitte im Oberbauchquerschnitt. Zu beachten ist die im Vergleich zur Abb. 5.59 weniger dichte Struktur, die der Strukturdichte der Leber gleicht. In diesem Fall ist das distale Pankreas gut gegen Darmschlingen und Netz, jedoch schlecht gegen die Leber abzugrenzen.
1 Bauchdecke; *2* Leber; *3* Pankreas; *4* V. cava; *5* Aorta; *6* V. lienalis; *7* A. mesenterica; *8* V. renalis

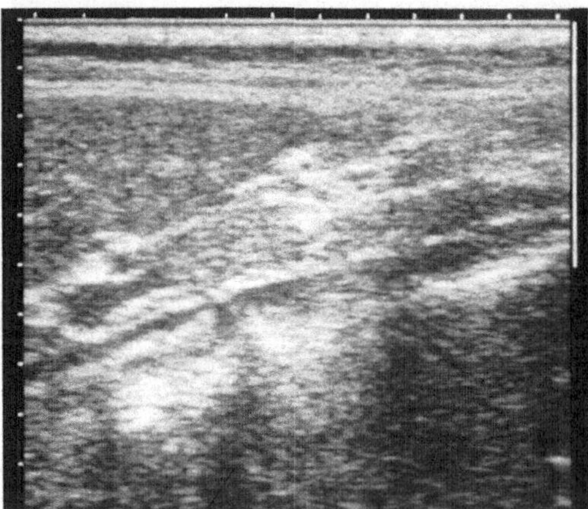

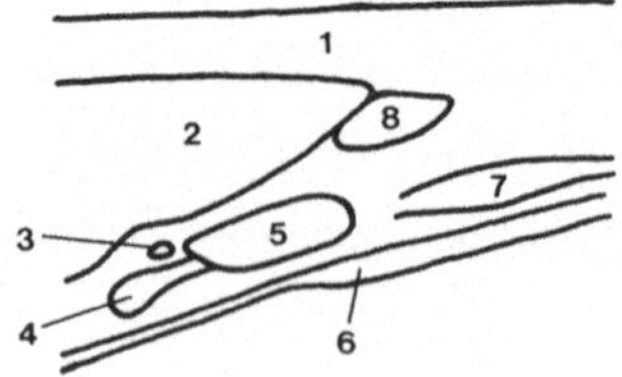

Abb. 5.55. Pankreaskopf im Längsschnitt. An der oberen Kante des Pankreaskopfs verlaufen A. hepatica und V. portae.
1 Bauchdecke; *2* Leber; *3* A. hepatica; *4* V. portae; *5* Pankreas; *6* V. cava; *7* Dünndarm; *8* Magen

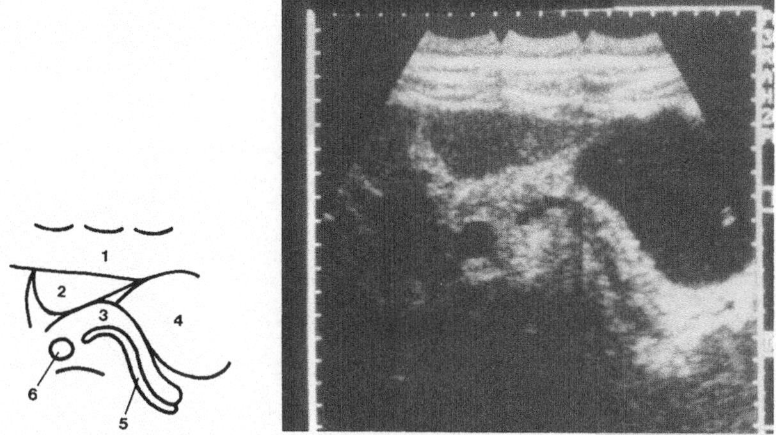

Abb. 5.56. Distales Pankreas durch den flüssigkeitsgefüllten Magen. Das Pankreasgewebe ist gegen Milzvene und Magen gut abzugrenzen. (Die rechte Bildseite wirkt dunkel wegen des entsprechend der geringen Absorption in der Flüssigkeit des Magens verminderten Tiefenausgleichs).
1 Bauchdecke; *2* Leber; *3* Pankreas; *4* Magen; *5* V. lienalis; *6* V. mesenterica

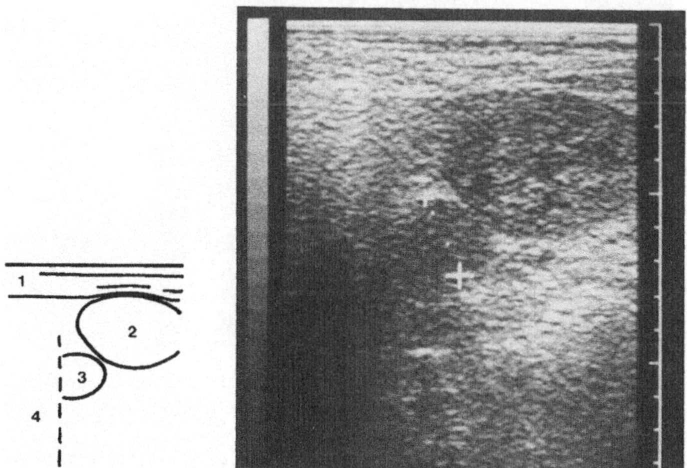

Abb. 5.57. Distales Pankreas vor dem linken oberen Nierenpol, dargestellt in einem schrägen Flankenschnitt.
1 Bauchdecke; *2* Niere; *3* Pankreas; *4* Schallschatten einer Rippe

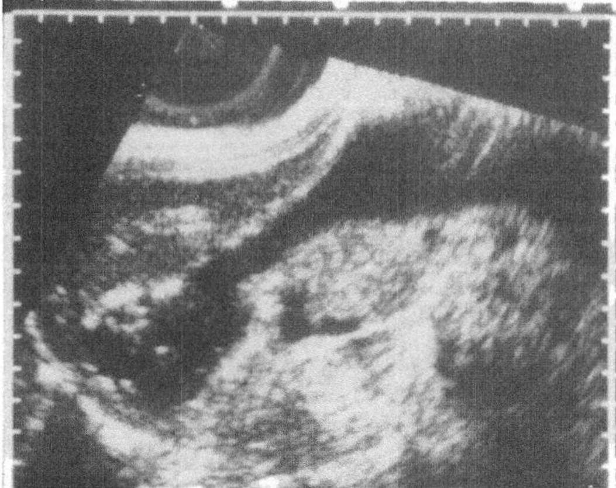

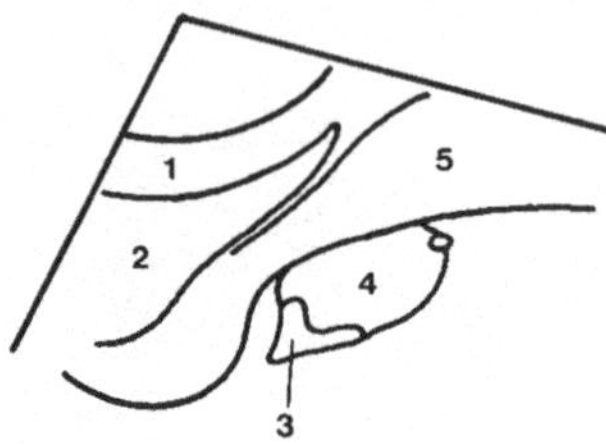

Abb. 5.58. Darstellung des Pankreaskorpus durch den flüssigkeitsgefüllten Magen (Detail). *1* Bauchdecke; *2* Leber; *3* A. lienalis; *4* Pankreas; *5* Magen

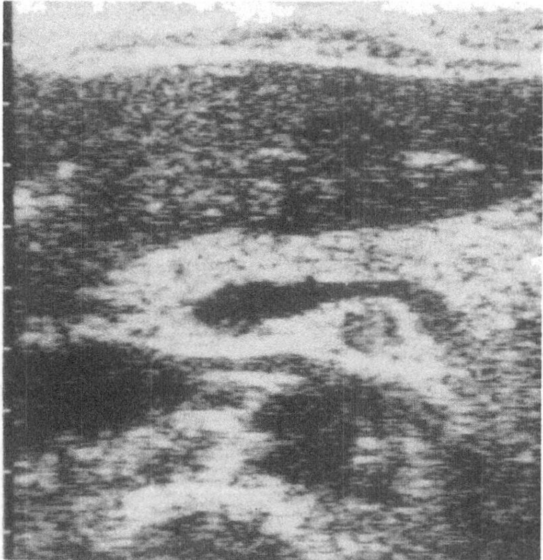

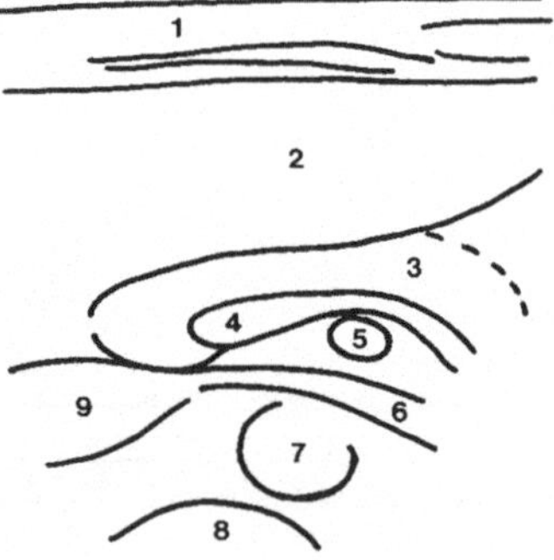

Abb. 5.59. Mittleres Pankreas im Querschnitt. Zu beachten ist die sehr dichte (helle) Echostruktur des Pankreas, die eine gute Abgrenzung gegen Leber und Gefäße, jedoch keine eindeutige Abgrenzung gegen Netz- und Darmschlingen zuläßt.
1 Bauchdecke; *2* Leber; *3* Pankreas; *4* V. lienalis; *5* A. mesenterica; *6* V. renalis; *7* Aorta; *8* Wirbelsäule; *9* V. cava

zunehmend dicht. Dabei kann es die Echodichte einer ausgeprägten Fettleber erreichen. Die Echoverteilung ist stets gleichmäßig (Abb. 5.59).

Die Grenzen des Pankreas sind in Abhängigkeit von seiner jeweiligen Echodichte oft nicht leicht zu erkennen. Das echoarme Pankreas ist bei schlanken Patienten mit wenig Fett im Abdomen nur schwer von der Dorsalfläche der Leber abzugrenzen. Das echodichte Pankreas läßt sich nur schlecht gegen den Hintergrund eines fettreichen Netzes klar identifizieren.

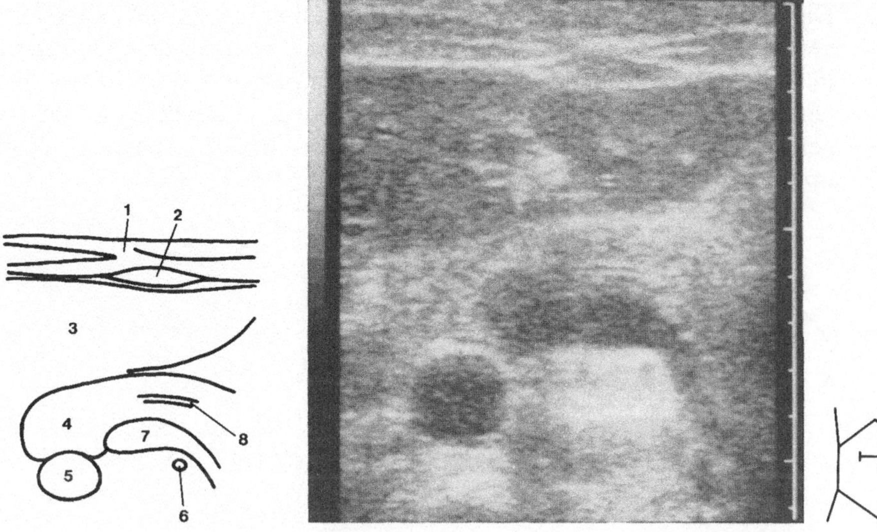

\bb.5.60. Ductus Wirsungianus im Bereich des Pankreaskorpus. Im Gegensatz zur Abb.5.61 sind lie Echos der Vorder- und Hinterwand und der Inhalt klar voneinander zu trennen.
' Bauchdecke; *2* Fett; *3* Leber; *4* Pankreas; *5* V.cava; *6* A.mesenterica; *7* V.lienalis; *8* Pankreas-
;ang

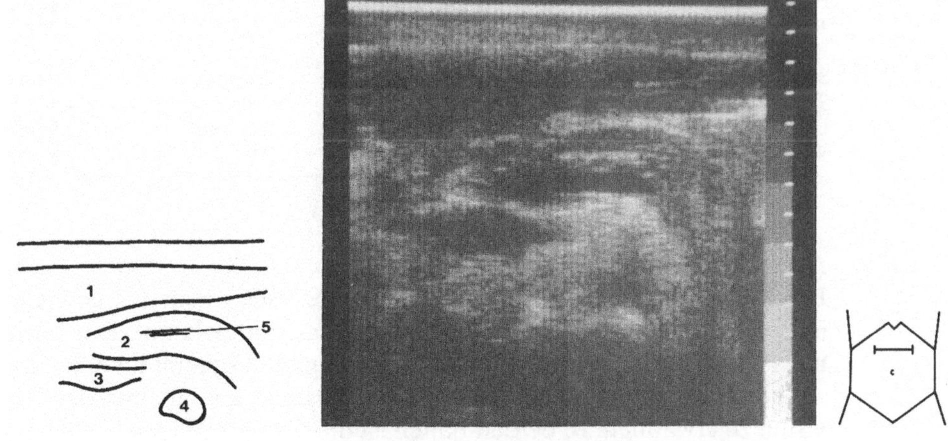

Abb.5.61. Darstellung des Ductus Wirsungianus im Pankreaskorpusbereich als verschmelzendes einfaches Echoband.
1 Leber; *2* Pankreas; *3* V.cava; *4* Aorta; *5* Pankreasgang

Der Pankreasgang ist häufig, aber nicht in allen Fällen echographisch erkennbar (Abb.5.60 und 5.61). Am häufigsten ist er noch im mittleren Abschnitt des Pankreas darzustellen, da hier die Ultraschallimpulse im 90°-Winkel auf seine Wand auftreffen. Er wird dann als einfache oder doppelte helle Linie abgebildet. Eine echoarme Linie, die seinem Inhalt entspricht, findet sich im Normalfall seltener. Der quere Durchmesser soll normalerweise unter 3 mm liegen, während 4 mm und mehr als eindeutig pathologisch anzusehen sind.

Die normalen Abmessungen des Pankreas unterliegen - z. T. altersabhängig - gewissen Schwankungen. Empirisch haben sich wohl als obere Normgrenze die in Abb. 5.62 angegebenen Durchmesser herausgestellt, obwohl von den einzelnen Autoren unterschiedliche Angaben vorliegen (Tabelle 5.2). Als zuverlässigeres Maß wird die Fläche des Pankreaskopfs im Längsschnitt empfohlen, die normalerweise $< 10\ cm^2$ ist.

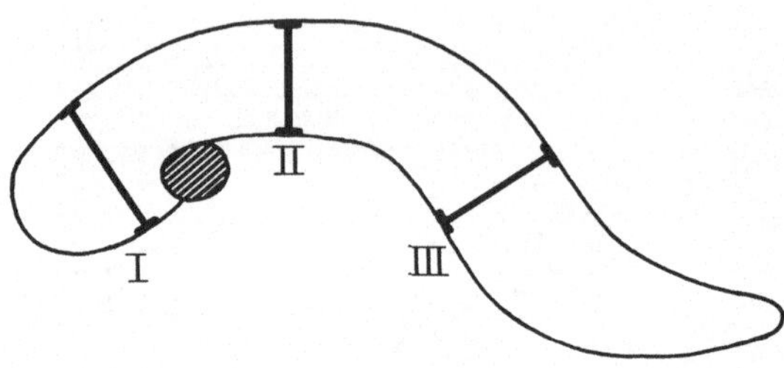

Abb. 5.62. Dickenmessung des Pankreas (*I* Kopf, *II* Körper, *III* Schwanz)

Tabelle 5.2. Durchmesser des normalen Pankreas (entsprechend Abb. 5.62) nach den Angaben verschiedener Lehrbuchautoren

Autor	Publikations-jahr	Pankreaskopf [cm]	Pankreaskörper [cm]	Pankreasschwanz [cm]
Haber	1976	2,7 ± 0,7	2,2 ± 0,7	2,4 ± 0,4
Taylor	1978	2 (max.)	2 (max.)	2 (max.)
Holm	1980	2	2	2
Struve	1980	3 (max.)	2,5 (max.)	2,5 (max.)
Skolnick	1981	2,5-3,5	1,75-2,5	1,5-3,5
Lutz	1982	2,5 (max.)	2 (max.)	2,5 (max.)
Weill	1982	3 (max. 3,4)	2,8	2,8 (max. 3,4)

Normvarianten

Die unterschiedliche Ausprägung von Processus uncinatus sowie von Form und auch Ausdehnung des distalen Pankreas sind bekannt. Der Dickendurchmesser des Pankreas variiert recht ausgeprägt und scheint im höheren Alter abzunehmen. Als Anomalien sind v. a. das Pancreas anulare und das Pancreas divisum zu erwähnen. In beiden Fällen ist die richtige Diagnose nach unserer Erfahrung mit Ultraschall nicht zu stellen, vielmehr wird man u. U. eine Vergrößerung des Pankreaskopfs vermuten.

Das dichte Echomuster des Pankreas bei älteren Menschen entspricht teilweise pathologisch-anatomisch einer Lipomatose, die aber keinen Krankheitswert besitzt.

Fehlermöglichkeiten

Eine Reihe von falsch-positiven Fehldiagnosen am Pankreas entstehen zunächst durch dessen Beziehung zu den Gefäßen. So wurde früher vielfach der Anfangsteil der V. portae als „Pankreaszyste" fehlgedeutet. Diese Fehldiagnose tritt auch heute noch auf durch Fehlinterpretation eines kurzen Abschnitts der

\.lienalis oder der geschlängelt verlaufenden V.lienalis im Pankreasschwanz-›ereich, sowie des Ductus choledochus im Pankreaskopfbereich (Abb. 5.63). Veitere Fehldiagnosen entstehen durch die enge Nachbarschaft des Pankreas :um Magen-Darm-Trakt. So wird ein Teil der nicht selten diagnostizierten ‚Pankreaskopfvergrößerung" durch das Miterfassen von Teilen des Duode-ıums beim Meßvorgang verursacht (Abb. 5.51).

)as Pankreaskorpus muß ventral stets eindeutig von der Magenwand und dor-ˌal von der Pars descendens des Duodenums abgegrenzt werden, um Fehlmes-ˌungen zu vermeiden. Schließlich wird die eng am Pankreas, manchmal in einer ·ichtigen Rinne verlaufende V.lienalis nicht ganz selten als erweiterter Pankre-ısgang angesehen. Zur Vermeidung einer Fehldiagnose muß versucht werden, ?ankreasgang und V.lienalis in eine Schnittebene, sei es im Längs- oder Quer-ˌchnitt, abzubilden.

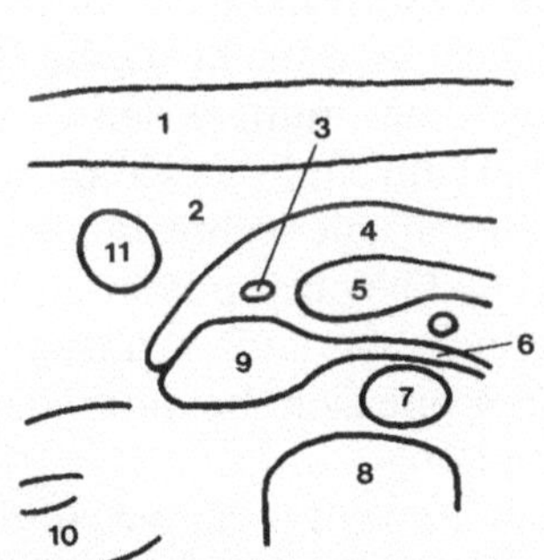

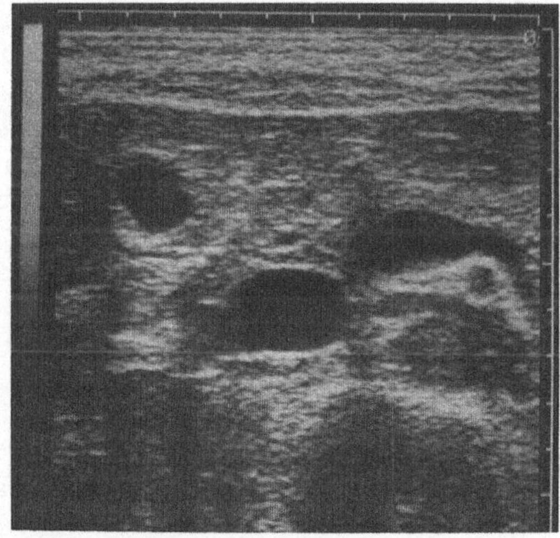

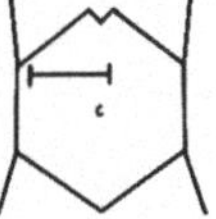

Abb. 5.63. Proximales Pankreas mit Darstellung des Ductus choledochus.
1 Bauchdecke; *2* Leber; *3* Ductus choledochus; *4* Pankreas; *5* V.lienalis; *6* V.renalis; *7* Aorta; *8* Wirbelsäule; *9* V.cava; *10* Niere; *11* Gallenblase

Literatur

Eisenscher A, Weill F (1979) Ultrasonic visualization of wirsung's duct: dream or reality? J Clin Ultrasound 7: 41-44

Haber K, Freimanis AK, Asher MN (1976) Demonstration and dimensional analysis of the normal pancreas with gray scale echography. Am J Roentgenol 126: 624

Holm HH, Christensen JK, Rasmussen SN et al. (1980) Abdominal ultrasound. Munksgaard, Copenhagen

Lutz H, Meudt R (1981) Ultraschallfibel. Springer, Berlin Heidelberg New York

Netter FH Digestive System I-III. (Oppenheimer E ed) CIBA

Seitz K, Gerlach D (1981) Sonographische Abbildung des nicht dilatierten Pankreasganges. In: Rettenmaier G, Hansmann M (Hrsg) Ultraschalldiagnostik. Thieme, Stuttgart

Skolnick ML (1981) Real time ultrasound imaging in the abdomen. Springer, Berlin Heidelberg New York
Struve C (1980) Ultraschalltomographie des Abdomens. Urban & Schwarzenberg, München Wien Baltimore
Taylor KJ (1978) Atlas of gray scale ultrasonography. Livingston, New York Edinburgh London
Töndury G (1981) Angewandte und topographische Anatomie. Thieme, Stuttgart New York
Weill FS (1982) Ultraschalldiagnostik in der Gastroenterologie. Springer, Berlin Heidelberg New York

5.9 Nieren

5.9.1 Topographisch-anatomische Vorbemerkungen

Die Nieren liegen in den Lendengruben (Fossae lumbales); diese werden von der Wirbelsäule bzw. dem M. psoas major, dem Außenrand des M. quadratus lumborum, der 12. Rippe und der Crista iliaca begrenzt. Die Dorsalseite beider Nieren erreicht im oberen Bereich das Diaphragma, in den unteren beiden Dritteln den M. quadratus lumborum und den M. psoas. Die rechte Niere berührt nach lateral und ventral die Leber, nach kranial die Nebenniere, nach medial das Duodenum und nach kaudal das Colon ascendens. Die linke Niere wird von ventrolateral durch die Milz bedeckt, kranial erreicht sie die Nebenniere. Der obere mediale Teil berührt den Magen, der mittlere den Pankreasschwanz und der untere, medioventrale das Jejunum und das Colon descendens. In der Regel steht die linke Niere etwas höher als die rechte und liegt etwa in der Höhe zwischen dem 1. und 3. Lumbalwirbel. Die oberen Pole sind weiter medial plaziert als die unteren Pole. Die Längsachse verläuft kaudalwärts sowohl nach lateral als auch nach ventral. Die 12. Rippe zieht bei normaler Lage der Niere über das obere Drittel ihrer Dorsalseite.

Die Nieren sind von einem Fasziensack (Fascia Gerota; Fascia prä- und retrorenalis) umschlossen. Er umhüllt Niere, Nebenniere und Capsula adiposa; er öffnet sich im Nierenhilusbereich für den Ein- und Austritt des Ureters, der Gefäße und der Nerven. Das Fettgewebe (Capsula adiposa) verbindet die Innenseite des Fasziensacks mit der Nierenoberfläche bzw. der dünnen Organkapsel (Capsula fibrosa). Das Fettgewebe entwickelt sich erst allmählich nach der Geburt und ist in der Pupertät voll ausgebildet.

Bei etwa 80% der Menschen geht aus der Aorta je eine A. renalis ab bzw. mündet je eine V. renalis in die V. cava. Bei jeder 5. Niere findet man 2 aus der Aorta selbständig entspringende Arterien (akzessorische Nierenarterien). Als aberrierende Arterien werden jene bezeichnet, die nicht über den Hilus in die Niere eintreten.

Im Nierenhilusbereich verläuft die Nierenvene am weitesten ventral und kranial; dahinter zieht die A. renalis, und dorsokaudal befindet sich der Ureter bzw. das Nierenbecken (Merkwort: VAU = Vene, Arterie und Ureter).

Die A. renalis dextra verläuft hinter der V. cava inferior zum rechten Nierenhilus. Die linke Nierenvene zieht ventral der Aorta zur V. cava.

Man unterteilt die Form des Nierenbeckens in 3 verschiedene Typen: 1) trichterförmiges Becken (häufigste Form), 2) dentritisches Becken (selten; die Hauptkelche entspringen direkt aus dem Ureter), 3) ampulläres Becken (dabei oft spitzwinkliger Abgang des Ureters; man spricht von einem extrarenalen Nierenbecken, wenn der größte Teil des Beckens außerhalb des Nierenparenchyms liegt).
Der Längsdurchmesser der Erwachsenenniere wird mit 10-12 cm angegeben. Die Nieren verlagern sich mit der Atmung und mit dem Wechsel der Körperstellung um 3-5 cm; dabei verschiebt sich der proximale Anteil des Ureters mit. Die Verschiebung spielt sich innerhalb der 3 Hüllen ab (Capsula fibrosa, Capsula adiposa und Fascia Gerota bzw. Fascia prä- und retrosternalis).
Die regionären Lymphknoten der Niere liegen an der Aorta und an der unteren Hohlvene.
Die Niere ist zusammengesetzt aus einem inneren Markanteil und einem äußeren Rindenanteil. Das Nierenmark (Substantia medullaris) besteht aus den Nierenpyramiden. Diese variieren zahlenmäßig zwischen 8 und 18. Ihre Basis ist der Nierenaußenseite zugewandt, ihre Spitze weist auf den Nierensinus.
Die Nierenrinde (Substantia corticalis) liegt unmittelbar unter der Capsula fibrosa. Sie überbrückt die Basis der Pyramiden und setzt sich zwischen den Pyramiden bis zu den Nierensinus fort. Diese Anteile zwischen den Pyramiden werden als Columnae renales (Bertini-Säulen) bezeichnet. Zwischen den Pyramiden ziehen die Interlobärarterien. In ihrem bogenförmigen Verlauf in der kortikomedullären Zone werden sie Aa. bzw. Vv. arcuatae genannt.

5.9.2 Untersuchungstechnik

Geräte

Geeignet für die Nierendiagnostik sind Sektorscanner mit weitem Winkel und lineare Multielementscanner mit einer Bildbreite, die der Länge einer normalen Erwachsenenniere von ca. 10 cm entspricht.
Frequenzbereich: 2,5-3,5 MHz; bei Kindern und schlanken Erwachsenen auch 5 MHz.

Vorbereitung

Eine spezielle Vorbereitung ist meist nicht erforderlich. Da die Nieren überwiegend von ventrolateral untersucht werden, ist zu bedenken, daß meteoristische Darmanteile die Untersuchung störend beeinflussen können. Der Patient sollte daher möglichst nüchtern sein. Wenn erforderlich, z. B. zur Abklärung von nierenbeckennahen Prozessen, muß eine zweite Untersuchung nach Flüssigkeitsbelastung von etwa 500-700 ml angeschlossen werden. Dabei erweitert sich das Nierenbeckenkelchsystem (NBKS). Dieser Effekt ist individuell allerdings sehr verschieden; er kann durch Kompression der Ureteren (wie in der Röntgendiagnostik üblich) gesteigert werden. Bei spezieller Fragestellung kann auch ein Diuretikum (z. B. Lasix) injiziert werden.

Lagerung
Im Prinzip sind 4 Positionierungen des Patienten möglich. 1) Rückenlage (mit Unterpolsterung); 2) Rechts- oder Linksseitenlage (der Patient nimmt den freien Arm über den Kopf; Unterpolsterung der gegenseitigen Flanke ist zu empfehlen); 3) Bauchlage mit Unterpolsterung (bei Anwendung der Real-time-Technik wird diese Lagerung nur noch selten eingesetzt); 4) Untersuchung im Stehen bei etwas nach vorn gebeugter Haltung (Arme können auf die Liege gestützt werden).

Schnittebenen
Jede Niere ist sowohl im Längs- als auch im Querschnitt zu untersuchen. Häufig ergeben sich zwangsläufig Schrägschnitte, wenn man die Stellung des Applikators dem Verlauf der Rippen anpassen muß. Die rechte Niere läßt sich sehr gut von ventral und ventrolateral aus durch das Schallfenster der Leber erreichen. Der Subkostalschnitt in tiefer Inspiration zeigt die Niere in einem schrägen Querschnitt. Schwieriger ist die Untersuchung der linken Niere. Hier lassen sich achsenparallele bzw. typische Schnittführungen nicht immer verwirklichen, da das Organ oft nur von wenigen „Fenstern" aus eingesehen werden kann. Schräge Schnittführungen interkostal, durch die laterale Abdominalwand und durch die Milz in Rechtsseitenlage gelingen am häufigsten. Hat man ein Schallfenster gefunden, so empfiehlt es sich, den Applikator nicht zu verschieben, sondern ihn nach beiden Seiten langsam zu kippen und dabei die gesamte Nierenregion bis in die Randbereiche „zu durchleuchten". Dabei kann auch die Atemverschieblichkeit der Nieren überprüft werden.
Die Nierendarstellung wird meist bei tiefer Inspiration vorgenommen. Durch die dabei eintretende Verlagerung nach distal treten die Nieren aus dem Schattenbereich der überlagernden Rippen heraus. Allerdings muß man bedenken, daß bei tiefer Inspiration die Überlagerung der dorsalen Nierenanteile durch die entfalteten distalen Lungenabschnitte zunimmt.
Bei der Untersuchung in Bauchlage darf nicht vergessen werden, daß die Längsachse der Nieren nicht parallel zur Wirbelsäule, sondern schräg von kranial-medial nach kaudal-lateral verläuft; außerdem sind die Nierenhili schräg nach medial ausgerichtet. Die Stellung des Schallkopfs sollte der Lage der Niere angepaßt werden.

5.9.3 Echographische Anatomie

Das Nierenparenchym ist echoärmer als das normale Leberparenchym und in der Regel auch echoärmer als die unterschiedlich dicke Capsula adiposa. An der Organgrenze (Capsula fibrosa) entsteht ein schmaler Reflexrand. Das Nierenbeckenkelchsystem (NBKS) mit Fett- und Bindegewebe sowie Gefäßverzweigungen erzeugt dichte und starke Echos; sie werden als Pyelonreflex, Mittelecho, zentrales Nierenecho, Sinusreflex etc. bezeichnet (Abb. 5.64 und 5.65).

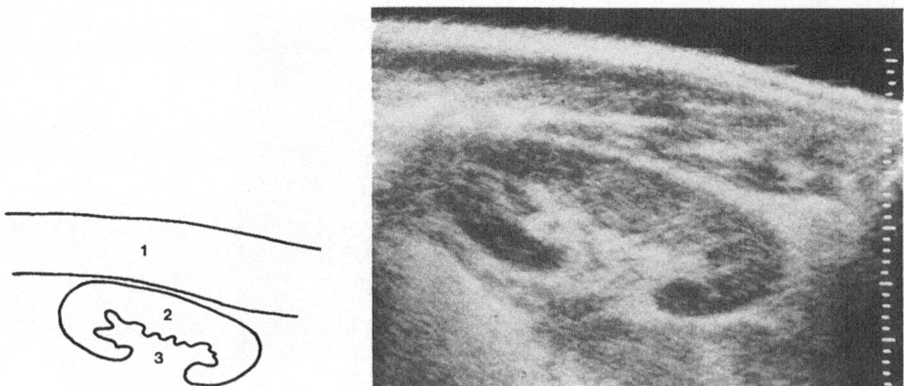

Abb. 5.64. Längsschnitt der linken Niere in Compoundscantechnik; Schnittführung von dorsal.
1 Rückenmuskeln; *2* Nierenparenchym; *3* Pyelonreflex

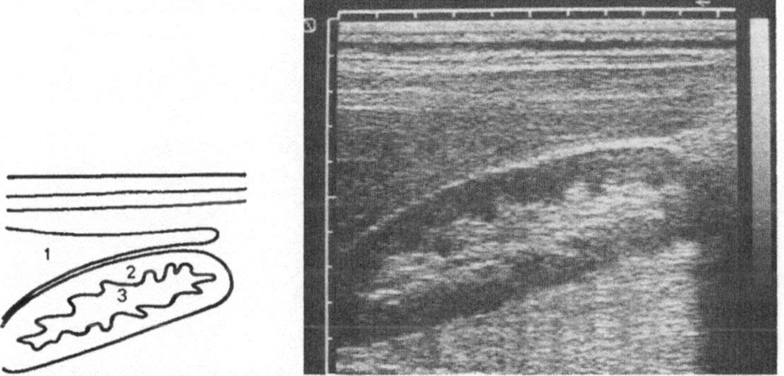

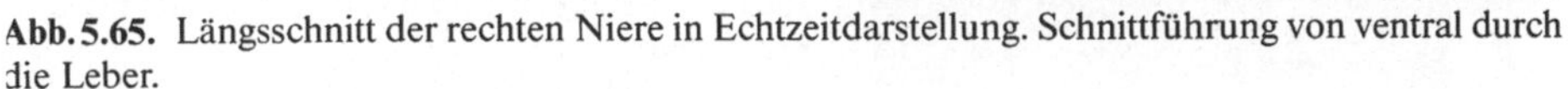

Abb. 5.65. Längsschnitt der rechten Niere in Echtzeitdarstellung. Schnittführung von ventral durch die Leber.
1 Leber; *2* Nierenparenchym; *3* Pyelonreflex

Das Bild des echographischen Nierenquerschnitts hängt von der getroffenen Organregion ab. Im mittleren Drittel wird der nach ventromedial sich öffnende Pyelonreflex von dem echoarmen Nierenparenchym hufeisenförmig umgriffen (Abb. 5.66). Im oberen und unteren Nierendrittel umschließt das Nierenparenchym ringförmig den Pyelonreflex.
Die Schnitte durch den oberen oder unteren Nierenpol zeigen nur die kleine Scheibe des echoarmen Parenchyms ohne ein Mittelecho (Abb. 5.67).
Die Längsschnitte der Niere durch die zentrale Zone bieten die typische Nierenform und den hiluswärts austretenden Pyelonreflex (Abb. 5.64 und 5.65).[1]
Schwenkt man den Schallkopf nach medial oder lateral, so stellt sich erst eine

[1] Mit den besser auflösenden Ultraschallgeräten gelingt es häufig nach Pochhammer et al. (1984) im Flankenschnitt bei Seitlagerung Anteile des extrarenalen und des proximalen Pyelons zu differenzieren.

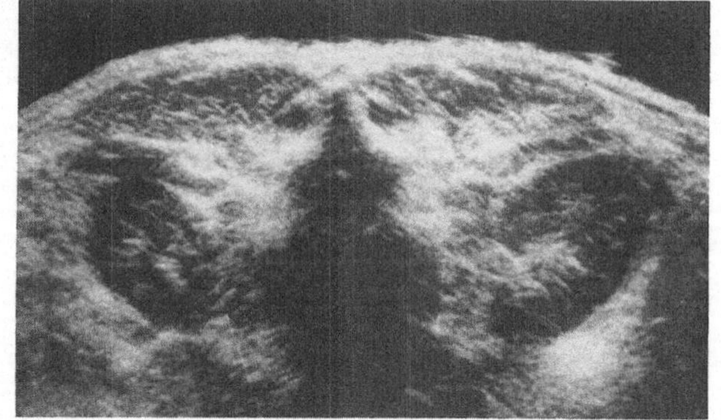

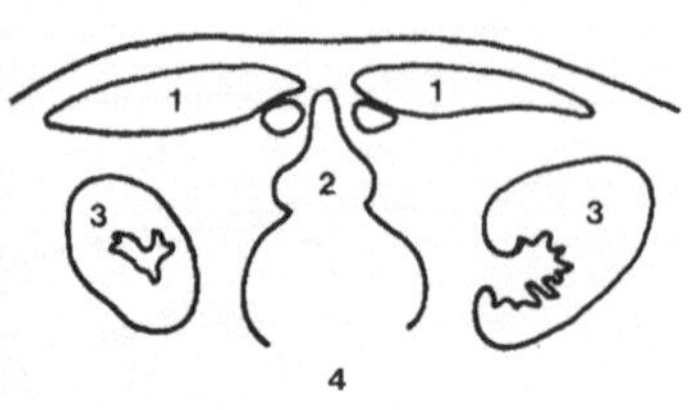

Abb. 5.66. Querschnitte beider Nieren in Compoundscantechnik (Bauchlage).
1 Rückenmuskeln; *2* Wirbelsäule; *3* Nieren; *4* Schallschatten

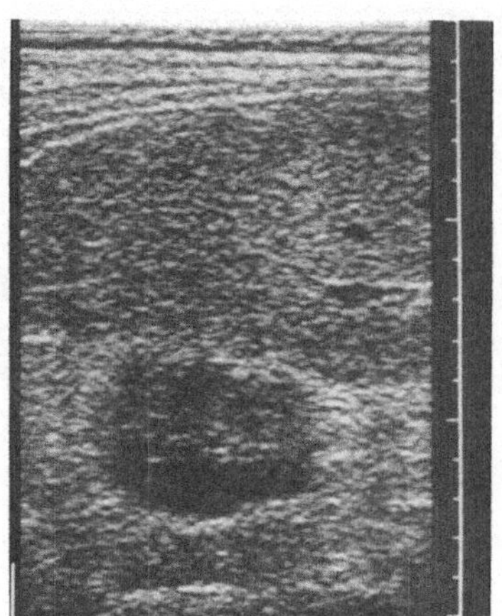

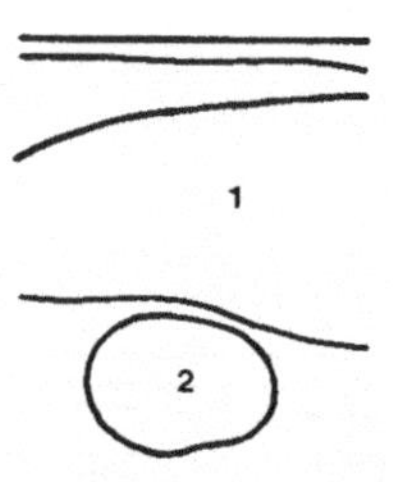

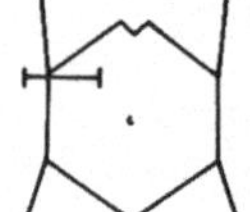

Abb. 5.67. Gekippter Querschnitt durch den oberen rechten Nierenpol. Pyelonreflex nicht mehr deutlich erkennbar.
1 Leber; *2* Niere

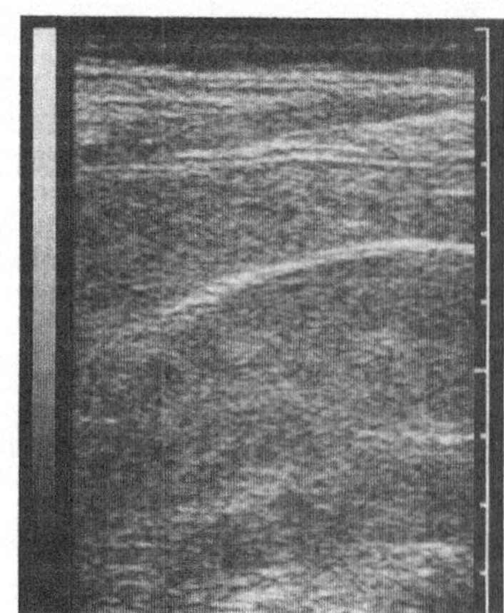

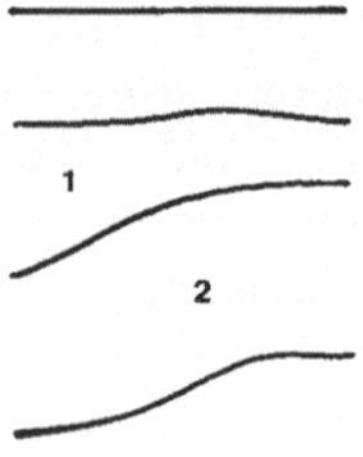

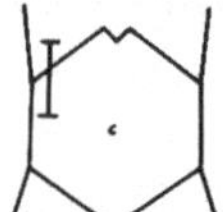

Abb. 5.68. Längsschnitt der rechten Niere durch die äußere Randzone des Organs; das Pyelon wird nur noch peripher getroffen.
1 Leber; *2* Niere

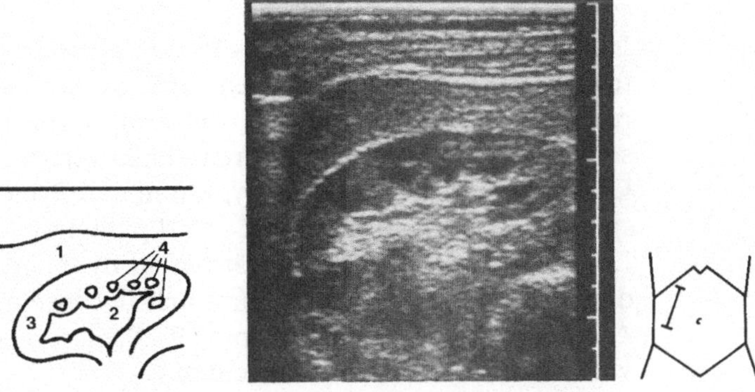

Abb. 5.69. Längsschnitt der rechten Niere mit Darstellung der echoarmen Pyramidenspitzen.
1 Leber; *2* Pyelonreflex; *3* Nierenparenchym; *4* Pyramidenspitzen

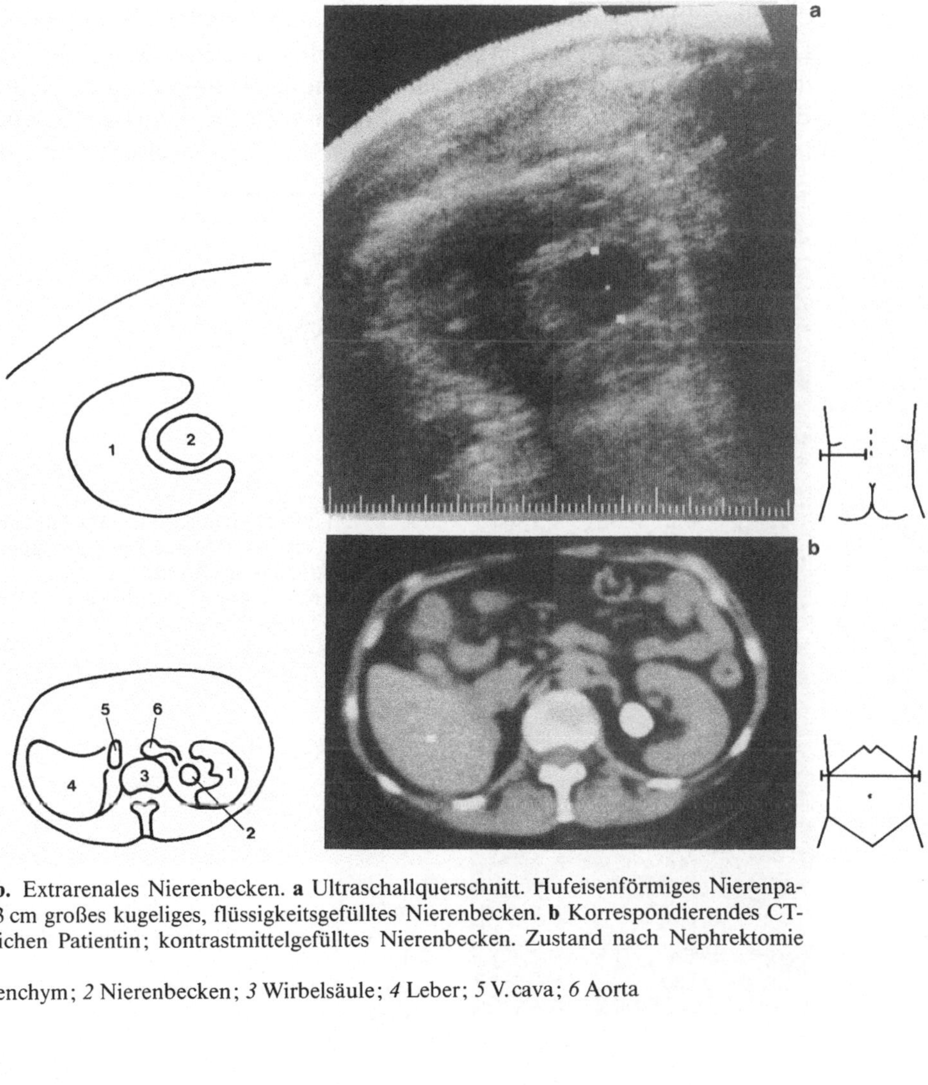

Abb. 5.70 a, b. Extrarenales Nierenbecken. **a** Ultraschallquerschnitt. Hufeisenförmiges Nierenparenchym; 2,3 cm großes kugeliges, flüssigkeitsgefülltes Nierenbecken. **b** Korrespondierendes CT-Bild der gleichen Patientin; kontrastmittelgefülltes Nierenbecken. Zustand nach Nephrektomie rechts.
1 Nierenparenchym; *2* Nierenbecken; *3* Wirbelsäule; *4* Leber; *5* V. cava; *6* Aorta

Übergangszone dar, in der das Pyelon gerade noch angeschnitten wird. Dann folgt weiter zur Organaußenseite eine ovaläre, echoarme Zone des Nierenparenchyms ohne Pyelonreflex (Abb. 5.68). Diese verschiedenen Nierenbereiche sollten immer systematisch durchschallt werden.

Die Grenze zwischen Parenchymsaum und Pyelonreflex ist scharf, nur die vorspringenden Markkegel oder Markpyramiden erscheinen leicht gezähnelt. Letztgenannte sind noch echoärmer als die Nierenrinde. Sie sind außerdem an der konischen, dreieckigen Form und der regelmäßigen hiluswärts gerichteten Anordnung zu erkennen. (Abb. 5.69). Sie lassen sich bei ca. 50% der Patienten vom Kortex deutlich unterscheiden.

Die geringen Harnmengen im normalen NBKS sind in der Regel echographisch nicht zu erfassen. Bei einer starken Diurese zeigt sich ein echofreier Spalt in der Mitte des Pyelonreflexes. Das weitgestellte ampulläre Nierenbekken ist jedoch als echoleerer Raum - bei extrarenalem Becken auch außerhalb der Niere (Abb. 5.70 a, b) - zu sehen und kann Anlaß zur Fehlbeurteilung sein. Die normalweiten Ureteren sind echographisch nicht bzw. wie oben gesagt nur im proximalen Anteil bei guten Untersuchungsbedingungen darstellbar.

Bei der Untersuchung schwangerer Frauen lassen sich ab der 13. Woche asymptomatische Erweiterungen des Nierenbeckens nachweisen (rechts doppelt so

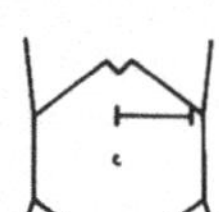

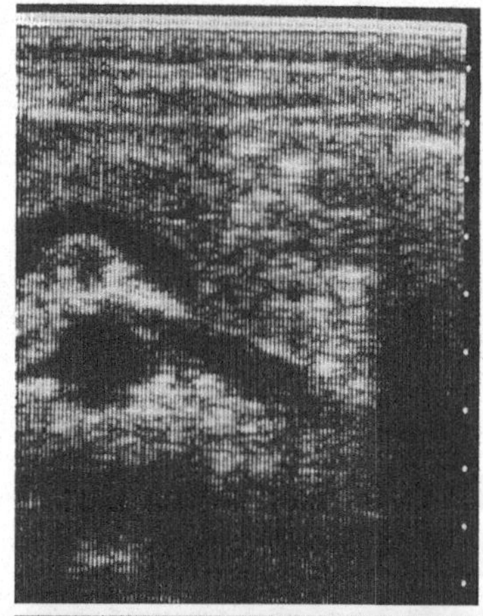

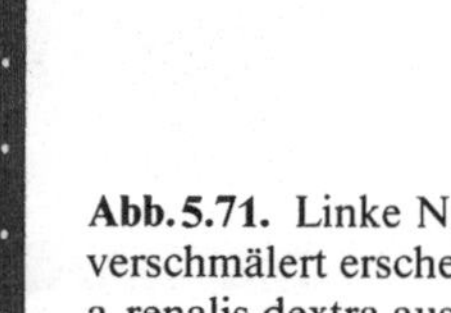

Abb. 5.71. Linke Nierenvene, deren präaortaler Anteil verschmälert erscheint. Man erkennt den Abgang der a. renalis dextra aus der Aorta.
1 A. mesenterica; *2* Aorta; *3* Wirbelsäule; *4* Pankreas; *5* V. lienalis; *6* linke Nierenvene

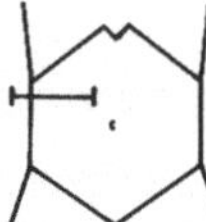

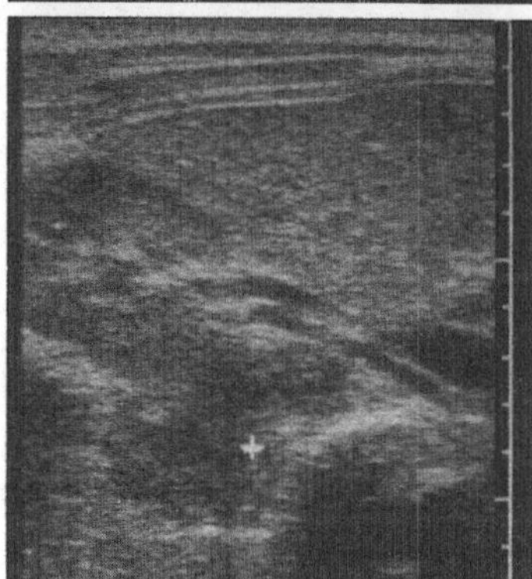

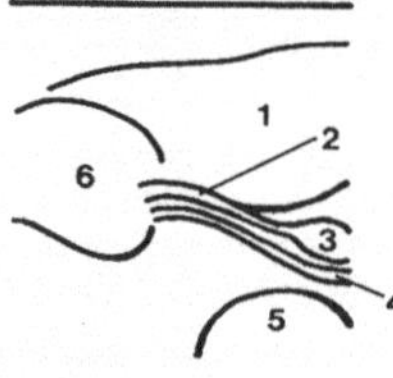

Abb. 5.72. Querschnitt der rechten Niere mit Darstellung von V. und A. renalis. Letztere zieht dorsal an der V. cava vorbei.
1 Leber; *2* V. renalis; *3* V. cava; *4* A. renalis; *5* Wirbelsäule; *6* Niere

häufig wie links). Diese bilden sich nach der Geburt in der Regel wieder spontan zurück.

Die linke Nierenvene ist auf Transversalschnitten am besten zu erfassen. Sie ist länger als die rechte Nierenvene und verläuft zwischen der „Klammer" von Aorta und A. mesenterica superior zur V. cava inferior hin. Linkslateral der Aorta erscheint sie im Liegen meist deutlich weitlumiger als präaortal. Eine pathologische Bedeutung kann diesem Phänomen nicht zugeordnet werden (Abb. 5.71). Die rechte Nierenvene (Abb. 5.72) ist in ihrem kurzen Verlauf vom ventralen rechten Nierensinus zur V. cava inferior auf Querschnitten häufig zu sehen (Valsalva-Manöver!). Die rechte Nierenarterie zieht dorsal der V. cava inferior (Abb. 5.72 und 5.73 a, b). Über eine längere Strecke läßt sie sich auf Kör-

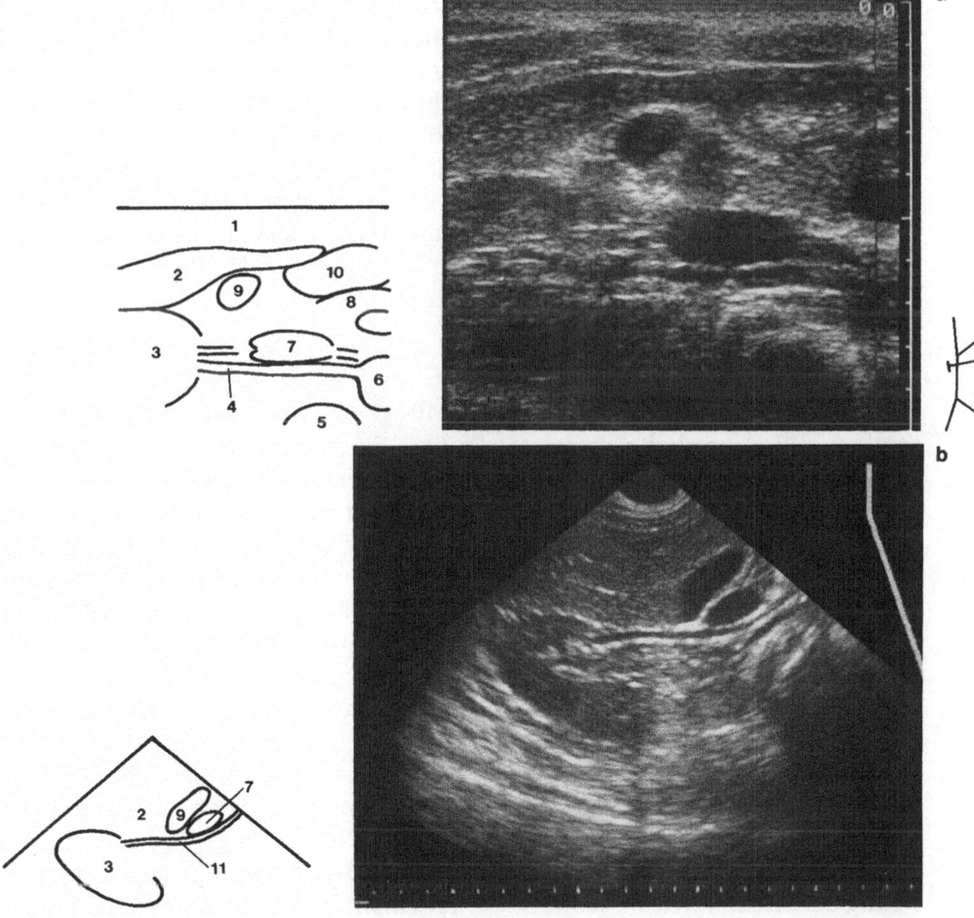

Abb. 5.73 a, b. Gefäße der rechten Niere. **a** Querschnitt des mittleren Nierendrittels rechts; Darstellung des gesamten Verlaufs der A. renalis dextra von der Aorta bis zum Nierenhilus. Ventral davon die V. cava und V. renalis dextra. **b** Querschnitt des oberen Nierendrittels rechts mit einer oberen Polarterie.
1 Bauchdecke; *2* Leber; *3* Niere; *4* A. renalis; *5* Wirbelsäule; *6* Aorta; *7* V. cava; *8* Pankreas; *9* Gallenblase; *10* Magen; *11* Polarterie

perquerschnitten meist nicht darstellen. Auf parasagittalen Schnitten ist sie zwischen der V. cava inferior und dem dorsal gelegenen Zwerchfellschenkel zu sehen (Pulsationen!) Die linke Nierenarterie hat einen kürzeren Weg als die rechte und ist echographisch schwer zu erfassen.
Erwähnenswert ist eine Studie von Weill et al. (1981), nach der bei 60% der untersuchten Personen (n = 100) der linke Teil des Pankreas unmittelbar ventral der linken Nierengefäße lag (Abb. 5.71). Im Hinblick auf die rechte Seite ist durch computertomographische Untersuchungen bekannt, daß ventral der rechten Nierenvene immer ein Teil des Pankreaskopfs gelegen ist.
Von den intrarenalen Gefäßen werden die Vv. arcuatae bei ca. 25% der Untersuchten abschnittsweise echographisch gesehen. Die intrarenalen Strukturen sind grundsätzlich rechts besser als links darstellbar; besonders günstig sind die Untersuchungsbedingungen bei Kindern und sehr schlanken Erwachsenen, v. a. wenn höhere Frequenzen (5 MHz) angewandt werden können.
Ein sehr wichtiger Aspekt in der tomographischen und anatomischen Beurteilung der Nierenregion ist die echographische Beobachtung der atemabhängigen Nierenbewegungen. Die Organe können dabei 3-5 cm in der Längsrichtung verschoben werden. Sie gleiten dabei über den M. psoas. Gleichzeitig ist die Atembewegung von Leber und Milz zu beobachten. Diese Organe schieben sich etwas über die betreffende Niere hinweg. Bei schwer abzugrenzenden Nieren oder bei tomographisch nicht eindeutig zuzuordnenden Prozessen kann die Atembewegung diagnostisch genutzt werden.

Größenmaße

Die normale Niere des Erwachsenen ist 10-12 cm lang, 5-6 cm breit (dorsoventral) und 3-4 cm dick (laterolateral). Das Parenchym der Nierenrinde mißt 1,3-2,0 cm. Das Verhältnis der Rindenparenchymdicke zum Pyelon im Bereich der Nierenmitte beträgt nach Keller et al. (1981) weniger als 2:1, wie es allgemein angegeben wird. Die Autoren berechneten eine Parenchym-Pyelon-Relation von 1,8:1 für die Altersklasse 20-39 Jahre; von 1,7:1 für die Altersgruppe 40-59 Jahre und von 1,1:1 für die 60- bis 90jährigen. Diese altersabhängige Verschiebung des Parenchym-Pyelon-Indexes ist statistisch signifikant nachweisbar. Es ergibt sich jedoch kein Unterschied in der Nierenlänge und im Nierenquerdurchmesser. Während das Parenchym ventral und dorsal abnimmt, wird das Pyelon im Alter breiter (Abb. 5.74).
Rebman u. Rettenmaier (1981) sprechen von einer „Altersniere" bei Personen über 60 Jahren. Dabei ist die Abgrenzbarkeit der Niere noch gut bis mäßig erhalten; die Nierendurchmesser werden mit 10 mal 4 cm angegeben bei einer Parenchymdicke unter 1 cm. Diese Befunde sind doppelseitig; eine Einschränkung der Kreatininclearence von 50% und mehr liegt bei den meisten Patienten vor. Es entwickelt sich jedoch fast nie eine dekompensierte Niereninsuffizienz. Der Übergang in eine Schrumpfniere ist sehr selten.
Kritisch ist anzumerken, daß der Begriff „Altersniere" problematisch erscheint. Die genannten Veränderungen sind Ausdruck einer - sicherlich mit dem Alter zunehmenden - Sklerose der arteriellen Nierengefäße. Somit liegt ein patholo-

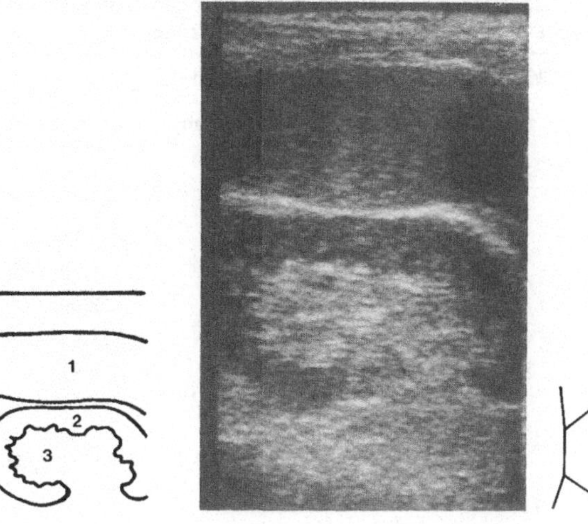

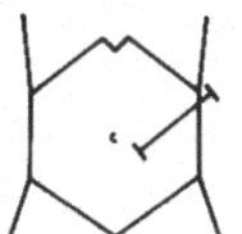

Abb. 5.74. Längsschnitt der Niere eines 63jährigen Patienten. Deutliche Verbreiterung des Pyelonreflexes (sog. Altersniere).
1 Leber; *2* Nierenparenchym; *3* Pyelonreflex

gisches Geschehen vor, wenn dies auch in der Mehrzahl der Fälle nicht zu klinischen Symptomen führt.
Die echographisch und röntgenologisch bestimmten Längsdurchmesser der Nieren können voneinander abweichen. Der Meßfehler entsteht dabei meist durch die unterschiedlichen Projektionen der Niere im Röntgenübersichtsbild. Der Winkel zwischen Nierenlängsachse und der dorsalen Abdominalwand beeinflußt die röntgenologische Längenmessung der Niere. Nach Farrant u. Meise (1978) beträgt der Winkel im Mittelwert 26–28°. Er variiert jedoch zwischen 5 und 65°! Bei starker Kippung der Niere wird das Organ durch die röntgenologische Projektion im Längsdurchmesser verkürzt.
Vergleichbare Fehler können bei der echographischen Ausmessung der Niere entstehen, wenn die Längs- oder Querachse des Organs nicht genau eingestellt werden.
Mit Hilfe der echographischen Compoundscantechnik kann das Nierenvolumen zuverlässig bestimmt werden. (Rasmussen et al. 1978). Das Verfahren (Planimetrie der Querschnitte in festgelegten Abständen) ist jedoch zeitaufwendig. Die Variationsbreite des normalen Nierenvolumens wird mit 4,3–8,0 ml/kg KG angegeben. Bei Anwendung der Real-time-Technik beschränkt man sich auf die Angabe der 3 Durchmesser und des Parenchym-Pyelon-Verhältnisses.
Über die Nierengröße bei Kindern in bezug auf ihre Körpergröße informiert Tabelle 5.3 nach Weitzel u. Tröger (1982). Haugstveldt u. Lundberg (1980) fanden keinen Unterschied in der Nierengröße zwischen Jungen und Mädchen; die linke Niere war jedoch signifikant länger als die rechte.

Tabelle 5.3. Mittelwerte und doppelte Standardabweichungen der Nierenhauptdurchmesser gesunder Kinder. (Nach Weitzel u. Tröger 1982)[a]

Körpergröße [cm]	Längsschnitt		Querschnitt	
	Länge [cm]	Tiefe [cm]	Breite [cm]	Tiefe [cm]
<55	4,08 3,78-4,38	1,90 1,70-2,10	2,30 1,70-2,90	1,90 1,50-2,30
55- 70	4,88 4,02-5,74	2,18 1,46-2,90	2,80 1,88-3,72	2,18 1,62-2,74
71- 85	5,37 3,87-6,87	2,49 1,69-3,29	2,95 2,07-3,83	2,49 1,71-3,27
86-100	6,18 4,54-7,82	2,82 2,25-3,41	3,26 2,22-4,30	2,77 2,15-3,39
101-110	6,27 5,13-7,41	2,95 2,34-3,55	3,62 2,72-4,52	2,80 2,18-3,42
111-120	6,88 5,68-8,08	3,07 2,33-3,81	3,86 2,96-4,76	3,01 2,51-3,51
121-130	7,37 6,19-8,55	3,31 2,71-3,91	3,94 2,34-5,54	3,22 1,94-4,50
131-140	7,65 6,25-9,05	3,35 2,79-3,91	4,15 3,41-4,89	3,57 2,63-4,51
141-150	7,99 6,63-9,35	3,65 2,71-4,59	4,46 3,68-5,24	3,31 2,71-3,91
>150	8,79 6,81-10,77	3,97 2,89-5,05	4,85 3,81-5,89	3,94 2,86-5,06

[a] Es sind nur die Maße der linken Niere angegeben

Fehlermöglichkeiten und Formvarianten

Nicht nur dem Anfänger können die sehr echoleeren Markpyramiden diagnostische Schwierigkeiten bereiten (Abb. 5.69). Besonders auffallend ist ihr Aussehen bei Kindern, bei denen die Nierenrinde ohnehin sehr dünn ist. Sie wird erst mit zunehmendem Alter stärker! Die fälschliche Annahme von peripelvinen Zysten, einer polyzystischen Nierenerkrankung oder eines Harnstaus sind je nach Fragestellung naheliegend. Vor solcher Fehlbeurteilung schützt die systematische Untersuchung der Nieren, wobei die regelmäßige, hiluswärts gerichtete Anordnung und die konische Form zu prüfen sind.

Der Normalbefund eines intra- oder extrarenal gelegenen weiten *ampullären Nierenbeckens* kann ebenso Anlaß zur Fehldiagnose „Harnstau" oder „beckennahe Zyste" sein. Bleibt der Befund unklar, auch bei weiteren Untersuchungen und bei Lagewechsel des Patienten, nach Miktion und nach 8stündiger Flüssigkeitskarenz, so ist zur Abklärung eine intravenöse Pyelographie oder eine Computertomographie angezeigt (Abb. 5.70).

Eine forcierte Diurese kann auch bei einem nicht ampullären Nierenbecken eine echoleere Spaltbildung im Pyelonreflex erzeugen. Der Befund sollte wie oben genannt echographisch kontrolliert, aber nicht gleich im Sinne eines beginnenden Harnstaus überinterpretiert werden.

Besonders bei Kindern ist darauf zu achten, ob während der Untersuchung der Nieren die Harnblase gefüllt oder entleert ist. Eine Erweiterung des Nierenbeckens bei voller Blase, die nach Miktion zurückgeht, spricht für einen vesikoureteralen Reflux. Eine nephrologisch-pädiatrische Überprüfung ist in solchen Fällen erforderlich (ggf. müssen die therapeutischen Möglichkeiten der Antirefluxchirurgie eingesetzt werden).

Eine weitere diagnostische Falle kann die Erweiterung des Nierenbeckens während der Schwangerschaft sein. Dieser Befund ist in der Regel asymptomatisch und bildet sich innerhalb weniger Wochen nach der Geburt zurück (Abb. 5.75). Er tritt bei mindestens 80% der Frauen auf. Die rechte Niere wird doppelt so häufig betroffen wie die linke. Das Ausmaß der Erweiterung ist dabei sehr verschieden. Fried (1979) spricht von einer *geringen* Erweiterung, wenn die Spaltung des Zentralechos weniger als die Hälfte der Breite des Pyelonreflexes ausmacht; von einer *mäßigen* Erweiterung, wenn die Spaltung bis zur Hälfte des a.-p.-Durchmessers der Niere beträgt; und schließlich von einer *starken* Erweiterung, wenn die Spaltung mehr als die Hälfte des a.-p.-Durchmessers der Niere mit oder ohne Erweiterung des Ureters umfaßt.

Bei der Mehrzahl der untersuchten Frauen (n = 109) lag nach der 13. Schwangerschaftswoche eine geringe oder mäßige Erweiterung des Nierenbeckens vor (rechts häufiger als links). Stärkere Erweiterungen wurden nur in einzelnen Fällen rechts beobachtet. Die Ursache des beschriebenen Phänomens wird von den meisten Autoren im Druck des graviden Uterus auf den Ureter gesehen. Auch hormonelle Einwirkungen werden diskutiert.

Bei der Untersuchung der Nieren von *Kindern* muß die Organentwicklung beachtet werden. Im Embryonalstadium sind die Nieren lobuliert. Die Zahl der Renculi im Embryonalstadium liegt zwischen 12 und 20. Diese sind keilförmig um das Nierenbecken angeordnet und entsprechen den späteren Markpyramiden mit der zugehörigen Rindensubstanz. Die Lobulierung bildet sich im Lauf

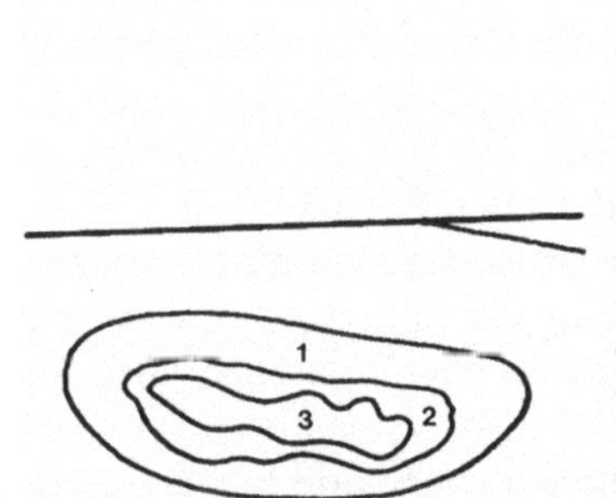

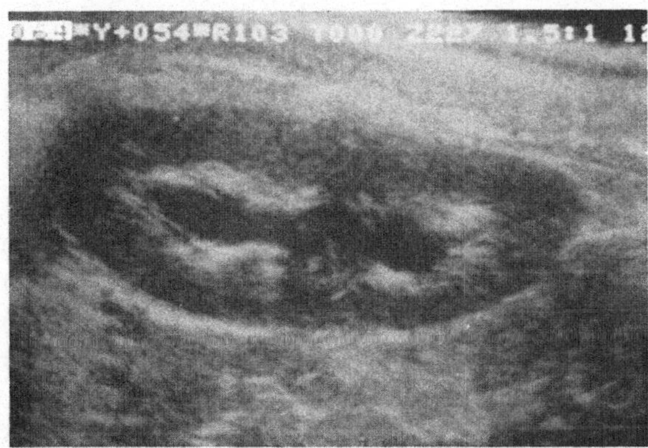

Abb. 5.75. Längsschnitt der linken Niere (Compoundscantechnik) einer schwangeren Patientin (32. SSW). Echoleere Spreizung des Pyelons.
1 Nierenparenchym; *2* Pyelonreflex; *3* Harnstau

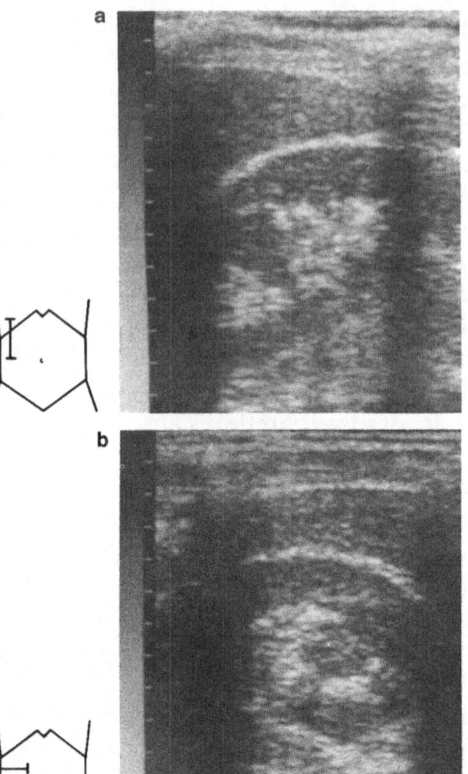

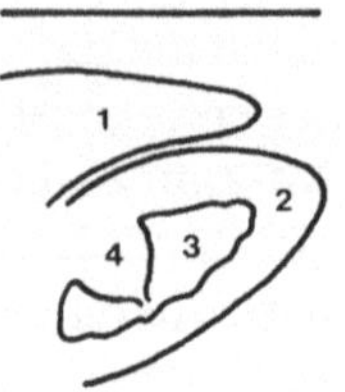

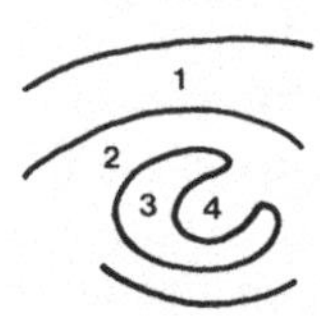

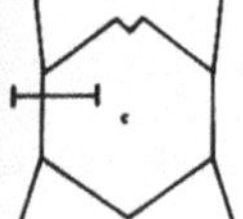

Abb. 5.76 a, b. Pseudotumor der Niere. **a** Längsschnitt, **b** Querschnitt.
1 Leber; *2* Nierenparenchym; *3* Pyelonreflex; *4* Pseudotumor

der Entwicklung zurück, bei manchen Erwachsenen ist jedoch noch eine persistierende embryonale Lappung zu sehen.

Die kindliche Niere ist von einer insgesamt mehr kugeligen Form; das Organ wird erst allmählich typisch nierenförmig. Die Nierenrinde ist zunächst relativ zum Durchmesser der Markpyramiden dünn angelegt. Das perirenale Fettgewebe ist spärlich ausgebildet. Auch die Nierenlage weicht von der des Erwachsenenalters ab, d. h. die Nieren stehen mehr parallel zur Körperlängsachse und liegen oft sehr weit kaudal, wobei sie bis unter die Crista iliaca reichen können.

Zu den größten Problemen in der Nierendiagnostik des Erwachsenenalters gehören jene Formvarianten, die einen Tumor vortäuschen können.

So bezeichnen Welter et al. (1980) als *Pseudotumoren* anlagebedingte, vermehrte Renculierungen, die im Ausscheidungsurogramm als Raumforderung imponieren. Die Diagnose Pseudotumor schließt zentrale Nierenparenchymveränderungen ein, die durch

- vergrößerte oder prominente Columnae Bertini (auch fokale kortikale Hyperplasie genannt),
- fetale Lappungen und
- supra- und infrahiläre Lippen gebildet werden.

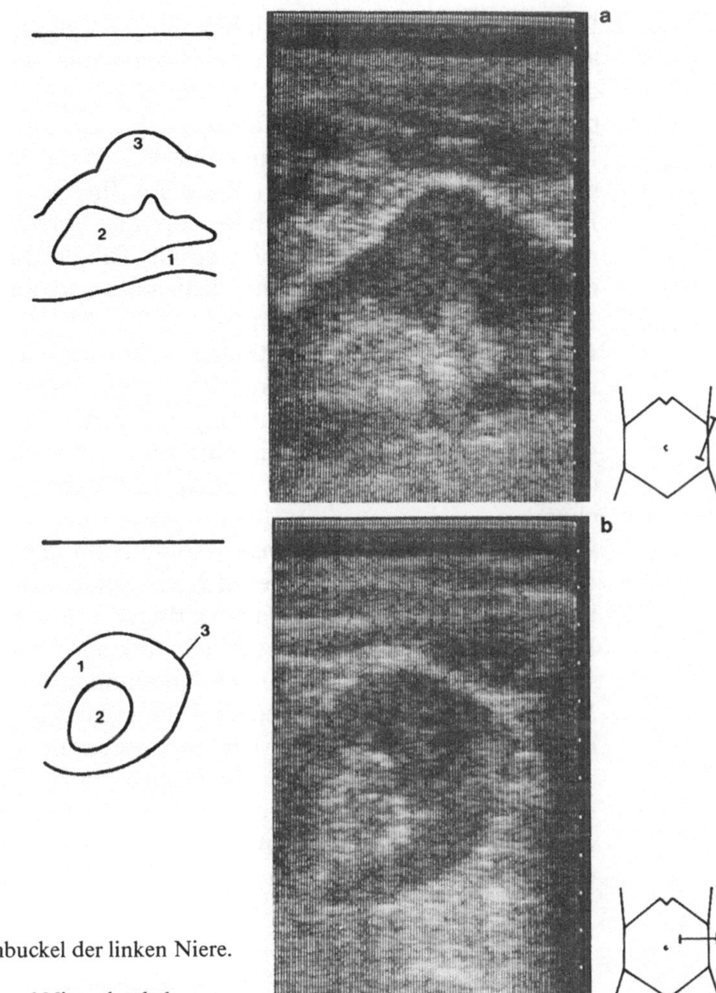

Abb. 5.77 a, b. Sogenannter Nierenbuckel der linken Niere. **a** Längsschnitt, **b** Querschnitt. *1* Nierenparenchym; *2* Pyelonreflex; *3* Nierenbuckel

Im Schallbild zeigen diese vom Nierenparenchymsaum ausgehenden Strukturen das gleiche echoarme Reflexmuster wie das Nierenparenchym selbst. Sie wölben sich nach zentral oft halbkugelförmig in das Nierenhohlraumsystem bzw. in den Pyelonreflex hinein (Abb. 5.76 a, b).

Diese Pseudotumoren sind zu 80% im mittleren Nierendrittel lokalisiert. Die differentialdiagnostische Abklärung gegenüber folgenden Veränderungen ist erforderlich:

- partielle oder vollständige Doppelniere,
- kleinere zentrale Zysten,
- gestaute Nierenbecken und -kelche,
- Nierenbeckentumor,
- hypernephroides Karzinom.

Letzteres ist jedoch mehr peripher gelegen, zeigt meist eine Vorbuckelung nach außen *und* innen und weist eine inhomogene, vom Nierenparenchym abweichende Echostruktur auf. Im Zweifel müssen jedoch solche Befunde computertomographisch und ggf. angiographisch abgeklärt werden.
Friman-Dahl wies 1961 in einer anatomisch-radiologischen Studie auf die normalen Variationen der linken Niere hin. Ihre laterale Kontur zeigt bei 10% der Personen eine unterschiedlich ausgeprägte Vorwölbung, wodurch die Niere eine annähernd dreieckige Form erhält. Dieser „physiologische Nierenbuckel" ist an der typischen Lage und dem normalen Reflexmuster von einer echten Neubildung zu unterscheiden (Abb. 5.77 a, b).
Bei der relativ häufigen partiellen oder vollständigen *Doppelbildung* des Nierenbeckens wird der Pyelonreflex durch einen Parenchymstreifen in 2 Abschnitte unterteilt; diese Trennung muß sich jedoch bis zum Nierenhilus verfolgen lassen. Oft ist gleichzeitig eine Einziehung der Außenkontur zu erkennen (Abb. 5.78). Das Echomuster entspricht dabei dem normalen Nierenparenchym.
Geringgradige *Renculierungen* besonders im lateralen Abschnitt des mittleren Nierendrittels können gelegentlich zur Fehlbeurteilung im Sinne eines kleinen kapselnahen Tumors oder einer narbigen Formveränderung der Niere führen. Die renculäre Lappung erzeugt jedoch keine Verschmälerung des Parenchymsaums wie z. B. ein Zustand nach Niereninfarkt.
Von den weiteren Anomalien sind die Hypoplasie und Aplasie einer Niere zu nennen. Im ersten Fall läßt sich eine insgesamt verkleinerte Niere nachweisen, während im zweiten Fall die Nierenloge leer ist. Die normale Niere der Gegenseite ist dabei in der Regel kompensatorisch hypertrophiert (Abb. 5.79).
Auch bei den Nierendystopien kann die Nierenloge leer sein. Das Organ der Gegenseite ist dabei aber nicht vergrößert! Am häufigsten sind kaudale Lage-

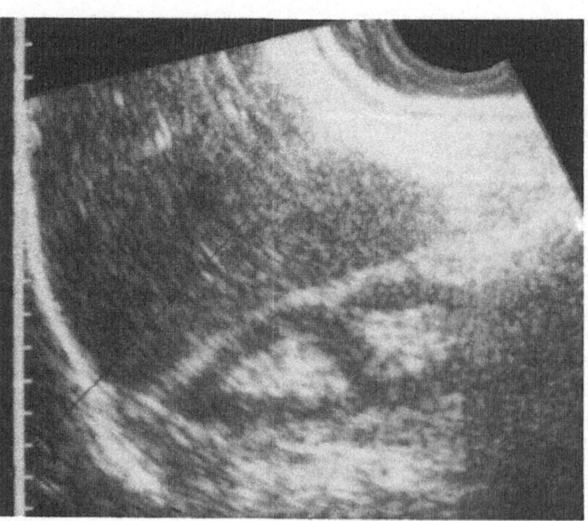

Abb. 5.78. Doppelbildung des Nierenbeckens. Rechte Niere im Längsschnitt. *1* Leber; *2* Nierenparenchym; *3* Pyelonreflex

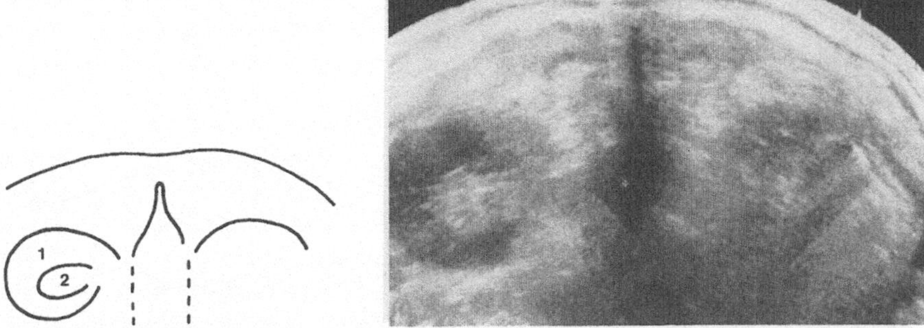

Abb. 5.79. Querschnitt durch die Nierenregion in Compoundscantechnik. Aplasie der rechten Niere und Hypertrophie der linken Niere (Bauchlage).
1 Nierenparenchym; *2* Pyelonreflex

änderungen wie lumbale, iliosakrale und sakrale Dystopien. Die linke Seite ist bevorzugt betroffen. Eine kraniale Verlagerung (Thoraxniere) gehört zu den Seltenheiten. Die gekreuzte Dystopie ist in diesem Zusammenhang ebenfalls zu erwähnen. Bei der Suche nach einer dystopen Niere wird man außer der Echographie auch die intravenöse Urographie heranziehen müssen.
Schließlich sei noch die Verschmelzungsniere angeführt. Die häufigste Form ist die bilateral symmetrische Verschmelzung in Form der Hufeisenniere (Abb. 5.80). Dabei fällt v. a. die Abweichung der Nierenlage und die Achsenrotation auf. Die über den großen Gefäßen liegende Verbindungsbrücke kann sehr schmal sein und wird unter Umständen durch Darmgasüberlagerungen im Schallbild verdeckt. Weitere Formen der Verschmelzung sind die Kuchen- oder Konglomeratnieren, die in unterschiedlicher Höhe vor der Lendenwirbelsäule oder präsakral lokalisiert sein können (Abb. 5.81).

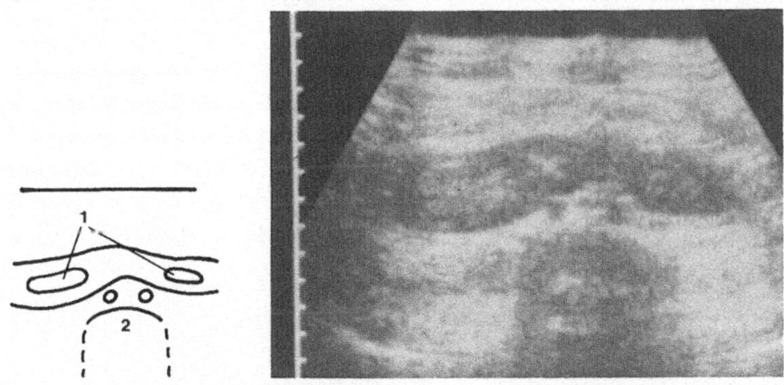

Abb. 5.80. Hufeisenniere. Querschnitt in Höhe des Mittelbauchs. *1* Niere; *2* Wirbelsäule

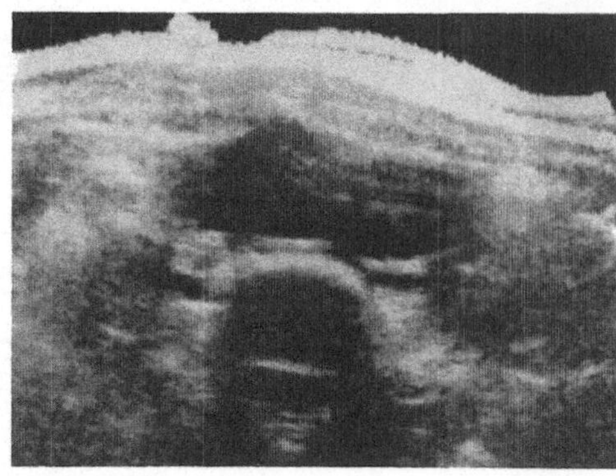

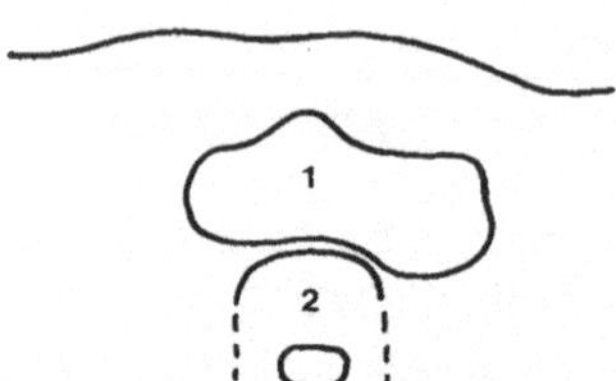

Abb. 5.81. Kuchenniere vor der unteren Lendenwirbelsäule. *1* Niere; *2* Wirbelsäule

Literatur

Farrant P, Meire HB (1979) Ultrasonic measurement of renal inclination; its importance in measurement of renal length. Br J Radiol 51: 628

Fried AM (1979) Hydronephrosis of pregnancy: ultrasonographic study and classification of asymptomatic women. Am J Obststet Gynecol 135: 1066

Friman-Dahl J (1961) Normal variations of the left kidney: a anatomical and radiologic study. Acta Radiol 55: 207

Haugstveldt S, Lundberg J (1980) Kidney size in normal children measured by sonography. Scand J Urol Nephrol 14: 251

Keller W, Weiss H, Meissner J (1981) Korrelation zwischen Parenchymdicke, Nierenlängsdurchmesser und Körperoberfläche in verschiedenen Altersgruppen bei nierengesunden Erwachsenen. In: Rettenmaier G, Loch EG, Hansmann H, Trier HG (Hrsg) Ultraschalldiagnostik in der Medizin 1980. Thieme, Stuttgart, S. 8

Pochhammer KF, Hollstein H, Frentzel-Beyme B (1984) Ultraschallschnittbilder normaler Nieren. Dtsch Med Wochenschr 109: 75

Rasmussen SN, Haase L, Kjeldsen H, Hancke S (1978) Determination of renal volume by ultrasound scanning. JCR 6: 143

Rebmann W, Rettenmaier G (1981) Sonogramm der Altersnieren im Vergleich mit der Nierenfunktion. In: Rettenmaier G, Loch EG, Hansmann H, Trier HG (Hrsg) Ultraschalldiagnostik in der Medizin 1980. Thieme, Stuttgart, S. 10

Weill F, Brun P, Bartoli J (1981) Artère et veine rénales gauches J Radiol 61: 85

Weitzel D, Tröger J (Hrsg) (1982) Morphologische Abdominaldiagnostik im Kindesalter. Sonographie, Röntgen, Nuklearmedizin, Computertomographie. Springer, Berlin Heidelberg New York, S. 108

Welter G, Schmidt KR, Rothenberger K, Pfeifer KJ, Welter HF (1980) Bedeutung der Sonographie für die Differentialdiagnostik von Pseudotumoren der Niere. ROFO 133: 621

5.10 Nebennieren

5.10.1 Topographisch-anatomische Vorbemerkungen

Die Nebennieren sind in den Fasziensack der Nieren mit eingeschlossen und vom Fettgewebe der Capsula adiposa umgeben. Der Abstand zwischen Nebenniere und Niere beträgt etwa 0,5–1 cm. Sie schmiegen sich der Nierenvorderfläche nur lose an und sitzen den Nieren nicht kranial, sondern anteromedial auf. Die normale Nebenniere wiegt zwischen 3,5 und 5 g. Die Größe wird wie folgt angegeben:
Höhe 3–5 cm, Breite 2–3 cm, Dicke bis 6 mm.
Die rechte Nebenniere ist in der Gesamtschicht dreieckig. Sie liegt dorsal in bezug auf die V. cava inferior und den rechten Leberlappen und ventral in bezug auf die Zwerchfellschenkel und den oberen Teil der rechten Niere.
Die linke Nebenniere ist in der Gesamtansicht halbmondförmig, etwas größer und steht höher als die rechte. Ihre Konkavität ist dem oberen medialen Nierenpol angepaßt. Sie bedeckt teilweise den medialen Nierenrand oberhalb des Hilus, d. h. sie reicht bis in den Hilusbereich hinab. Der untere Teil der Nebenniere liegt dorsal des Pankreas; der obere Teil dorsal der Bursa omentalis bzw. des Magens. Nach lateral grenzt sie an den Zwerchfellschenkel und liegt schräg hinter der Aorta. Die kompliziert eingefaltete Oberfläche der Nebennieren läßt in verschiedenen Ebenen des gleichen Organs unterschiedliche Querschnittsstrukturen entstehen (Wegener 1981). Die rechte Seite zeigt dabei überwiegend die Form eines Kommas, eines Strichs oder einer langgezogenen 1; während die linke Seite sich meist in Form eines umgekehrten V, eines Delta oder eines Dreiecks darbietet. Die Schenkellänge beträgt ca. 22 ± 4 mm und die Schenkeldicke 5,5 ± 1 mm (Abb. 5.82).

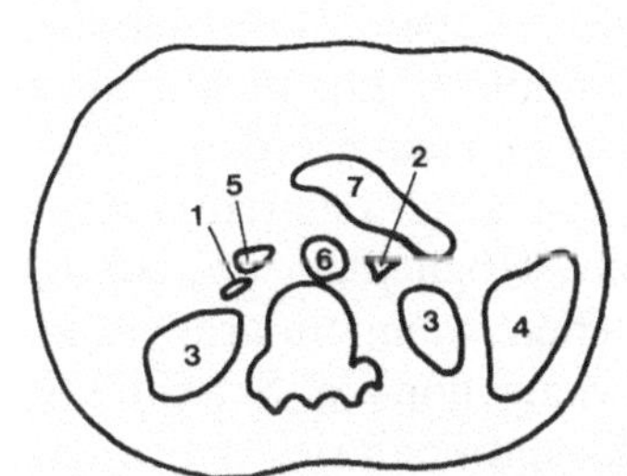

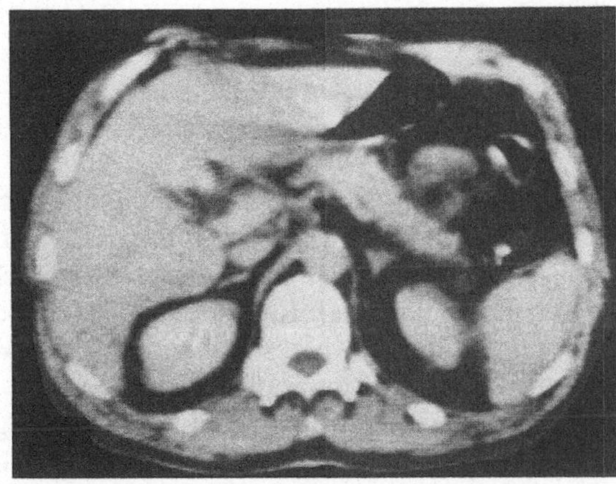

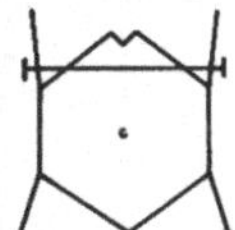

Abb. 5.82. Computertomographische Darstellung der normalen Nebennieren.
1 Rechte Nebenniere; *2* linke Nebenniere; *3* Nieren; *4* Milz; *5* V. cava; *6* Aorta; *7* Pankreas

5.10.2 Untersuchungstechnik

Geräte

Sehr geeignet ist der Sektorscanner mit weitem Winkel. Für die Darstellung der normalen Nebenniere werden von einigen Autoren Compoundscanner empfohlen. Lineare Multielementscanner können für die Beurteilung der Nebennierenregion bei raumfordernden Prozessen ebenfalls angewandt werden. Frequenzbereich: 3,0–3,5 MHz; bei Säuglingen und Kleinkindern auch 5 MHz.

Vorbereitung

Für eine sehr gründliche Untersuchung, d.h. für den Ausschluß auch kleinerer Prozesse, ist eine gute Vorbereitung zu fordern. Der Pat. sollte nüchtern, abgeführt und entbläht sein, damit auch von ventral eine echographische Darstellung der Nebennierenregion möglich ist.

Lagerung

Die Untersuchung wird in verschiedenen Positionen durchgeführt: Rückenlage, Rechts- und Linksseitenlage sowie Bauchlage mit untergelegtem Polster.

Schnittebenen

Nach Yeh (1980) sollen Schnitte von dorsal nach ventral sowohl in Quer- als auch in Längsrichtung ausgeführt werden. Für die rechte Nebenniere wird der Querschnitt von ventral als die günstigste Schnittführung angegeben. Die linke Nebenniere kann von der linken hinteren Axillarlinie aus durch die Zwischenrippenräume echographiert werden.
Nach Sample (1977) werden die Nebennieren – allerdings in Compoundscantechnik – wie folgt aufgesucht:
Linke Nebenniere: Systematische Querschnitte des linken oberen Quadranten in Rechtsseitenlage; Anbringen einer Linie durch Aorta und linke Niere; Markierung dieser Linie auf der Haut in Höhe des oberen und unteren Nierenpols sowie der Nierenmitte; longitudinale Schrägschnitte entlang dieser Linie.
Auf diesen Schnitten werden der obere Pol der linken Niere, die linke Nebenniere, der linke Zwerchfellschenkel, die Aorta und der rechte Zwerchfellschenkel abgebildet. Die linke Nebenniere erscheint als schmales echoarmes Gebilde.
Rechte Nebenniere: Gleiche Untersuchungstechnik wie oben. Zusätzlich bietet sich die Möglichkeit, die Leber als Schallfenster zu nutzen. Die rechte Nebenniere kann daher auch auf Querschnitten sichtbar gemacht werden; sie liegt zwischen dem dorsalen Rand des rechten Leberlappens, der unteren Hohlvene und dem rechten Zwerchfellschenkel. Eine weitere Möglichkeit des echographischen Zugangs zur rechten Nebenniere ist gegeben, wenn ein großer linker Leberlappen vorliegt. Es muß dann ein schräger ventrodorsaler Schnitt eingestellt werden, der durch die V. cava inferior zieht. Es empfiehlt sich die Untersuchung in tiefer Inspiration (Valsalva-Manöver) vorzunehmen, damit die V. cava möglichst weitlumig ist.

.10.3 Echographische Anatomie

e nach Schnittführung erscheint die Nebenniere als ein schmales echoarmes ;ebilde. Die linke Nebenniere wird bei Schnittführung von dorsolateral zwichen dem oberen Nierenpol, dem linken Zwerchfellschenkel und der Aorta bgebildet. Die rechte Nebenniere zeigt sich bei ventrolateraler Schnittführung wischen Leber, oberem Nierenpol und Zwerchfellschenkel eingebettet. Bei eier Schnittrichtung durch den linken Leberlappen liegt das Organ dorsal der '. cava inferior (Abb. 5.83). Bisweilen gelingt es auch, das Gesamtorgan in einer ypischen, dreieckigen, halbmondförmigen oder mützenförmigen Gestalt abzuilden (Abb. 5.84).

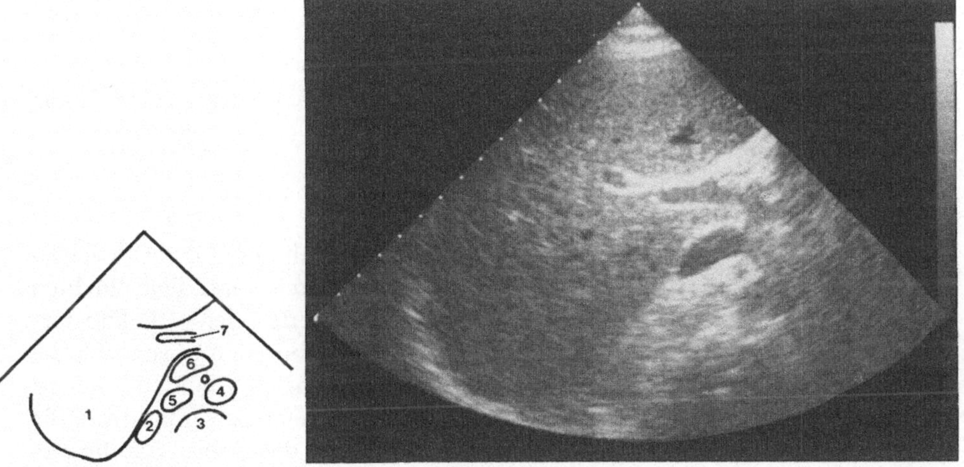

\bb. 5.83. Sektorscan durch den linken Leberlappen mit Darstellung der Region der rechten Neenniere.
' Leber; *2* Niere; *3* Wirbelsäule; *4* Aorta; *5* Region der rechten Nebenniere; *6* V. cava; *7* V. portae

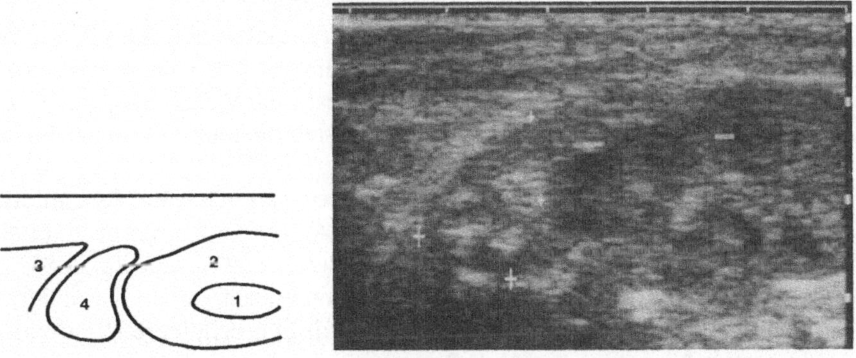

\bb. 5.84. Längsschnitt der linken Niere und Nebenniere eines 1jährigen Kindes. (Aufnahme: Dr. H. Trefz, Univ.-Kinderklinik Heidelberg).
1 Pyelonreflex; *2* Nierenparenchym; *3* Milz; *4* Nebenniere

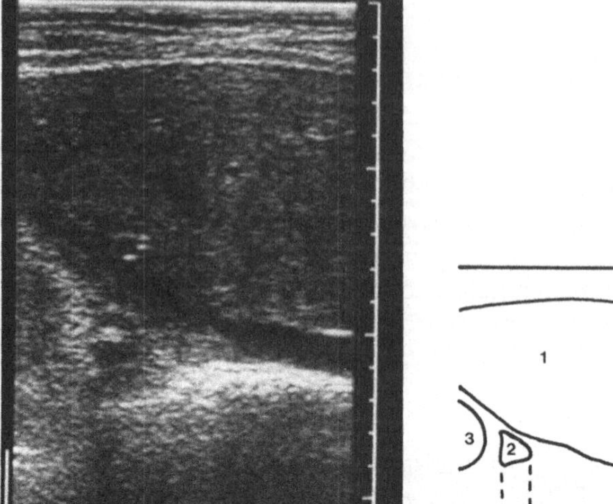

Abb. 5.85. Verkalkung der rechten Nebenniere. Im Winkel zwischen rechter Niere und Leber zeigt sich ein harter Reflex mit nachfolgendem Schallschatten.
1 Leber; *2* Nebenniere; *3* Niere

Die schlechte und schwierige Darstellbarkeit der Nebennieren der Erwachsenen wird verursacht durch die Kleinheit des Organs, durch starke Fettschichten und überlagernde gashaltige Darmschlingen. Vergrößerte oder verkalkte Nebennieren sind gut erkennbar (Abb. 5.85). Beim Neugeborenen lassen sich die Nebennieren wesentlich besser und sicherer echographisch abbilden. Dies ist bedingt durch mehrere Faktoren: Die kindliche Nebenniere ist verhältnismäßig größer als das Organ des Erwachsenen; zum Zeitpunkt der Geburt hat die Nebenniere ⅓ der Nierengröße, während beim Erwachsenen die Nebenniere nur etwa $^1/_{13}$ der Nierengröße mißt. Außerdem ist das perirenale Fettgewebe des Neugeborenen sehr spärlich angelegt. Seine Nebenniere liegt daher näher an der Körperoberfläche, so daß Schallköpfe mit hohen Frequenzen und besserem Auflösungsvermögen eingesetzt werden können.
Zum Zeitpunkt der Geburt ist die Nebenniere relativ dick. Die Rinde besteht aus 2 Schichten: Einer dicken fetalen Zone, die etwa 80% der Drüse ausmacht, und einer dünnen peripheren Zone. Aus dieser entwickelt sich im Erwachsenenalter der Kortex. Nach der Geburt bildet sich die fetale Zone der Nebennierenrinde zurück (etwa im Alter von 1 Jahr).
Mit hochauflösenden Ultraschallgeräten ist es möglich, die Nebennieren des Neugeborenen sichtbar zu machen (Abb. 5.84). Oppenheimer et al. (1983) gelang dies in 79% der Fälle für beide Seiten (rechts 97% und links 83%). Das Schallbild ist charakterisiert durch einen schmalen echogenen Kern, der von einer dickeren echoleeren Zone umgeben wird. Die echoleere Zone entspricht der hypertrophierten neonatalen Rinde, während der echogene zentrale Kern durch die Medulla (Mark) der Nebenniere hervorgerufen wird. Die Drüsen haben eine umgekehrte V- oder Y-Form (im Querschnitt). Statistisch signifikante

Differenzen zwischen rechts und links konnten von den genannten Autoren nicht nachgewiesen werden. Folgende Organmaße werden angegeben: Länge 0,9-3,6 cm (Mittelwert 1,5), Dicke 0,2-0,5 cm (Mittelwert 0,3 cm).
Die Nebennieren des Feten im Uterus zeigen das gleiche oben beschriebene Schallbild (Rosenberg et al. 1982). Sie können nach der 26. Schwangerschaftswoche bei 90% der Feten echographisch beobachtet werden.

Fehlermöglichkeiten

Die Meinungen über die Darstellbarkeit der normalen Nebennieren des Erwachsenen sind unterschiedlich. Yeh (1980) gibt an, die normale rechte Nebenniere in 78% und die linke in 44% der Untersuchungen nachweisen zu können. Andere Autoren meinen, daß dies nur ganz selten gelingt. Auf jeden Fall benötigt der Untersucher große Erfahrung und muß mit einem hohen Zeitaufwand für die Untersuchung rechnen. Mit Hilfe der Computertomographie ist die Darstellung der normalen Nebenniere vergleichsweise häufiger, eindeutiger und schneller möglich.
Bei der Suche nach der normalen Nebenniere ist v.a. an eine Verwechslung mit dem anliegenden Zwerchfellschenkel zu denken, ebenso auch mit Anteilen der Leber (rechte Nebenniere) oder Anteilen des Pankreas bzw. der Milz (linke Nebenniere). Auch die Möglichkeit einer Nebenmilz muß erwogen werden. Irreführend kann ebenso eine lobulierte Milz sein. Als Leitfaden für die topographische Zuordnung kann benutzt werden, daß ein ventral der V. cava oder ventral der V. lienalis gelegener Prozeß nicht der rechten bzw. linken Nebenniere zugeordnet werden darf. In der Regel imprimiert eine vergrößerte rechte Nebenniere die V. cava inferior von dorsal her (Abb. 5.86). Die normale Nebennie-

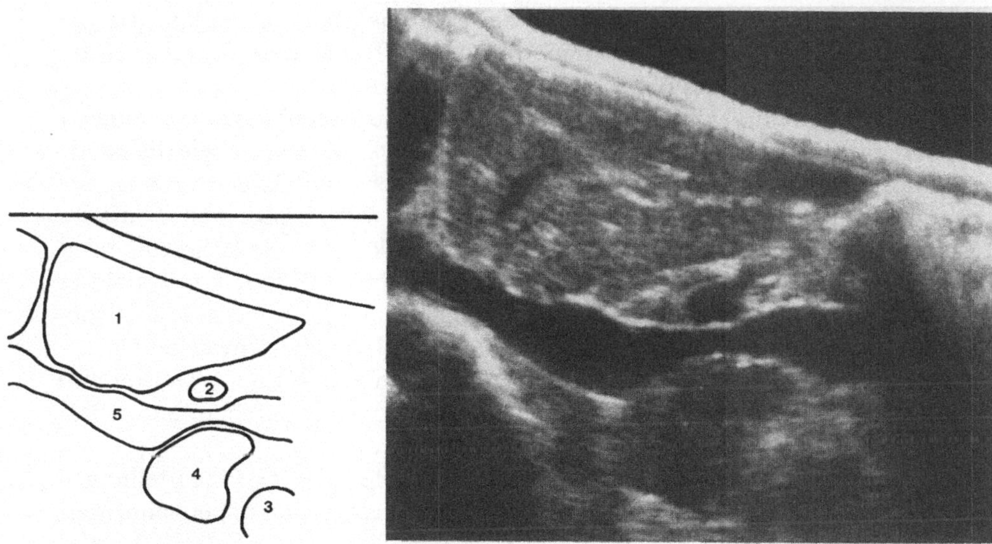

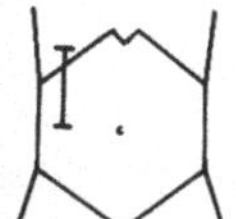

Abb. 5.86. Echographischer Längsschnitt entlang der V. cava. Die rechte Nebenniere ist durch metastatischen Befall deutlich vergrößert und wölbt sich in das Lumen der V. cava vor.
1 Leber; *2* V. portae; *3* Niere; *4* Nebenniere; *5* V. cava

re erscheint im Schallbild niemals rund. Ein runder Prozeß spricht immer für eine Raumforderung. In der Routinediangostik sind raumfordernde Prozesse erst ab einer Größe von 2-3 cm Durchmesser erkennbar.
Es ist noch darauf hinzuweisen, daß der Abstand zwischen Nebenniere und oberem Nierenpol bei kongenitaler Ptose der Niere und bei Schrumpfnieren vergrößert ist.

Literatur

Oppenheimer DA, Carroll BA, Yousem S (1983) Sonography of the normal neonatal adrenal gland. Radiology 146: 157

Rosenberg ER, Bowie JD, Andreotti RF, Fields SI (1982) Sonographic evaluation of fetal adrenal glands. AJR 139: 1145

Sample WF (1977) A new technic for the evaluation of the adrenal gland with grayscale ultrasonography. Radiology 124: 463

Yeh HC (1980) Sonography of the adrenal glands: normal glands and small masses AJR 135: 1167

5.11 Gefäße

5.11.1 Topographisch-anatomische Vorbemerkungen

Die Aorta wird nach ihrem Durchtritt durch den Hiatus aorticus des Zwerchfells etwa in Höhe von Th 12 als Aorta abdominalis (Bauchschlagader) bezeichnet. Entsprechend der vorderen Kante der Lendenwirbelsäule verläuft sie gestreckt etwas links der Mittellinie nach vorn und teilt sich in der Regel in Höhe von L 4 knapp kaudal des Nabels.
Nach ihrem Durchtritt durch das Zwerchfell gibt sie häufig noch die schmalen Aa. phrenicae abdominalis nach kranial ab. Diese werden ebenso wie die paarigen Aa. lumbales als parietale Äste bezeichnet. Der erste viszerale Ast ist der kräftige Truncus coeliacus, der sich bereits nach 1-2 cm Länge weiter aufteilt. Regulär gibt er die A. gastrica sinistra nach links kranial, die A. lienalis nach links und die A. hepatica communis nach rechts ab. Letztere teilt sich bald in die nach kaudal ziehende A. gastroduodenalis und die nach rechts kranial ziehende A. hepatica propria. Aus letzterer stammt die kaliberschwächere A. gastrica dextra. Die A. hepatica propria teilt sich dann in den Ramus sinister und den zwischen der V. portae und dem Ductus choledochus durchlaufenden Ramus dexter.
Im Bereich des Truncus coeliacus und der nachfolgenden Gefäßaufteilungen gibt es relativ häufig Variationen, von denen die wichtigsten kurz erwähnt werden sollen:
Die Aufteilung des Truncus coeliacus in eine A. gastrica sinistra und eine A. hepatolienalis; in eine A. lienalis und eine A. hepatogastrica; sowie der gemeinsame Ursprung des Truncus coeliacus und der A. mesenterica superior.

Nicht selten finden sich auch Variationen der arteriellen Gefäßversorgung der Leber, wobei insbesondere der Abgang eines Ramus accessorius dexter aus der A. mesenterica superior zu erwähnen ist, da er insofern eine praktische Bedeutung für den Ultraschall hat, als dann das arterielle Gefäß nicht als Landmarke zwischen Ductus hepaticus und V. portae verläuft, sondern hinter der V. portae.

Normalerweise entspringt dann die A. mesenterica superior als ebenfalls unpaares und relativ starkes Gefäß 1-3 cm kaudal des Truncus coeliacus in einem nach unten mehr oder weniger spitzen Winkel von der linken Vorderfläche der Aorta, verläuft bald parallel zur Aorta in der Radix mesenterii und teilt sich in zahlreiche, den Dünndarm und Teile des Dickdarms versorgende Äste auf, die auch mit Ästen der A. mesenterica inferior anastomosieren. Zuvor gibt sie kurz nach ihrem Abgang an der konkaven Seite die A. pancreaticoduodenalis inferior ab.

Die vergleichsweise schwächere A. mesenterica inferior entspringt etwa in Höhe des Unterrandes von L 3 und zieht nach links zur Versorgung der distalen Dickdarmabschnitte.

Als paarige Äste entspringen von der Aorta unterhalb der A. mesenterica superior die vergleichsweise schwächeren Aa. suprarenales sowie 1-2 cm kaudal die stärkeren Aa. renales. Dabei zieht die A. renalis dextra hinter der V. cava inferior durch. Knapp kaudal davon entspringen die dünnen langen Aa. testiculares bzw. ovaricae.

Auch in der Versorgung der Nebennieren und Nieren gibt es zahlreiche Gefäßvariationen, insbesondere akzessorische Nierenarterien.

In Höhe des 4. LWK teilt sich die Aorta in die beiden Aa. iliacae communes, die sich nach 4-6 cm ihrerseits in die Aa. iliacae externae und Aa. iliacae internae verzweigen. Erstere ziehen entlang des medialen Randes des M. psoas lateral- und kaudalwärts, mit den Vv. iliacae externae an ihrer medialen und dorsalen Seite, und treten unter dem Lig. inguinale durch die Lacuna vasorum als Aa. femorales in den Oberschenkelbereich.

Aus dem Zusammenfluß der beiden Vv. iliacae communes knapp rechts der Aorta bzw. dorsal der rechten A. iliaca communis entsteht die V. cava inferior, die rechts der Aorta und dementsprechend an der rechten Vorderfläche der Lendenwirbelsäule nach kranial verläuft. Sie nimmt in gleicher Weise parietale Äste (V. iliaca communis, Vv. lumbales, V. sacralis media) und viszerale Äste auf. Die rechte V. spermatica bzw. ovarica mündet gewöhnlich direkt in die V. cava inferior, das entsprechende linksseitige Gefäß häufig zunächst in die V. renalis ein.

Beide Vv. renales ziehen als relativ kräftige Gefäße ventral der Aa. renales zur V. cava inferior, wobei die linke normalerweise ventral über die Aorta zieht.

Die Vv. suprarenales münden rechts gewöhnlich direkt, links öfter auch über die Nierenvene in die V. cava ein. Die V. cava verläuft dann eng an der Dorsalfläche der Leber, wobei die kaliberstarken Lebervenen direkt unterhalb des Zwerchfells schräg in die V. cava einmünden. Die V. cava entfernt sich in ihrem Verlauf immer weiter von der Aorta und tritt im Foramen venae cava durch das Zwerchfell unmittelbar in den Herzbeutel und den rechten Vorhof.

Die Lymphgefäße der unteren Extremitäten sowie der Organe des kleinen Beckens verlaufen meist zusammen mit den entsprechenden Blutgefäßen nach kranial und verbinden sich mit dem sog. Beckengeflecht in der Umgebung der Vasa iliaca interna in 10–12 Lymphknoten. Vor der Lendenwirbelsäule mit enger Beziehung zur Aorta bzw. V. cava inferior liegt dann das mächtige Lendengeflecht mit 20–30 meist relativ großen Lymphknoten. Aus den beiden symmetrischen Stämmen dieses Geflechts (Truncus lumbalis dexter und sinister) sowie dem unpaarigen Truncus intestinalis entsteht der Ductus thoracicus mit der Cisterna chyli, die rechts der Aorta in Höhe von L 1 und teilweise noch Th 12 gelegen ist.

5.11.2 Untersuchungstechnik

Geräte

Abdomineller Scanner mit einem Frequenzbereich von 2,5 bis 3,5 MHz.

Vorbereitung

Untersuchung gewöhnlich bei nüchternen Patienten. Eine Vorbehandlung gegen Meteorismus ist in gleicher Weise wie beim Pankreas in manchen Fällen notwendig.

Lagerung

Die Untersuchung erfolgt am auf dem Rücken liegenden Patienten, wobei sich oft bessere Ergebnisse durch Druck mit dem Transducer oder in Exspiration erzielen lassen.

Schnittebenen

Längsschnitt zur Darstellung von Aorta und V. cava sowie, seitlich der Wirbelsäule, des M. psoas. Ergänzende Querschnittuntersuchung von kranial aus dem retrohepatischen Raum in die Region der Bifurkation. Entsprechend dem Verlauf der Iliakalgefäße dann diagonale Schnittebene zwischen Bifurkation und Leistenband.

5.11.3 Echographische Anatomie

Als Orientierungshilfen dienen in erster Linie die Wirbelsäule, die Aorta sowie beide Mm. psoas, während die V. cava wegen ihrer in Abhängigkeit von der Atmung oft geringen Füllung schwieriger zu identifizieren ist. Aorta und V. cava sind abgesehen von ihrer natürlich definierte Lage auch an der unterschiedlichen Pulsation leicht zu unterscheiden: Die Aorta zeigt eine ruckartige, wenig ausgeprägte Pulsation (Druckpuls). Die V. cava zeigt v. a. in Abhängigkeit von der Atmung deutliche Kaliberschwankungen (Kapazitätsgefäß) (Abb. 5.87).

Regelmäßig sind folgende aus der Aorta abdominalis abgehenden Gefäße darstellbar (Abb. 5.88–5.98):

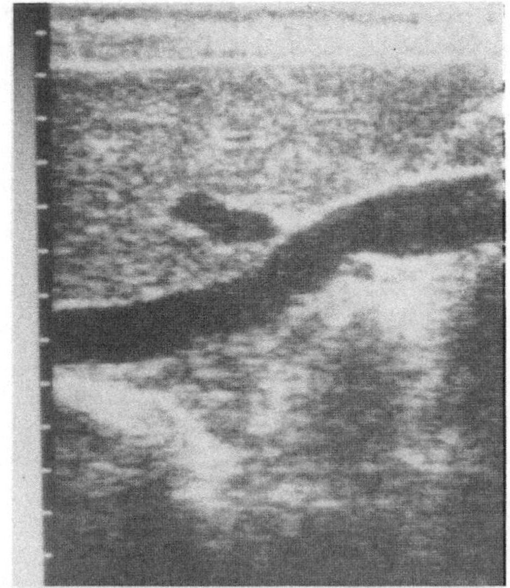

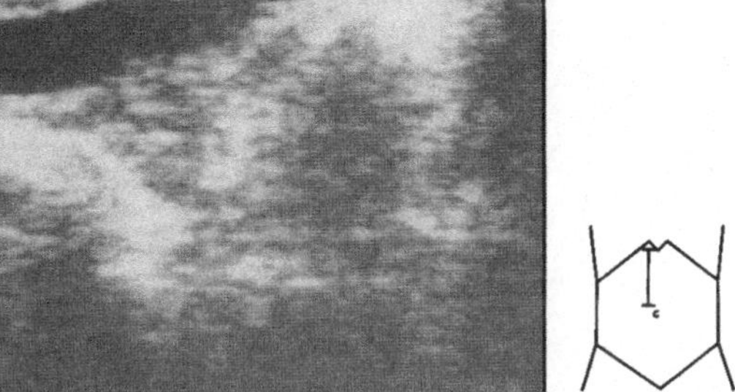

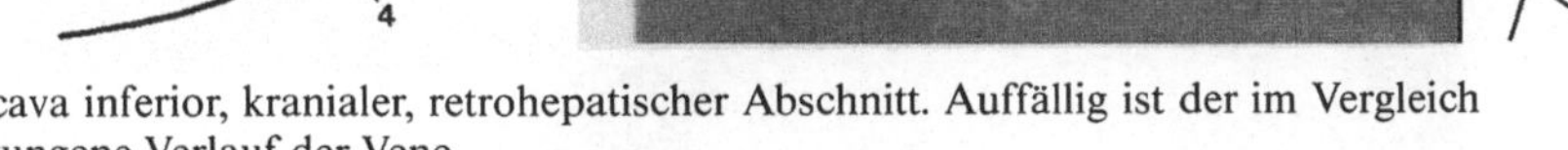

Abb. 5.87. Vena cava inferior, kranialer, retrohepatischer Abschnitt. Auffällig ist der im Vergleich zur Aorta geschwungene Verlauf der Vene.
1 Bauchdecke; *2* Leber; *3* V. cava inferior; *4* A. renalis dextra; *5* V. portae

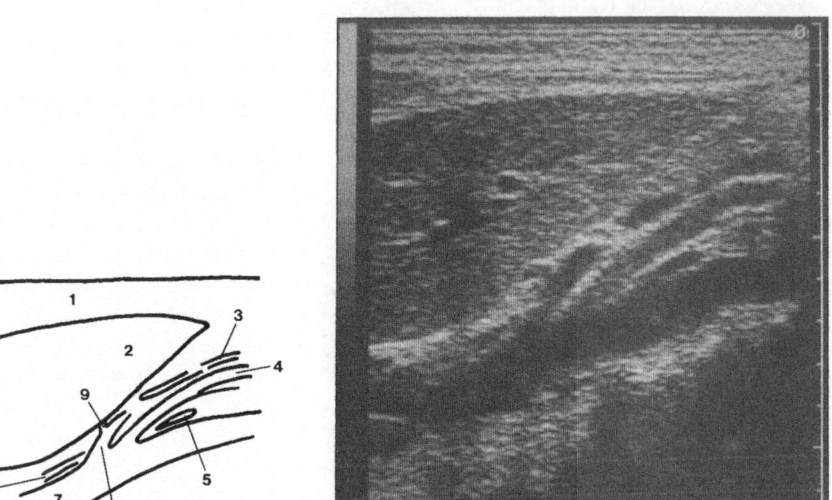

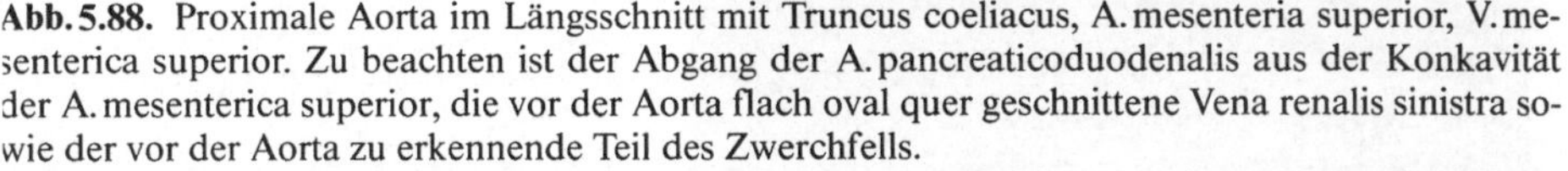

Abb. 5.88. Proximale Aorta im Längsschnitt mit Truncus coeliacus, A. mesenteria superior, V. mesenterica superior. Zu beachten ist der Abgang der A. pancreaticoduodenalis aus der Konkavität der A. mesenterica superior, die vor der Aorta flach oval quer geschnittene Vena renalis sinistra sowie der vor der Aorta zu erkennende Teil des Zwerchfells.
1 Bauchdecke; *2* Leber; *3* V. mesenterica superior; *4* A. mesenterica superior; *5* V. renalis sinistra; *6* Truncus coeliacus; *7* Aorta; *8* Zwerchfell; *9* A. gastrica sinistra

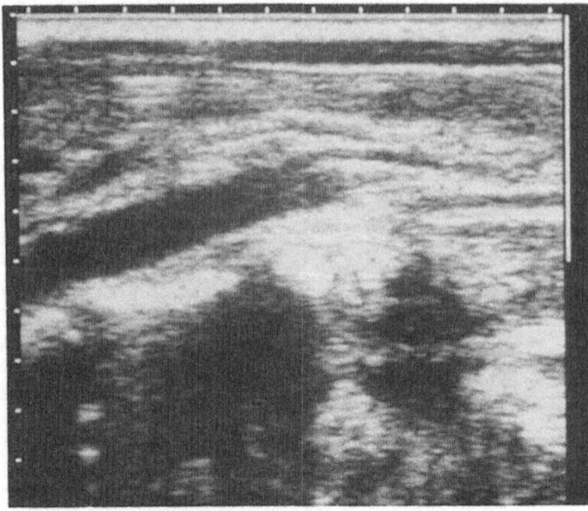

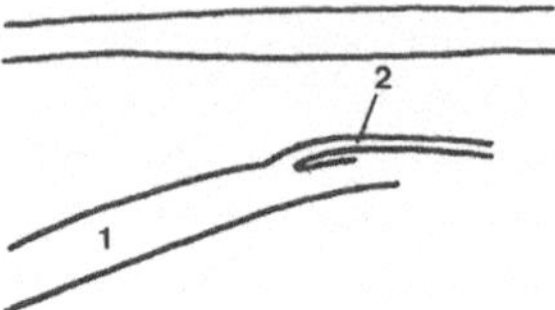

Abb. 5.89. Distale Aorta mit Darstellung der A. mesenterica inferior. Kaudal des Gefäßabgangs weicht die Aorta aus der Bildebene ab.
1 Aorta; *2* A. mesenterica inferior

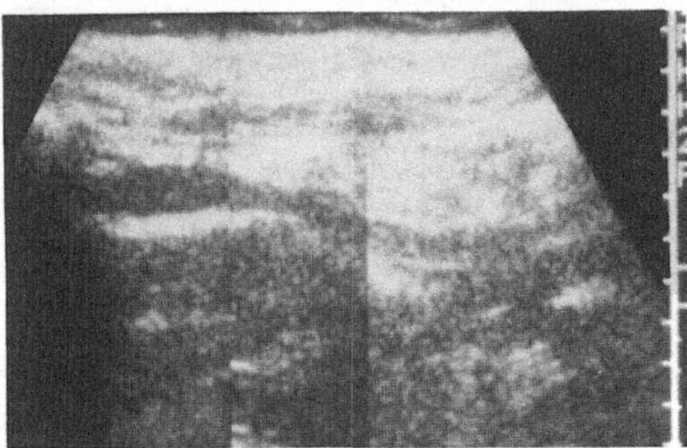

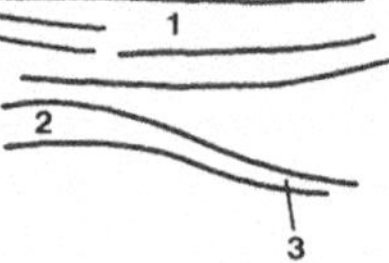

Abb. 5.90. Übergang der Aorta in die linke A. iliaca communis. In diesem Längsschnitt ist der Übergang nur an dem Kalibersprung zu erkennen.
1 Bauchdecke; *2* Aorta; *3* A. iliaca communis

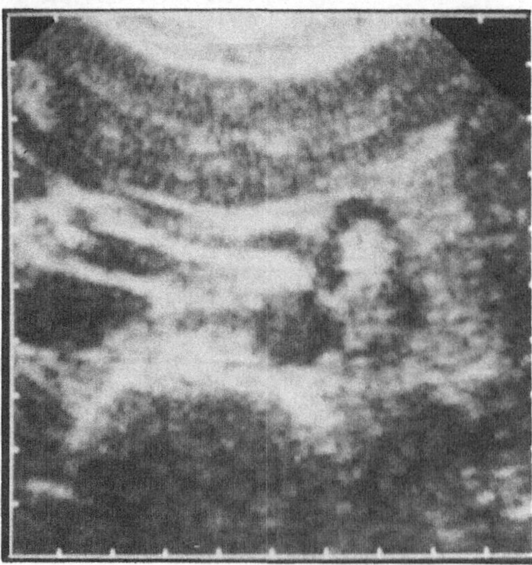

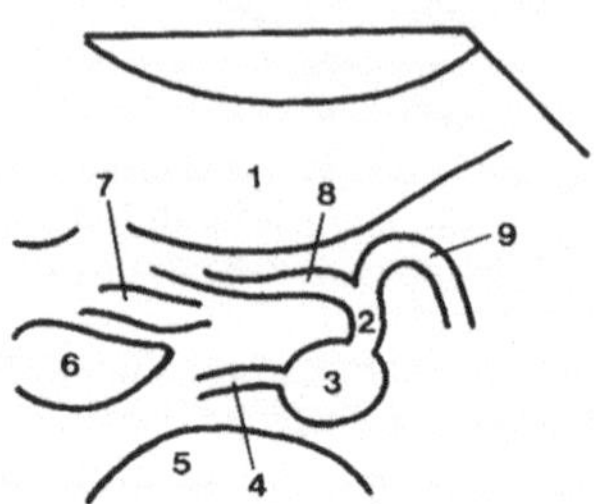

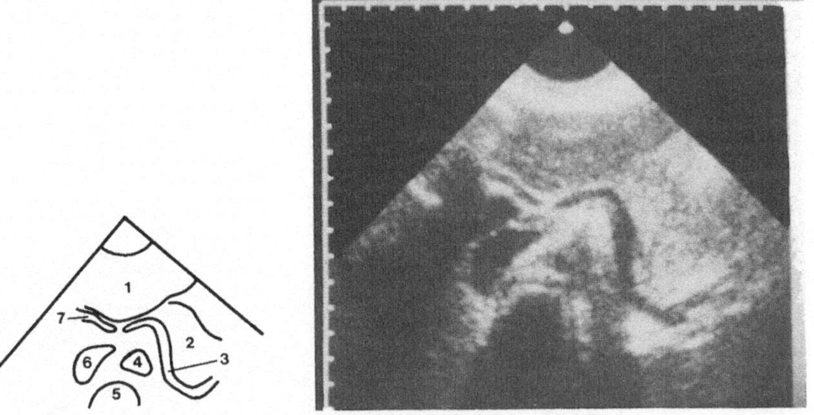

Abb. 5.92. A. lienalis und A. hepatica propria im weiteren Verlauf.
1 Leber; *2* Pankreas; *3* A. lienalis; *4* Aorta; *5* Wirbelsäule; *6* V. cava; *7* A. hepatica propria

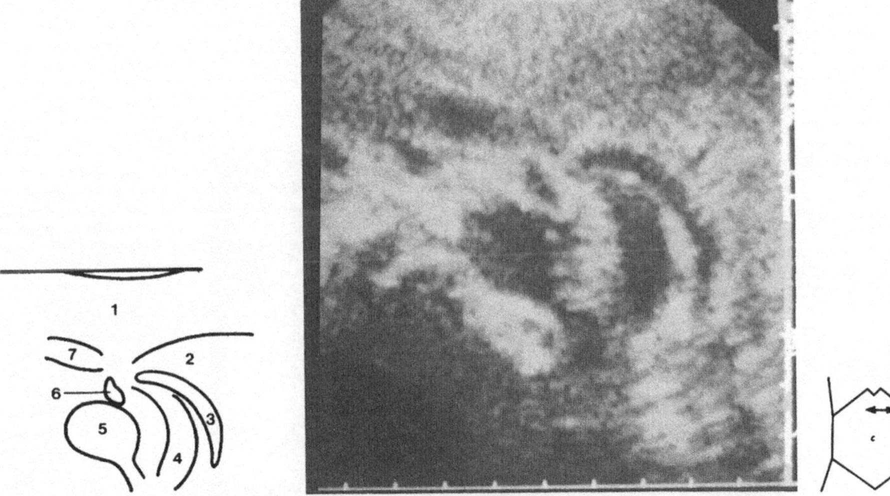

Abb. 5.93. A. und V. lienalis sind in einem Schrägschnitt zusammen dargestellt.
1 Leber; *2* Pankreas; *3* A. lienalis; *4* V. lienalis; *5* Aorta; *6* A. mesenterica superior; *7* V. portae

Abb. 5.91. Truncus coelicus mit erster Aufzweigung in A. lienalis und A. hepatica propria.
1 Leber; *2* Truncus coeliacus; *3* Aorta; *4* A. renalis; *5* Wirbelsäule; *6* V. cava; *7* V. portae; *8* A. hepatica communis; *9* A. lienalis

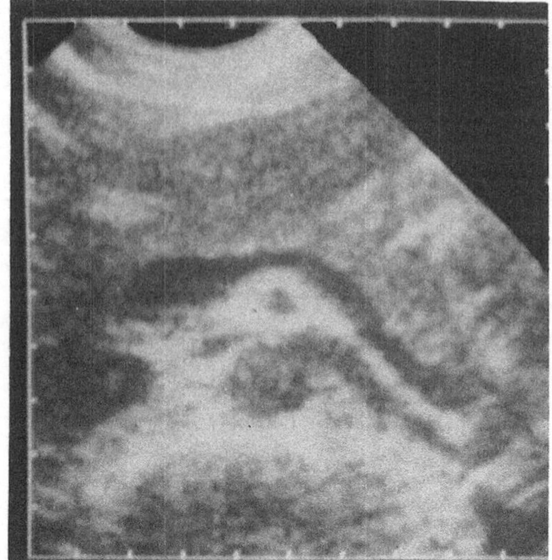

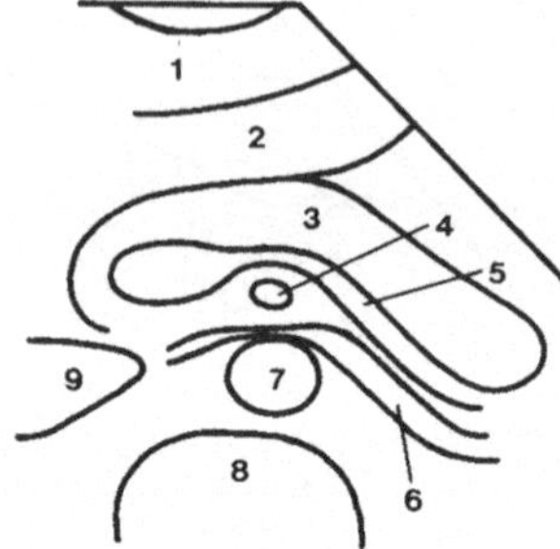

Abb. 5.94. V. lienalis und V. renalis sinistra, dazwischen A. mesenterica superior. Zu beachten ist der Kalibersprung der V. renalis, die anscheinend durch die Aorta flach komprimiert wird (vgl. Abb. 5.88).
1 Bauchdecke; *2* Leber; *3* Pankreas; *4* A. mesenterica superior; *5* V. lienalis; *6* V. renalis; *7* Aorta; *8* Wirbelsäule; *9* V. cava

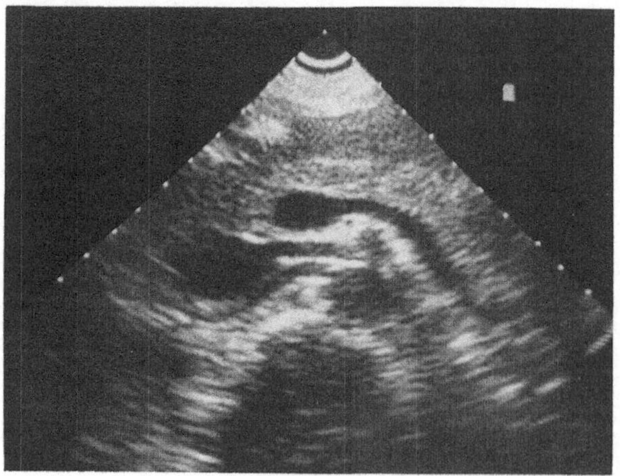

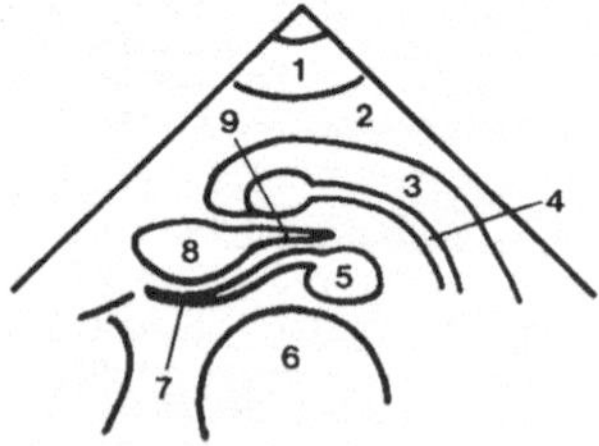

Abb. 5.95. Abgang der rechten Nierenarterie aus der Aorta, davor Abschnitt der linken Nierenvene.
1 Bauchdecke; *2* Leber; *3* Pankreas; *4* V. lienalis; *5* Aorta; *6* Wirbelsäule; *7* A. renalis; *8* V. cava; *9* V. renalis

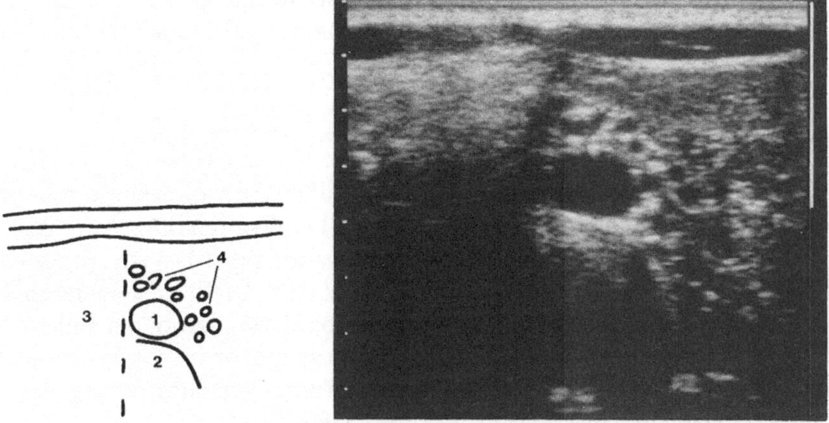

Abb. 5.96. Aorta abdominalis knapp oberhalb des Abgangs der A. mesenterica inferior. Vor und seitlich der Aorta sind zahlreiche Querschnitte der Verzweigungen der A. mesenterica superior und der entsprechenden Venen zu erkennen. Die V. cava inferior ist von Darmgas verdeckt.
1 Aorta; *2* Wirbelsäule; *3* Schallschatten; *4* Verzweigungen der A. mesenterica superior

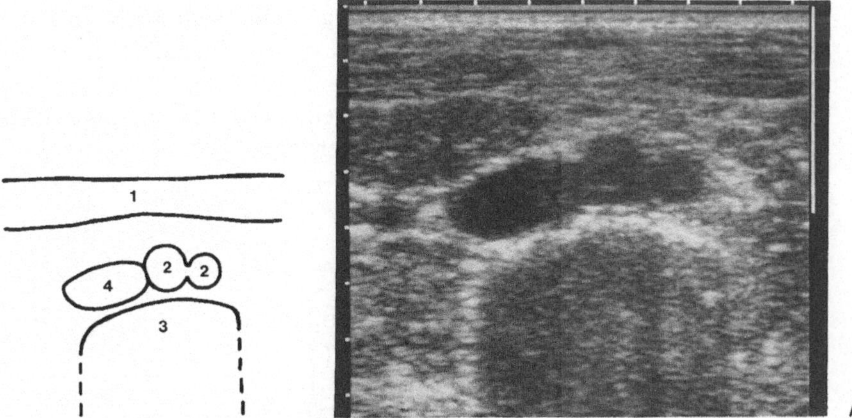

Abb. 5.97. Querschnitt unmittelbar in Höhe der Aortenbifurkation, wobei bereits 2 Gefäßlumina erkennbar sind, während die V. cava noch nicht geteilt ist.
1 Bauchdecke; *2* Aa. iliacae; *3* Wirbelsäule; *4* V. cava

Truncus coeliacus mit mindestens erster Aufzweigung,

- A. mesenterica superior evtl. mit Abgang der A. pancreaticoduodenalis inferior,
- Aa. renales,
- Aa. mesenterica inferior,
- Aa. iliacae

Von den in die V. cava einmündenden Gefäßen sind am weitesten kranial direkt unterhalb des Zwerchfells regelmäßig die Lebervenen darzustellen.

In der Projektion auf die vordere Bauchwand, meist 1-3 cm weiter kaudal finden sich dann die vom Nierenhilus zur V. cava leicht ansteigenden Nierenvenen. Bemerkenswert ist dabei eine scheinbare Verengung der linken Nierenvene vor der Aorta im Querschnittsbild, die sich aber im Längsschnitt als Kompression mit Vergrößerung des vertikalen und Verschmälerung des sagittalen Durchmessers erweist (s. Abb. 5.88 und 5.94).

Beide Vv. iliacae vereinigen sich gewöhnlich hinter der rechten A. iliaca zur V. cava. In ihrem Verlauf zwischen Bifurkation und Leistenband liegen die Aa. iliacae communes bzw. externae gewöhnlich etwas weiter ventral und lateral als die entsprechenden Venen. Die Venen sind im Kaliber etwas stärker und verlaufen mehr bogenförmig (Abb. 5.98).

Die mittelkalibrigen Arterien und mittelkalibrigen Venen sind in aller Regel nicht nur aufgrund ihrer anatomischen Lage und ihres Verlaufs, sondern auch aufgrund der Tatsache zu unterscheiden, daß die Venen fast echofrei erscheinen, während die Arterien deutliche Binnenechos aufweisen und somit mehr „grau" wirken. Je nach Geräteeinstellung finden sich auch in den Venen oft Echos, besonders in den Bereichen, in denen Turbulenzen zu beobachten sind.

Die normal großen Lymphknoten der retroperitonealen Region können mit den heutigen Geräten nicht dargestellt werden.

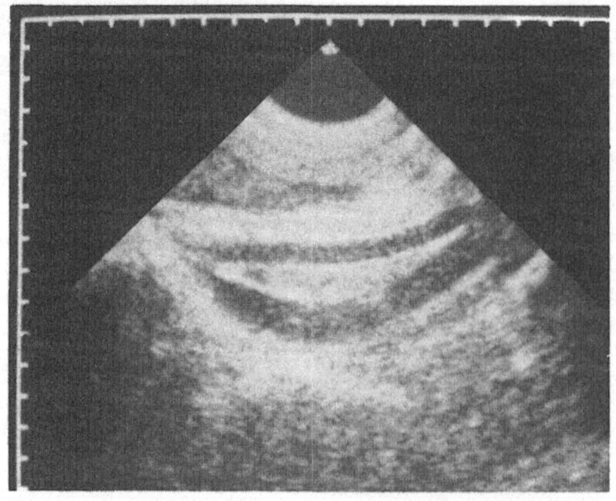

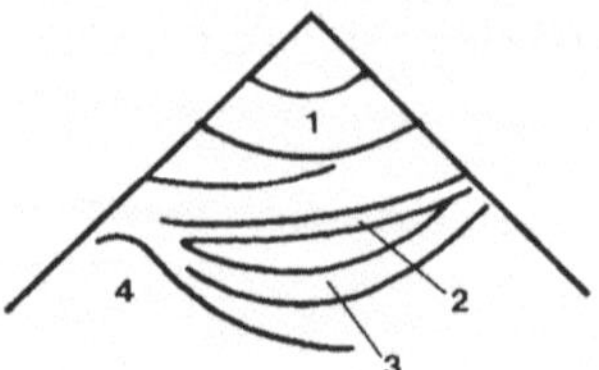

Abb. 5.98. Arteria und Vena iliaca communis bzw. externa sinistra.
1 Bauchdecke; *2* A. iliaca; *3* V. iliaca; *4* Wirbelsäule

Varianten

Variationen der Gefäßaufteilungen und -verläufe im Bereich der genannten Gefäßsysteme sind nicht selten. Erwähnenswert sind insbesondere die Variationen der Aufteilung des Truncus coeliacus, wobei die Aufteilung in eine stärkere A. hepatica communis und A. lienalis sowie eine schwächere A. gastrica sinistra als Regelfall anzusehen sind.

Von praktischer Bedeutung ist der Abgang eines Ramus accessorius dexter aus der A. mesenterica superior. Dieses Gefäß verläuft dann nicht als Landmarke zwischen dem Ductus hepaticus und der V. portae, sondern hinter der V. portae.

Diagnostisch sind noch Variationen im Bereich der Aortenbifurkation problematisch. Insbesondere bei der hohen Bifurkation kann die normal verlaufende V. cava zwischen den beiden Aa. iliacae leicht als pathologischer Lymphknoten angesehen werden. Zur Klärung ist die Kaliberschwankung bei verschiedenen Atemphasen zu beachten.

6 Kleines Becken

6.1 Harnblase und Prostata

6.1.1 Topographisch-anatomische Vorbemerkungen

Die Harnblase ist ein mit Schleimhaut ausgekleidetes muskuläres Hohlorgan. Das Harndrang verursachende normale Fassungsvermögen beträgt 300-500 ml. Sie liegt extraperitoneal hinter der Symphyse, und lediglich ihre kranialen Anteile sind vom Peritoneum überzogen. Im gefüllten Zustand steigt die Harnblase, das Peritoneum vor sich herschiebend, über die Symphyse, wobei mit dem Spatium praevesicale ein extraperitonealer Zugang zur Blase entsteht, welcher bei verschiedenen diagnostischen und therapeutischen Eingriffen genutzt wird (z. B. ultraschallgezielte Punktion). Von Symphyse und Prostata ist die Blase durch gefäßplexushaltige bindegewebige Formationen abge-

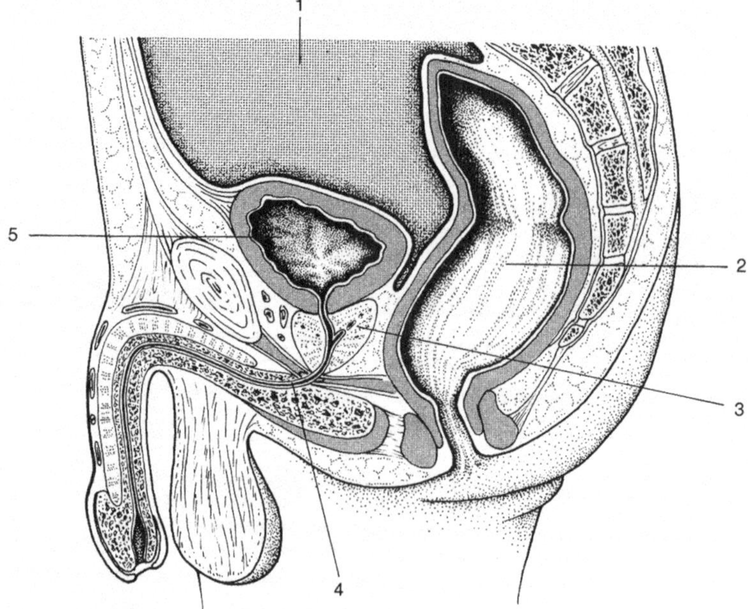

Abb. 6.1. Kleines Becken beim Mann (Längsschnitt).
1 Abdomen; *2* Rektum; *3* Prostata; *4* Harnröhre; *5* Harnblase

grenzt. Die Abgrenzung nach dorsal zum Rektum geschieht durch die bindegewebige Fascia prostatoperitonealis.
Die Prostata liegt zwischen Blase, Diaphragma urogenitale und Rektum. Der Abstand nach ventral zur Symphyse hin beträgt 2-3 cm. Klinisch werden 2 Seitenlappen und ein Mittellappen unterschieden. Das Organ hat eine derb fibröse Kapsel und wird von den beiden Schenkeln des M. levator prostatae zügelartig umfaßt. Zwischen Blasengrund und Prostata ziehen die Samenbläschen nach lateroventral. Ihre Ausführungsgänge vereinigen sich innerhalb der Prostata mit dem Ductus deferens und münden als Ductus ejaculatorius in die Pars prostatica urethrae. Durch das Septum rectovesicale kommt es zu einer engen räumlichen Anlagerung der Samenbläschen an Harnblase und Prostata (Abb. 6.1).

6.1.2 Untersuchungstechnik

Geräte

B-Scan-Gerät zur abdominellen Diagnostik, bevorzugt jedoch mit einer Frequenz von 3,5 MHz. Der *Sektorscanner* bietet gegenüber dem *Linear-array-Scanner* wegen der besseren Darstellbarkeit der retropubisch gelegenen Blase und Prostata deutliche Vorteile; er ist unserer Ansicht nach dem Linear-array-Gerät vorzuziehen. *Rektalscanner* mit 5 MHz ermöglichen eine sehr gute Darstellung von Harnblase und Prostata von dorsal her, wobei die üblichen durch die Lage der Harnblase bedingten Schwierigkeiten, wie sie bei transabdomineller Technik entstehen, entfallen. Die Verwendung von *transurethralen Schallsonden* in Verbindung mit einer zystoskopischen Untersuchung ist Spezialindikationen vorbehalten.

Vorbereitung

Die transabdominelle Untersuchung von Harnblase und Prostata wird grundsätzlich bei gefüllter Blase durchgeführt. Nach oraler Flüssigkeitszufuhr wird abgewartet, bis der Patient Harndrang angibt. Falls erforderlich (z. B. Harninkontinenz, liegender Blasenkatheter) kann unter sterilen Kautelen ca. 200 ml temperierte physiologische Kochsalzlösung mittels Blasenkatheter instilliert werden. Das damit eingegangene Infektionsrisiko sollte jedoch gegen das zu erwartende Untersuchungsresultat abgewogen werden. Während der Untersuchung ist der Blasenkatheter eine nützliche Orientierungshilfe.
Zur Vorbereitung der Untersuchung mittels *Rektalscanner* genügt ein Einlauf oder Einmalklysma. Zusätzlich ist beim Transrektalscanner auf eine absolut luftblasenfreie Wasservorlaufstrecke zu achten.

Lagerung

Zur abdominellen Untersuchung in Rückenlage, zur Untersuchung mittels Rektalscanner in Steinschnittlage. Prostatadarstellung von perineal in Knie-Ellenbogen-Lage.

Schnittebenen

Mit Linear-array-Gerät kontinuierliche Darstellung von Blase und Prostata in Transversalschnittebenen. Aufgrund der Scanfeldgeometrie und der retropubischen Lage von Blase und Prostata ist jedoch eine komplette Darstellung v.a. der kaudalen und anterioren Organanteile nicht immer möglich. Bei Längsschnitten ist der *Sektorscanner* dem Linear-array-Scanner deutlich überlegen und ermöglicht eine weitaus befriedigendere Darstellung von Blase und Prostata. Bei der Darstellung mit dem *Rektalscanner* wird die Schnittebene durch kontinuierliches Vorverlagern und Abwinkeln der Schallsonde im Rektum durch Prostata und Blase geführt. Zur Darstellung der Prostata von perineal wird der Linear-array-Transducer auf dem Damm im Längsschnitt aufgesetzt. Bei entsprechend handlichen Schallköpfen ist mittels Sektorscanner auch eine Darstellung im Querschnitt möglich.

6.1.3 Echographische Anatomie

Im gefüllten Zustand ist die Harnblase im Querschnitt (Abb. 6.2 a) trapezförmig bis elliptisch und im Längsschnitt (Abb. 6.2 b) dreieckig konfiguriert. Das echofreie Lumen grenzt sich dann gut gegen die glatte Blasenwand ab. Die Prostata (Abb. 6.3 a–d) imponiert sonographisch als dreieckiges bis ellipsoides, glatt begrenztes Gebilde mit homogener feiner Echostruktur. Normalerweise gelingt es, die Wand der Pars prostatica urethrae darzustellen. In Parasagittalschnitten sieht man den M. levator prostatae als elongiertes, hinter der Prostata zur Blase hochziehendes Band (Abb. 6.4). Die Samenbläschen (Abb. 6.5 a, b) zeigen sich im Horizontalschnitt als hinter der Harnblase liegende bilateral symmetrische echoarme Strukturen.

Größenmaße

Zur Bestimmung des Blasenvolumens werden verschiedene Verfahren angegeben, die in ihrer Mehrzahl auf der Bestimmung mehrerer Durchmesser in Kombination mit einer mehr oder weniger komplexen Formel beruhen (s. Abb. 6.2 a, b sowie Tabelle 6.1). Genauer, jedoch ungleich aufwendiger sind planimetrische Methoden, die eine Volumenbestimmung mit einer Meßgenauigkeit von ±15–20% ermöglichen (McLean u. Edell 1978). Die Abgrenzung geringgradiger Prostatavergrößerungen gegenüber dem Normalbefund bereitet Schwierigkeiten. Gemessen werden transversaler (3–4 cm), kraniokaudaler (2–3 cm) und anteroposteriorer (2–3 cm) Durchmesser (Nachtegaele et al. 1982). Wird die Prostata als Ellipsoid betrachtet, kann mittels der obengenannten Durchmesser

Tabelle 6.1. Berechnung von Blasenvolumen und Prostatagewicht

Blasenvolumen (ml) = 0,6 · A · B · C (s. Abb. 6.2 a, b)
Prostatagewicht (g) = 0,55 · D1 · D2 · D3 (s. Abb. 6.3 a, b)

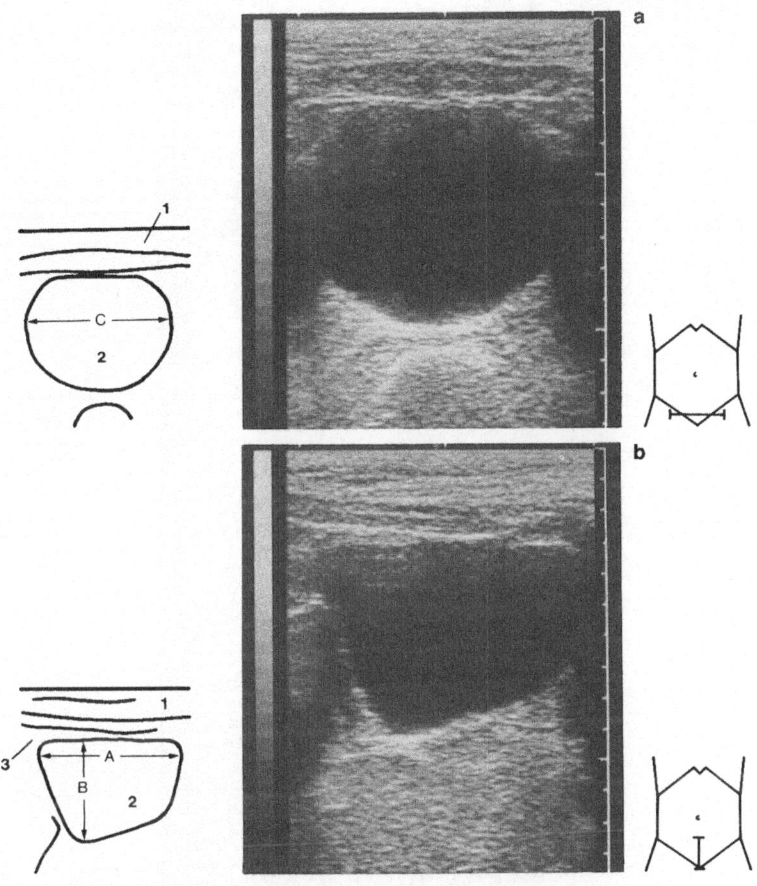

Abb. 6.2. **a** Horizontalschnitt durch die gefüllte Harnblase. **b** Längsschnitt durch die gefüllte Harnblase.
1 Bauchdecke; *2* Harnblase; *3* Symphyse; *A* kraniokaudaler Durchmesser; *B* ventrodorsaler Durchmesser; *C* transversaler Durchmesser

und des spezifischen Gewichts des Gewebes das Prostatagewicht ermittelt werden (Abu-Yousef u. Narayana 1982). Die so erzielten Ergebnisse korrelieren gut mit dem Gewicht von Resektionspräparaten.

Normvarianten

Es existieren eine Vielzahl von entwicklungs- und anlagebedingten Varianten der normalen Blasenform. Sie entziehen sich in der Regel einer speziellen sonographischen Diagnostik. Eine Ausnahme stellt das in der Sagittalebene gelegene komplette oder inkomplette Blasenseptum dar, welches in entsprechenden Longitudinalschnitten zuverlässig als solches erkannt wird (Richman u. Taylor 1982).

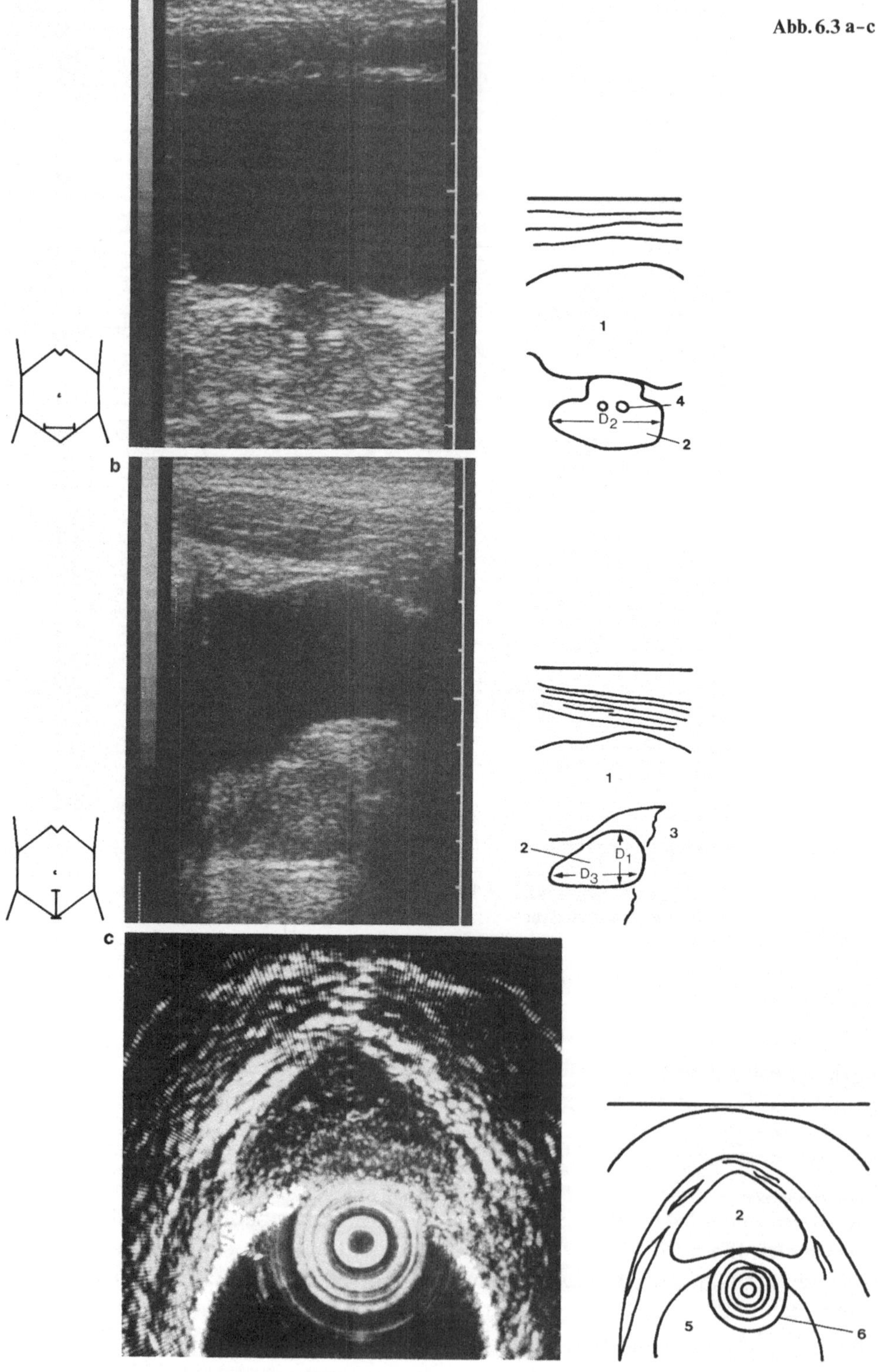

Abb. 6.3 a–c

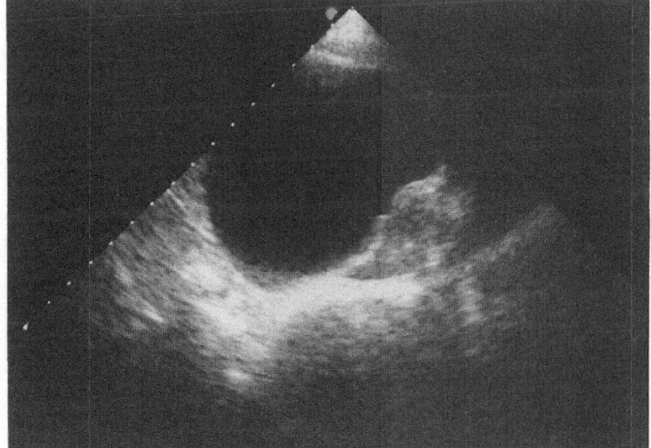

d

1 2 3

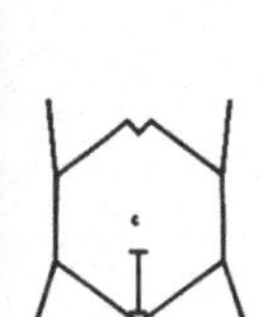

ıbb. 6.3. **a** Horizontalschnitt durch die Prostata. Die gefüllte Blase dient als akustisches Fenster.
Prostata im Längsschnitt.
Prostatadarstellung mittels Rektalscanner. Sehr gute unbehinderte Organabbildung durch -MHz-Transducer.
Darstellung von Blase und Prostata im Längsschnitt durch Sektorscanner. Gute Darstellbarkeit ler retrosymphysären Organanteile durch die Sektorgeometrie des Schallfeldes. 3,5-MHz Sektor-ıhased-array-Transducer
Harnblase; *2* Prostata; *3* Symphysenschatten; *4* periurethrale Drüsen; *5* Rektum; *6* Transducer;)*1* ventrodorsaler Durchmesser; *D2* transversaler Durchmesser; *D3* kraniokaudaler Durchmesser

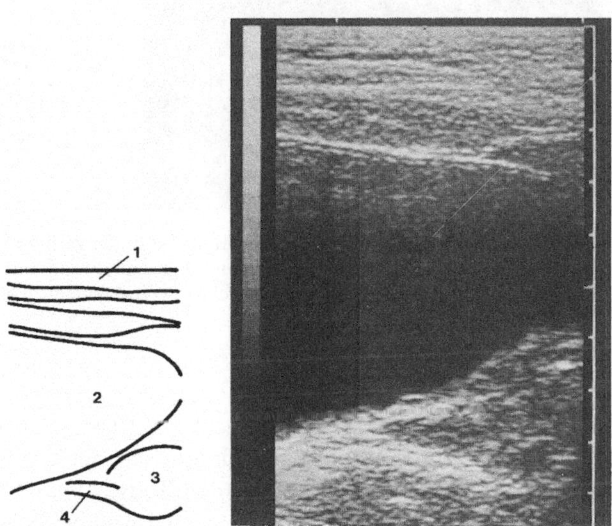

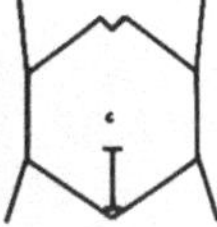

\bb. 6.4. Prostata und M. levator prostatae im Parasagittalschnitt. *1* Bauchdecke; *2* Harnblase; *3* Prostata; *4* M. levator prostatae

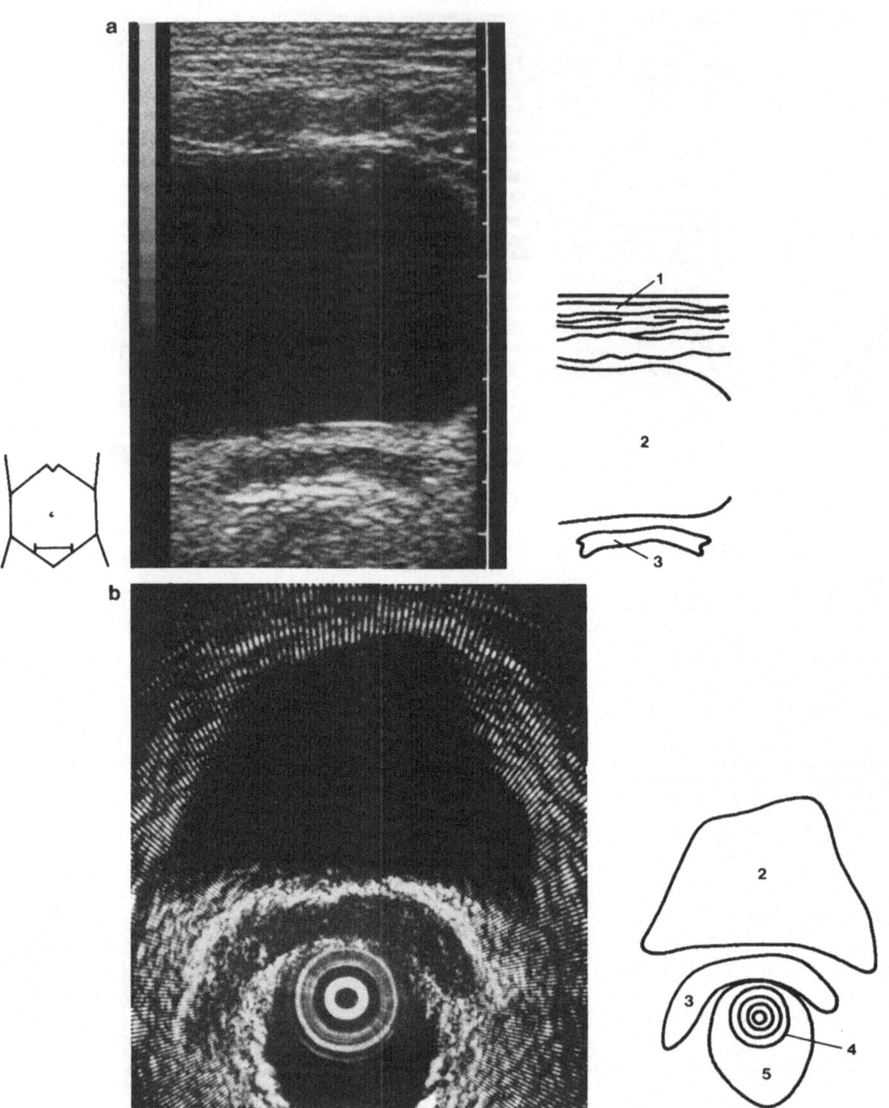

Abb. 6.5. **a** Samenbläschen: Horizontalschnitt durch die gefüllte Harnblase. **b** Samenbläschen und Harnblase: Sehr gute Organabbildung mittels Rektalscanner. *1* Bauchdecke; *2* Harnblase; *3* Samenbläschen; *4* Transducer; *5* Rektum

Fehlermöglichkeiten

Die häufigste Ursache von Fehldiagnosen bei der Beurteilung von Harnblase und Prostata ist ein ungenügender Füllungszustand der Harnblase. Es ist dann immer eine Wiederholung der Untersuchung bei besserem Füllungszustand angezeigt. In Spezialfällen wie Harninkontinenz oder bei liegendem Blasenkatheter kann eine ausreichende Füllung über den Katheter erfolgen. Eine Ovarialzyste entsprechender Größe kann eine gefüllte Harnblase imitieren. Zystenform und eine Untersuchung nach Miktion sichern jedoch die korrekte Diagnose. Stuhlgefülltes Rektum und Prostata bieten bei transabdomineller Untersuchung gelegentlich Anlaß zu Verwechslungen. Es empfiehlt sich dann eine Wiederholung der Untersuchung nach Verabreichung eines Einlaufs bzw. Klysmas.

Literatur

Abu-Yousef MM, Narayana AS (1982) Transabdominal ultrasound in the evaluation of prostate size. J Clin Ultrasound 10: 275-278

McLean GK, Edell SL (1978) Determination of bladder volumes by gray scale ultrasonography. Radiology 128: 181-182

Nachtegaele P, Afschrift M, Vret D, De Sy W, Vardonk G (1982) Transabdominal realtime sonographic sector-scanning of bladder, seminal vesicles and prostate: technique and normal anatomy. Urol Res 10: 259-264

Richman TS, Taylor KJW (1982) Sonographic demonstration of bladder duplication. AJR 139: 604-605

6.2 Gynäkologische Organe

6.2.1 Topographisch-anatomische Vorbemerkungen

Einen Überblick über die topographisch-anatomischen Verhältnisse im kleinen Becken der Frau geben Abb. 6.6 und 6.7.

6.2.2 Untersuchungstechnik

Donald, McVicar und Browns grundlegende Arbeit von 1958 befaßte sich mit der Darstellbarkeit von Unterbauchbefunden. Alle modernen Ultraschallgeräte erlauben heute die Darstellung normaler anatomischer Befunde im kleinen Becken, deren Kenntnis die Voraussetzung jeder Diagnostik ist. Bei voller Blase der Patientin (ca. 1 l Flüssigkeit 1 h vor der Untersuchung getrunken; in seltenen Fällen retrogrades Auffüllen der Blase) als unerläßlicher Vorbedingung, lassen sich Uterus und Ovarien, Beckengefäße und selten auch die Tuben darstellen.

Die Full-bladder-Technik wurde bereits 1963 von Donald angegeben. Ihr Sinn besteht darin, gasenthaltende Darmschlingen nach kranial zu verdrängen und so den Blick in das kleine Becken zu ermöglichen. Außerdem stellt sie eine Wasservorlaufstrecke dar, die für die Mehrzahl der verwandten Prüfköpfe die Abbildung der Zielorgane (Uterus und Adnexe) im günstigsten Fokusbereich erlaubt.

Die übervolle Blase kann jedoch auch die Zielorgane aus dem Fokusbereich herausdrängen und so die Diagnostik erschweren. Im Gegensatz zur gewünsch-

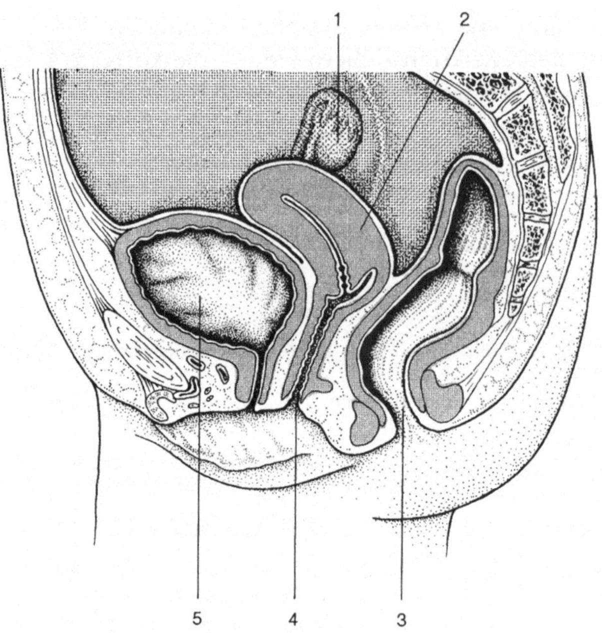

Abb. 6.6. Kleines Becken der Frau.
1 Ovar; *2* Uterus; *3* Rektum; *4* Vagina; *5* Harnblase

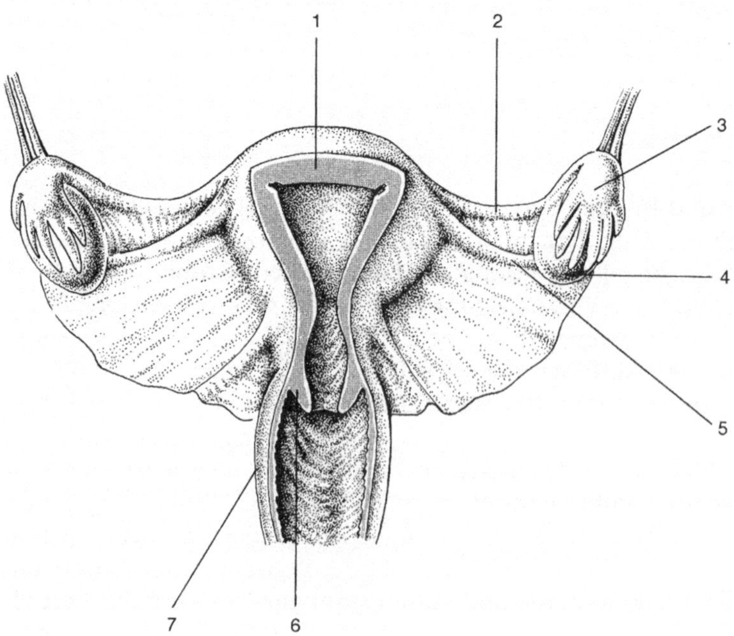

Abb. 6.7. Weibliche Geschlechtsorgane.
1 Corpus uteri; *2* Tuba uterina; *3* Fimbrienende; *4* Ovar; *5* Lig. ovarii proprium; *6* Cervix uteri; *7* Vagina

ten Blasenfüllung sollte der Enddarm möglichst leer sein. Dies gilt insbesondere für die Sigmaschlinge, die die Darstellung der linken Adnexe verhindern kann. Man muß hier die Patientin durch gutes Abführen entsprechend vorbereiten.

Geräte

Früher war der Compoundscanner das Gerät der Wahl, da er neben seiner überlegenen Auflösung und der kaum limitierten Eindringtiefe auch den optimalen Überblick erlaubte. Moderne Real-time-Scanner haben sich auch in diesem Bereich als brauchbar erwiesen. Ihre Abbildungsqualität hat den Stand vieler Compoundscanner erreicht oder übertroffen. Nachteilig ist jedoch die kleine Bildfeldgröße.

Sektorscanner sind in diesem Bereich Linear-array-Scannern vorzuziehen, da sie aufgrund ihrer kleinen Auflagefläche für die Einblicksmöglichkeiten mehr Winkel zulassen.

Transvesicale-vaginale oder -rektale Scan Methoden werden nach noch notwendiger Weiterentwicklung einen Einsatzbereich haben, sind jedoch in der Orientierung schwierig.

Untersuchungsgang

Zur Untersuchung liegt die Patientin normalerweise auf dem Rücken. Begonnen wird mit einem Längsschnitt in der Nabel-Symphysen-Ebene und dann der Schallkopf parallel nach jeder Seite versetzt. Anschließend folgen Querschnitte. Im Längsschnitt wird die Vagina rechts im Bild und der Fundus uteri links dargestellt. Im Querschnitt sind die rechten Adnexe im linken und die linken Adnexe im rechten Bildteil.

6.2.3 Echographische Anatomie

Uterus

Der Uterus liegt als birnenförmiges Hohlorgan zwischen Blase und Rektum. An ihm können sonographisch Fundus uteri, Corpus uteri, Cervix uteri sowie Portio vaginalis unterschieden werden (Abb. 6.8). Korpus- und Funduslänge können gemessen werden und betragen etwa 4–7 cm (Abb. 6.9), die Korpusdicke etwa 2–4 cm (Abb. 6.10). Das Myometrium ist etwa 8–14 mm dick. Die normale Lage besteht in Anteversion-Anteflexion (Abb. 6.8–6.10), jedoch kann auch der retroflektierte Uterus dargestellt werden (Abb. 6.11 a, b). Da bei sehr voller Blase der retroflektierte Uterus weit nach hinten reicht, kann er häufig bei Linear-array-Real-time-Scannern mit einer Eindringtiefe von 14–16 cm nicht vollständig in seinem Fundusbereich dargestellt werden. Daher sind auch hier Sektor- und Compoundscanner von Vorteil.

Anschließend erfolgt immer ein Querschnitt, womit die typische Uterusform häufig zusammen mit den Ovarien dargestellt werden kann (Abb. 6.12). Das Endometrium erscheint als typischer Querstrich. Das Erscheinungsbild des Uterus ist während eines normalen Zyklus unterschiedlich. Vor allem das En-

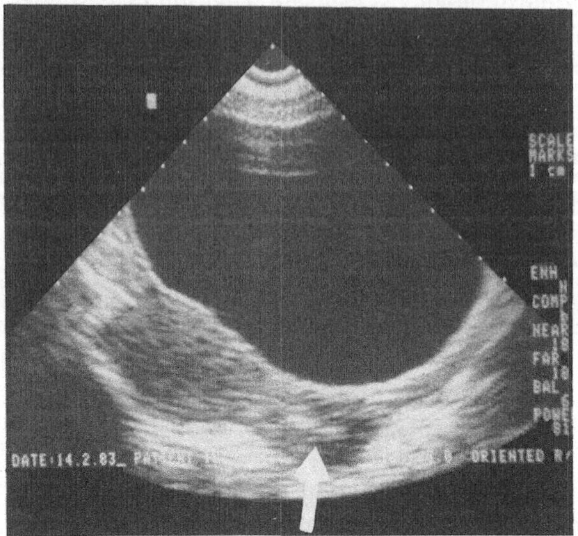

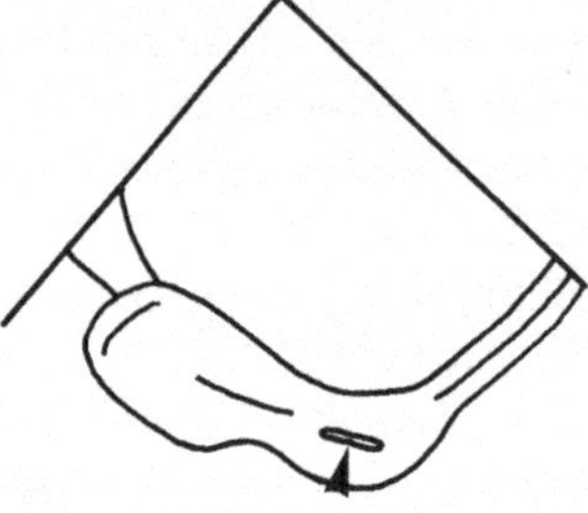

Abb. 6.8. Längsschnitt des Uterus. Der *Pfeil* zeigt die Portio vaginalis

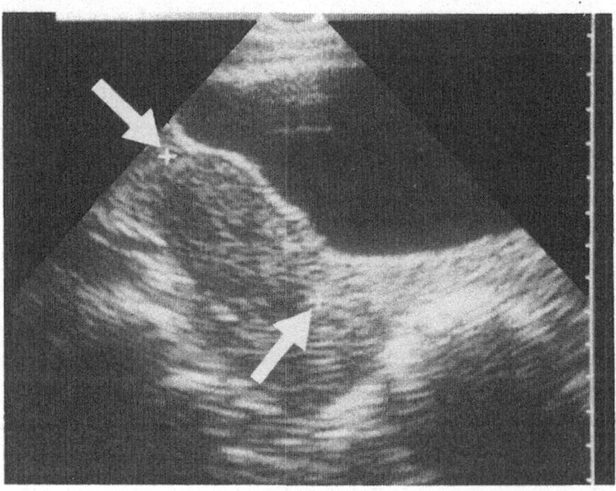

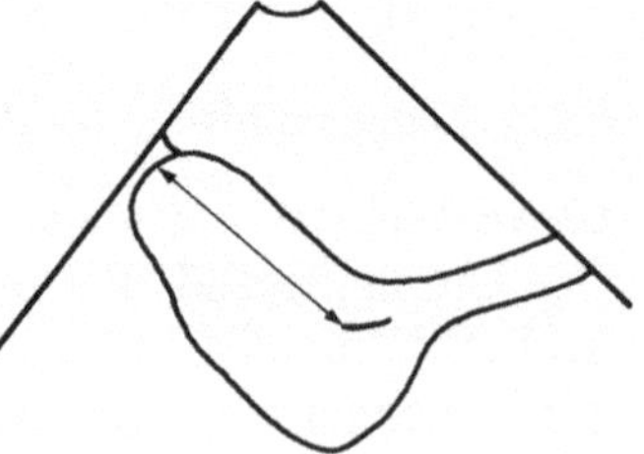

Abb. 6.9. Messung der Uteruslänge bis zum Fundus (6,1 cm ohne Zervix!)

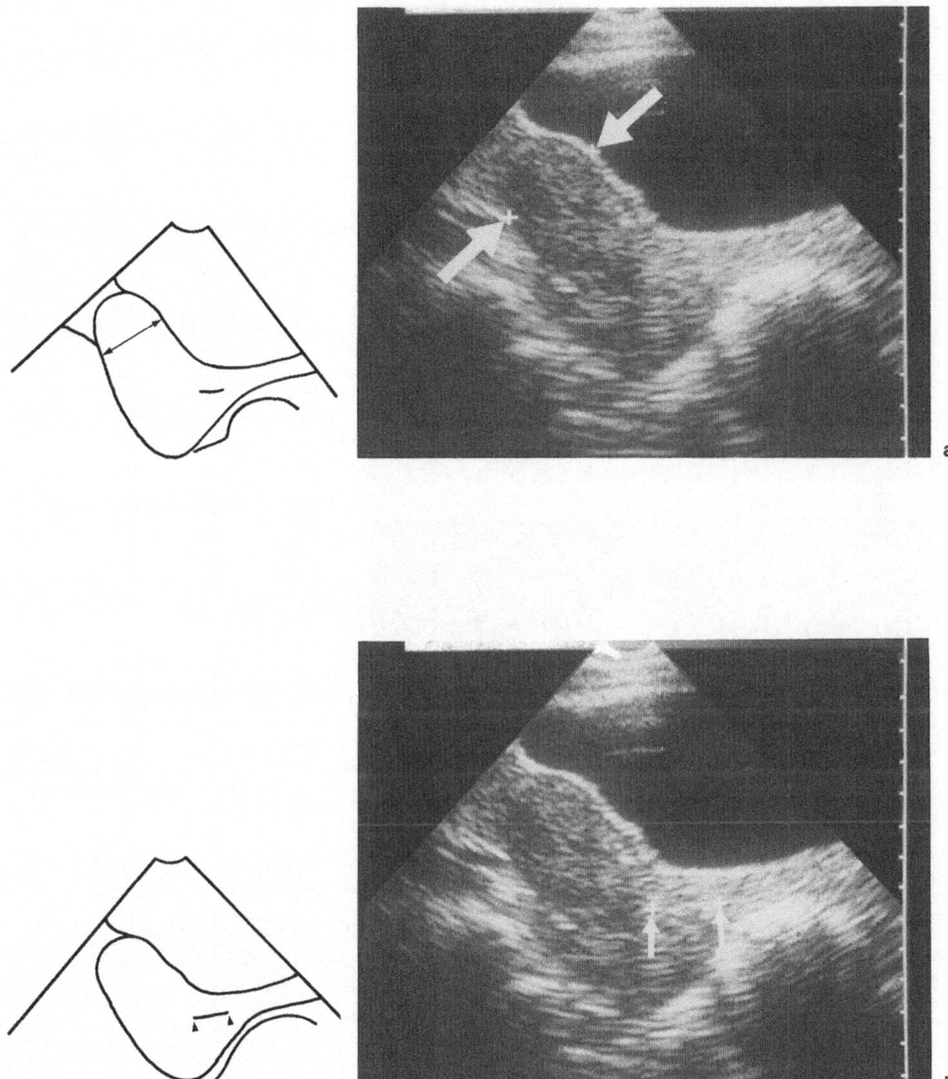

Abb. 6.10. a Breitenmessung des Uterus (3,3 cm). **b** Zervixmessung (2,0 cm)

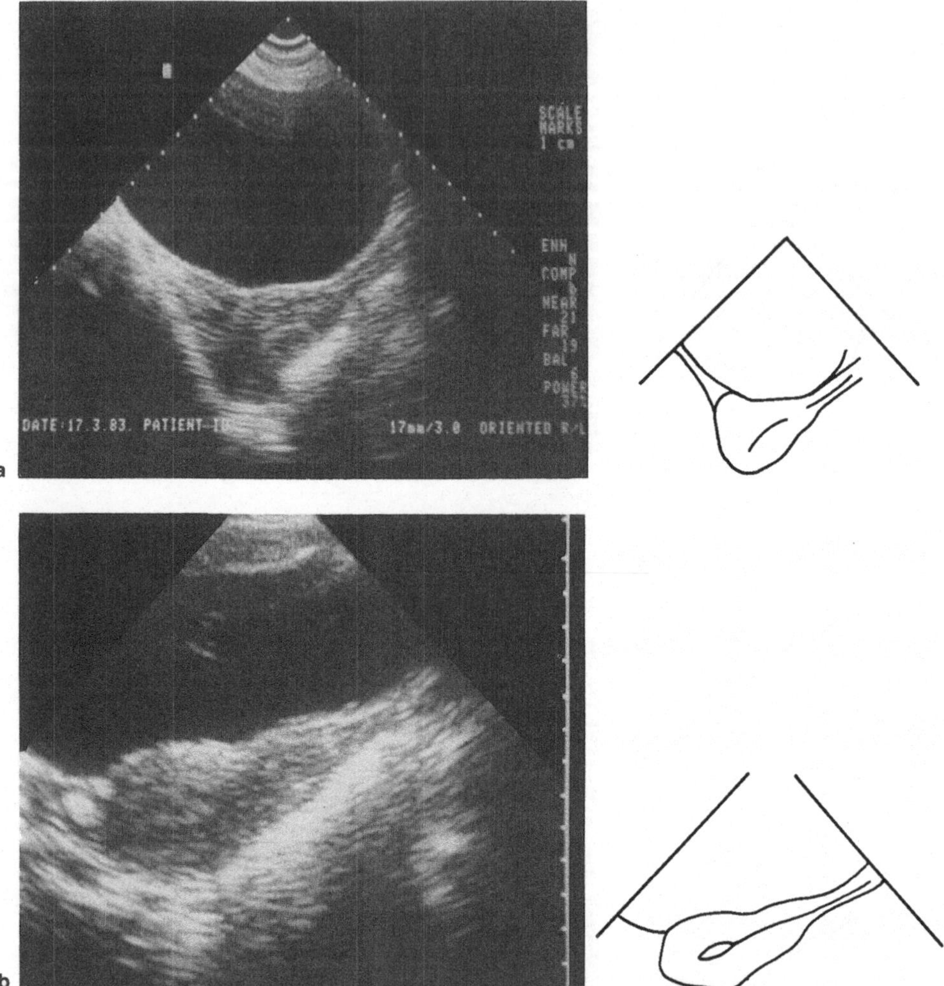

Abb. 6.11. a Retroflexion - Retroversion. **b** Längsschnitt des Uterus in Streckstellung

dometriumecho weist vollkommen unterschiedliche, hormonbedingte physiologische Bilder auf.

Zu Beginn des Zyklus bildet das Endometrium ein dünnes strichförmiges Echo (Abb. 6.13), um sich dann zunehmend zu verbreitern und mit einem kleinen hyporeflektiven Saum zu umgeben (Abb. 6.14). Unmittelbar vor der Ovulation verdickt sich das Endometrium weiter bis zu einer Dicke von bis zu 14 mm, wobei man fast gleichzeitig eine beginnende Flüssigkeitsansammlung hinter dem Uterus und im Douglas-Raum beobachten kann (Abb. 6.15). Dies kann bereits als Zeichen der unmittelbar bevorstehenden oder gerade abgelaufenen Ovulation angesehen werden. Ein nach unserer Erfahrung sicheres Zeichen für eine

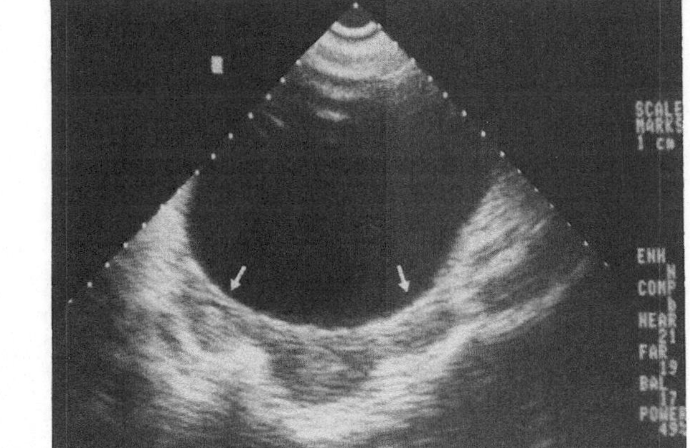

Abb. 6.12. Querschnitt des Uterus mit beiden Ovarien *(Pfeile)*

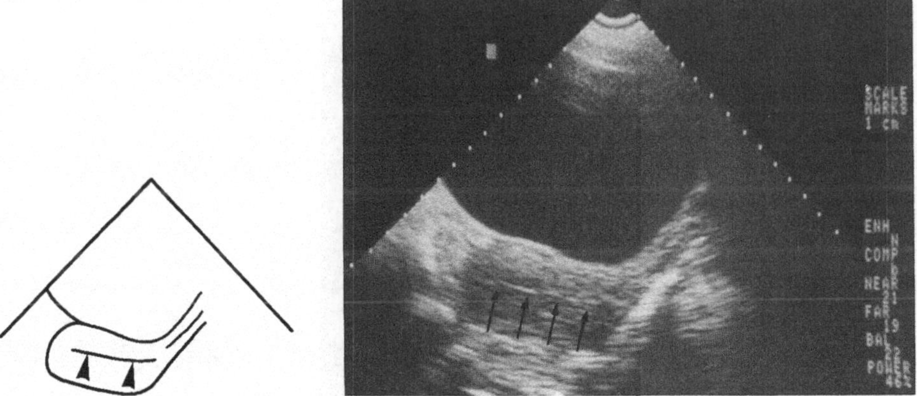

Abb. 6.13. Endometrium der frühen Proliferationsphase *(Pfeile)*

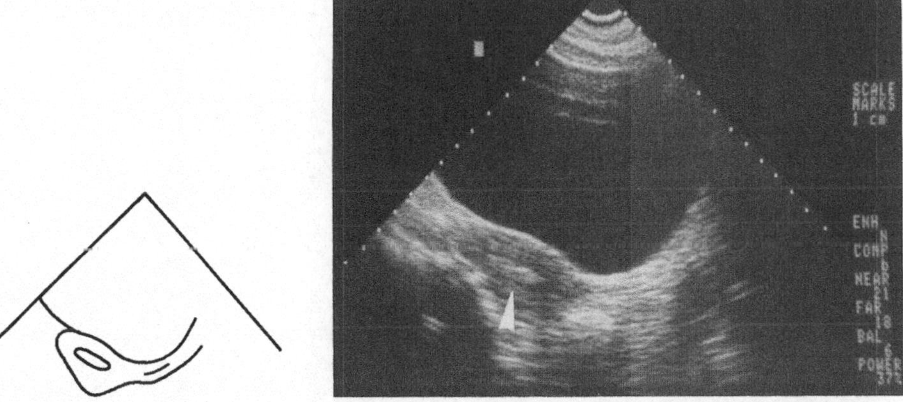

Abb. 6.14. Späte Proliferationsphase mit hyporeflektivem Saum

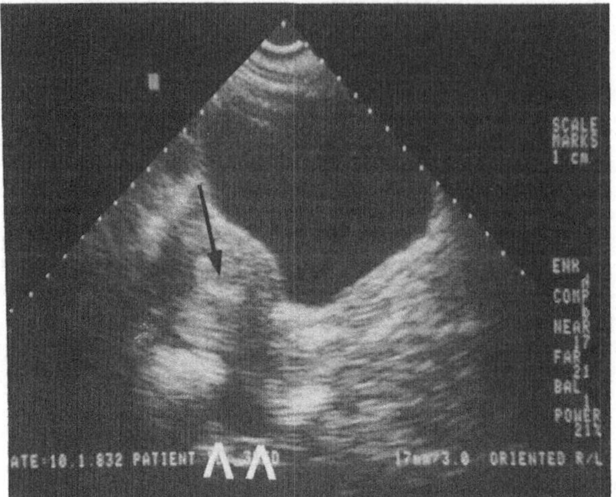

Abb. 6.15. Stark proliferiertes Endometrium sowie Flüssigkeit im Douglas-Raum *(Pfeil)*

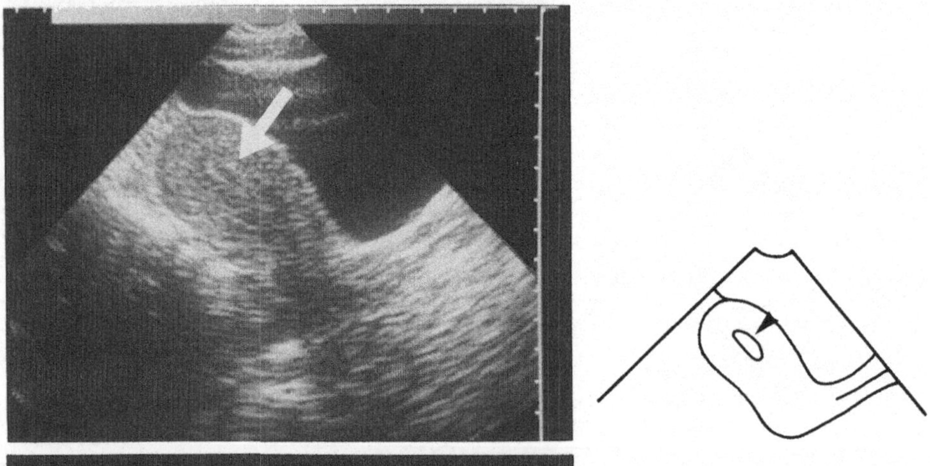

a

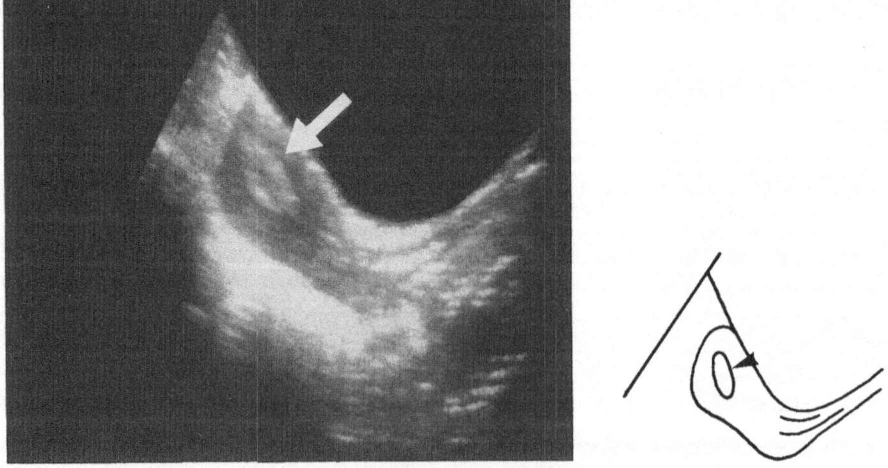

b

Abb. 6.16. a Schlaufenförmige Kavumöffnung, beginnendes Ringzeichen *(Pfeil)* unmittelbar präovulatorisch. **b** Ausgeprägtes Ringzeichen *(Pfeil)* unmittelbar postovulatorisch

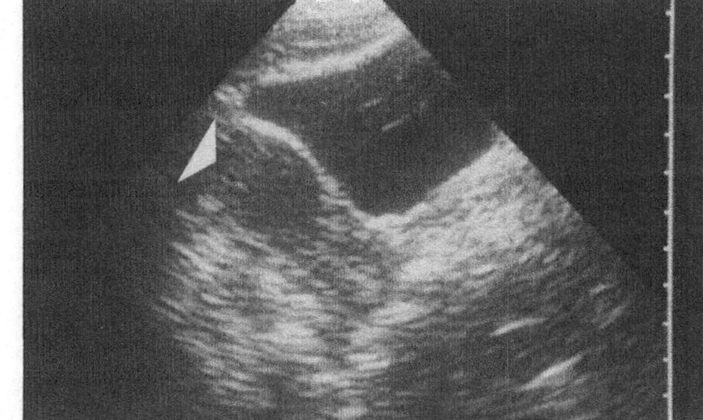

Abb. 6.17. Zerstörte Endometriumstruktur während der Menstruation

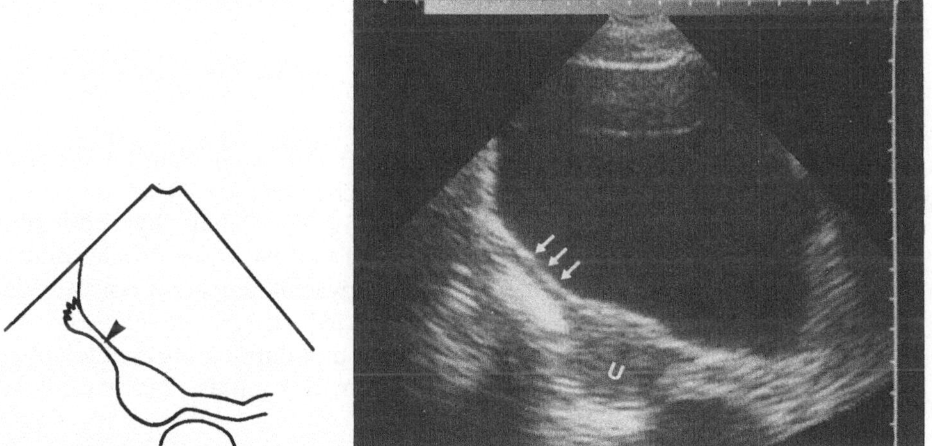

Abb. 6.18. Querschnitt von Uterus und rechter Tube *(Pfeil)*

stattfindende oder abgelaufene Ovulation ist das Endometriumringzeichen (Abb. 6.16a, b). Dieses Schleimhautphänomen wird offensichtlich durch einen plötzlichen Flüssigkeitsentzug aus dem Endometrium zum Zeitpunkt der Ovulation hervorgerufen und kann leicht mit einer Frühschwangerschaft oder einem Dezidualsäckchen bei Extrauteringravidität verwechselt werden.
Während der Menstruation ist kein regelrechtes Schleimhautbild erkennbar (Abb. 6.17).

Tube

Die typische Form des Eileiters kann auch im Querschnitt nur in Ausnahmefällen dargestellt werden, da die Tube aufgrund ihrer Lage, Form und Konsistenz sich gewöhnlich nicht in ihrer ganzen Länge in einer Ebene befindet (Abb. 6.18).
Ähnliches gilt für die Darstellung der uterinen Bänder (Lig. teres uteri, Parametrien), die auch nur ausnahmsweise (Abb. 6.19) darstellbar sind.

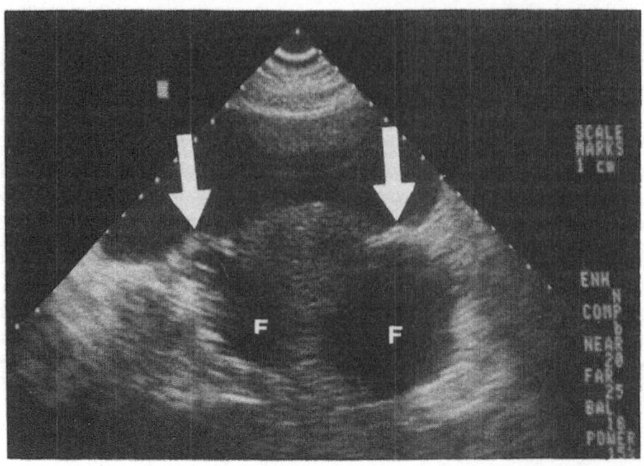

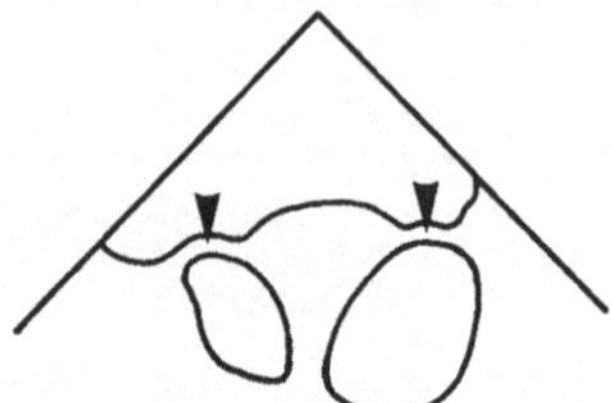

Abb. 6.19. Querschnitt. Ligg. teres uteri *(Pfeile)* bei Flüssigkeit *(F)* im Douglas-Raum

Ovar

Mit dem bereits beschriebenen Untersuchungsgang erkennt man bei weiterer lateraler Verschiebung des Schallkopfs die typische Form des Ovars im Längsschnitt (Abb. 6.20-6.22). Das Ovar weist häufig eine relativ hyporeflektive Struktur mit zystischen und soliden Anteilen auf und hat einen durchschnittlichen Größendurchmesser von 2 · 2,5 · 2 cm. Etwas länglichere Formen des Ovars ergeben auch längere Einzeldurchmesser, jedoch kann davon ausgegangen werden, daß ein Ovardurchmesser von 4 cm und darüber als deutliche Vergrößerung anzusehen ist. Das meßbare Volumen kann im Normalfall bis 15 cm^3 betragen.

Am Ovar spielen sich ebenfalls zyklische physiologische Veränderungen ab, die sonographisch als Follikelwachstum dargestellt werden können. Zu Beginn eines Zyklus können häufig mehrere zystische Anteile (Follikel) gesehen werden, wovon gewöhnlich nur einer dominiert (Abb. 6.22). Follikel lassen sich gewöhnlich ab einer Größe von 5-8 mm mit guten Geräten differenzieren.

Zum Zeitpunkt der Ovulation ist der sprungreife Follikel im Mittel 20-24 mm groß (Abb. 6.23) und weist in vielen Fällen intrafollikuläre Strukturen (Cumulus oophorus) auf (Abb. 6.24). Der Nachweis von Cumulusstrukturen, läßt sich nach unserer Erfahrung maximal 2 Tage vor der Ovulation erbringen, so daß dies als Kriterium für die nahende Ovulation gewertet werden kann.

Die weitere postovulatorische Veränderung am Follikel betrifft das Einsprießen von soliden Anteilen, die als Ausdruck der Blutung und evtl. Fibroblasteneinsprossung in den Follikeln zu sehen sind und das Bild des Corpus luteum ausmachen (Abb. 6.25). Diese Veränderungen, v. a. die relativ hohen zystischen Anteile, können gewöhnlich bis maximal 2 Tage nach der Ovulation gesehen werden, danach stellt sich das Ovar wieder weitgehend solide dar.

Ein weiteres normales postovulatorisches Bild - das leicht mit pathologischen Veränderungen verwechselt werden kann - kommt durch das Auftreten einer

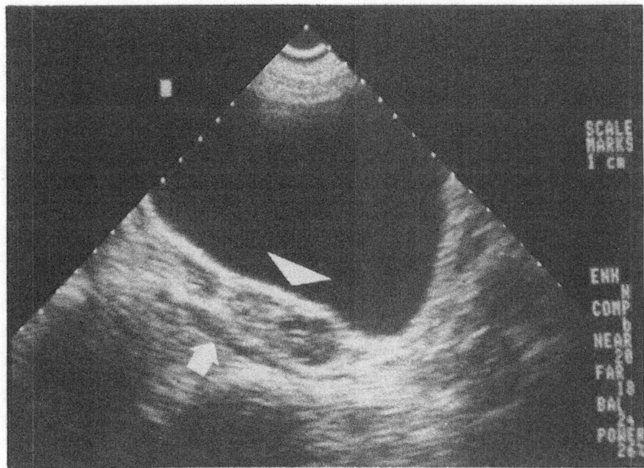

Abb. 6.20. Ovar im Längsschnitt mit A. iliaca interna *(Pfeil)*

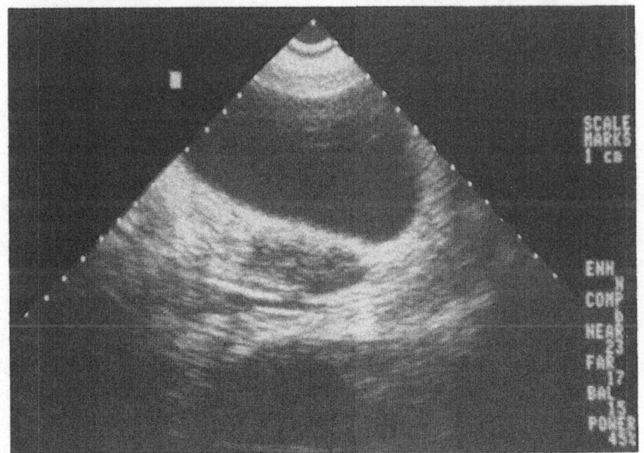

Abb. 6.21. Ovar im Längsschnitt, Follikel <5 mm

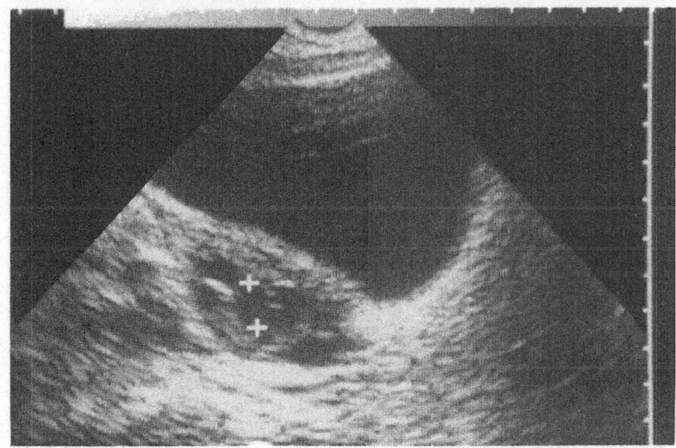

Abb. 6.22. Ovar im Längsschnitt, Follikel <12 mm

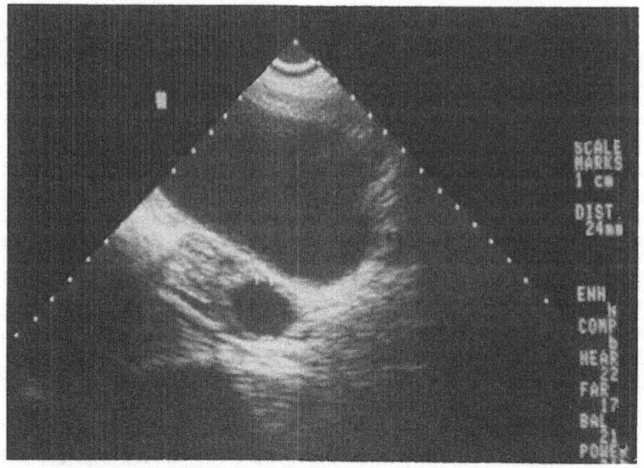

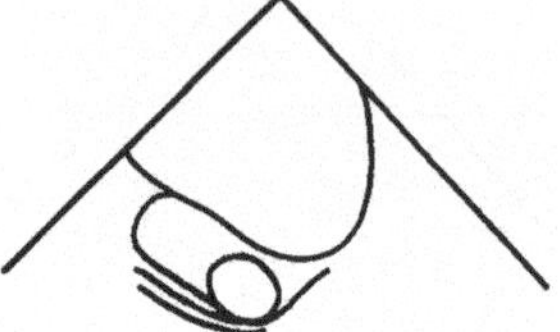

Abb. 6.23. Sprungreifer Follikel mit 24 mm Durchmesser

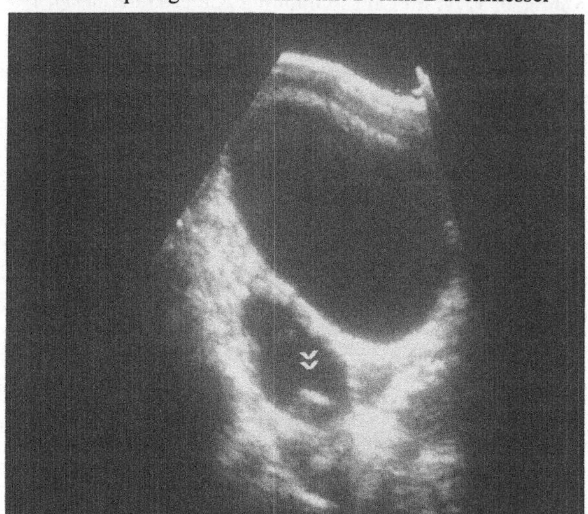

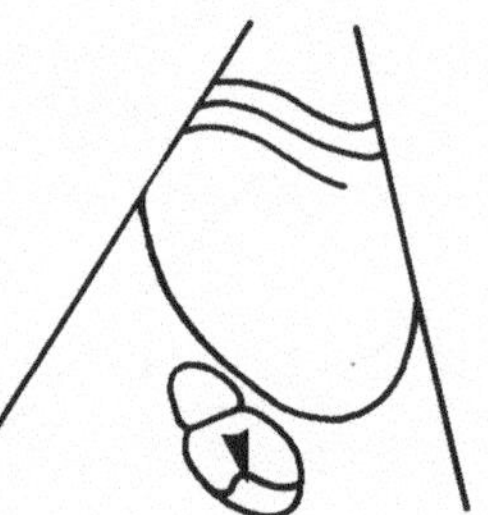

Abb. 6.24. Darstellung des dissoziierten Cumulus oophorus *(Pfeil)*

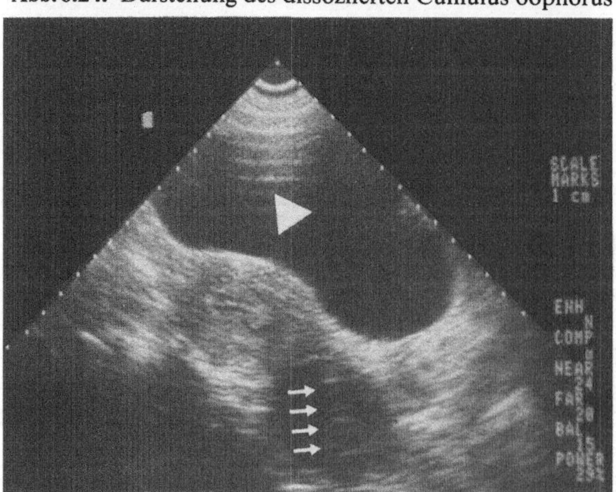

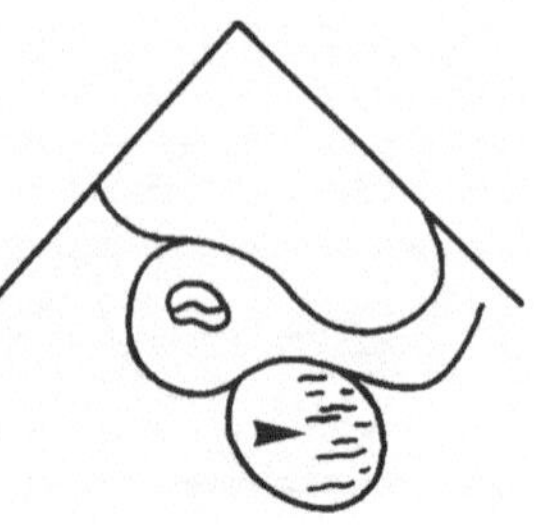

Abb. 6.25. Uterus im Längsschnitt mit Corpus luteum im Douglas-Raum *(Pfeil)*

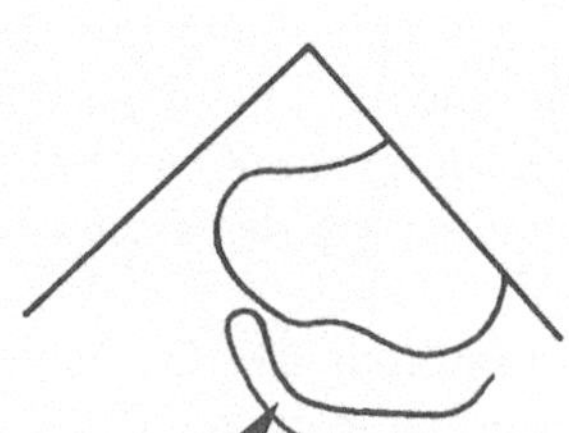

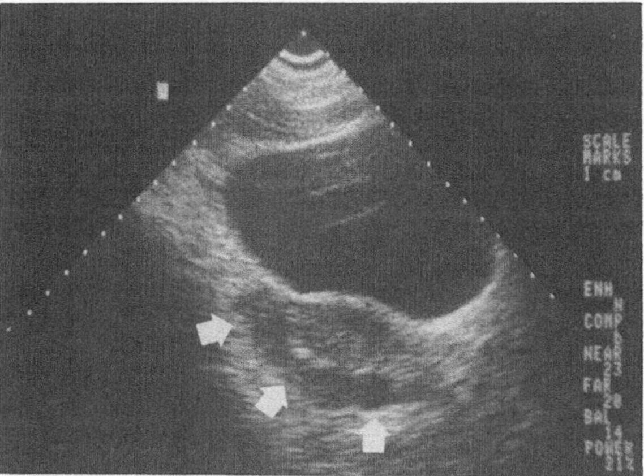

Abb. 6.26. Postovulatorische „Flüssigkeitsstraße" *(Pfeil)*

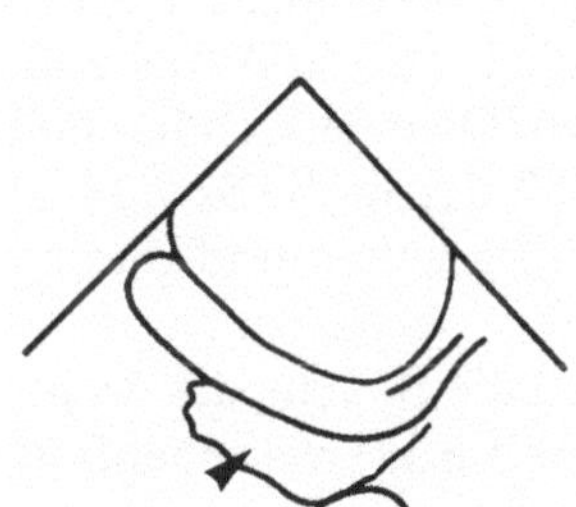

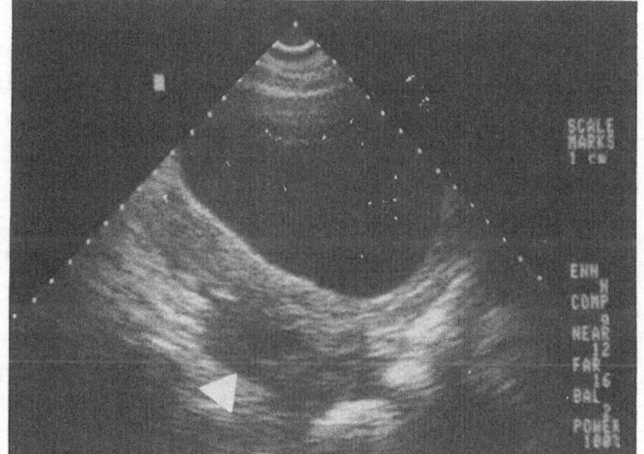

Abb. 6.27. Flüssigkeit im Douglas-Raum *(Pfeil)*

„Flüssigkeitsstraße" vom Ovar zum Douglas-Raum zustande (Abb. 6.26), das für eine relativ kurze Zeit (einige Stunden) nach der Ovulation beobachtet werden kann. Später findet sich noch für 1-2 Tage Flüssigkeit im Douglas-Raum (Abb. 6.27).

Die Follikeldurchmesser betragen im normalen physiologischen Zyklus:

Tag 10: 10 mm
Tag 11: 10-12 mm
Tag 12: 13-15 mm
Tag 13: 16-19 mm
Tag 14 (Sprungreife): 20-24 mm

Diese Werte sind natürlich Mittelwerte, jedoch konnten erfolgreiche Ovulationen bei uns nie unter einem mittleren Follikeldurchmesser von 17 mm beobachtet werden. Die Messung am Follikel kennt natürlich keine strenge Referenzebene. Sowohl im Längs- als auch im Querschnitt sollte immer der größte darstellbare Durchmesser von innen nach innen gemessen und daraus ein Mittelwert gebildet werden. Zum Zeitpunkt der Ovulation ist der Follikel normalerweise kreisrund, so daß die Messung nicht allzu schwierig sein dürfte.

Sonstige Befunde

An der Beckenwand lassen sich regelmäßig, v. a. im Zusammenhang mit dem Ovar, Gefäße darstellen. Es handelt sich hier um die Gefäße des Lig. infundibulopelvicum (A. und V. ovarica), die in einer stabilen Beziehung zum Ovar stehen (Abb. 6.28). Sie können als Referenzebene für die Darstellung des Ovars benutzt werden.

Dies gilt mit Einschränkung auch für ein Gefäß, das unterhalb des Ovars verläuft, die A. iliaca interna (Abb. 6.29). Sie zeigt sich jedoch nur in ca. 80% aller Fälle im gleichen Schnitt mit dem Ovar und fällt im Real-time-Bild durch ihre ausgeprägte sichtbare Pulsation gut auf.

Diese Gefäße machen während des normalen Zyklus zum Teil erhebliche Kaliberschwankungen durch und können bis 10 mm Durchmesser erreichen. In einzelnen Fällen kann auch die iliakale Teilungsstelle dargestellt werden (Abb. 6.30), ebenso sind häufig Beckenwandvenen zu sehen (Abb. 6.31).

Im Querschnitt können lateral vom Uterus gelegen 2 gut abgrenzbare Strukturen dargestellt werden, die einen stärker reflektierenden inneren Anteil enthalten (Abb. 6.32). Dies führt zu Verwechslungen mit dem Ovar, jedoch handelt es sich hier um Anteile des Os coxae mit umliegendem Bindegewebe bzw. Muskulatur. Die Ovarien können häufig im gleichen Schnitt gesehen und durch die Gefäße identifiziert werden.

Bei zu hoch kranial gelegenen Querschnitten kommen die Bäuche des M. psoas unmittelbar neben der Wirbelsäule zum Vorschein (Abb. 6.33), was ebenfalls zu Verwechslungen mit dem Ovar führen kann.

Im Längsschnitt stellt sich häufig hinter dem Uterus eine längliche zystisch-solide Struktur dar, die entweder mit dem Uterus selber oder einem retrouterin gelegenen Tumor verwechselt werden kann (Abb. 6.34). Es handelt sich hierbei gewöhnlich um das gefüllte Rektum oder andere Darmabschnitte. Bei der Real-time-Untersuchung kann jedoch häufig Peristaltik und Bewegung innerhalb dieses „Tumors" gesehen und so eine Differenzierung vorgenommen werden. Dies gilt auch für kleinere zystische Areale (Abb. 6.35). Die häufig vorkommende Adnexvarikose („pelvic congestion syndrome") kann mit follikulären Strukturen verwechselt werden (Abb. 6.36).

Narben nach gynäkologischen Operationen zeigen sich ebenfalls als hyporeflektive Herde (Abb. 6.37) und können zu Verwechslungen mit einer Ovarstruktur oder einem senil-atrophischen Uterus führen.

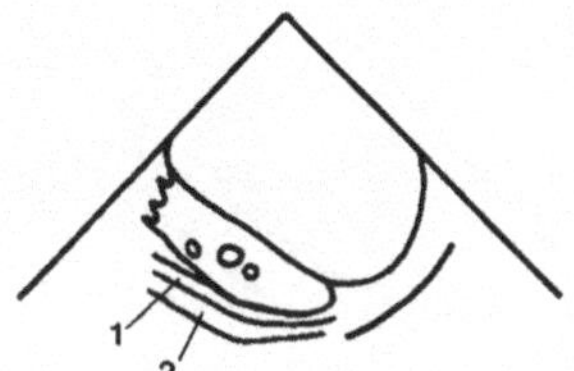

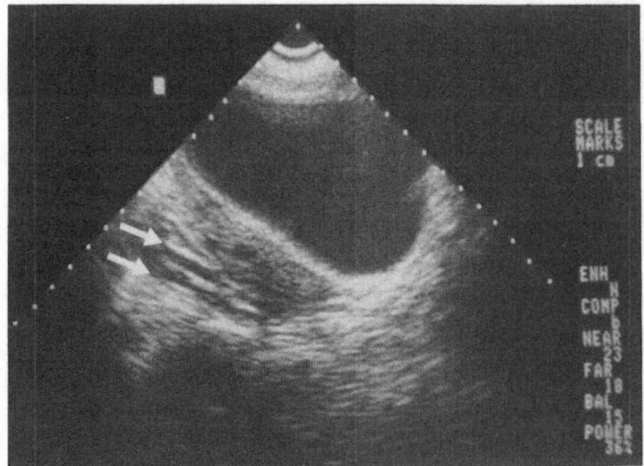

Abb. 6.28. A. ovaria *(1)* und V. ovarica *(2)*

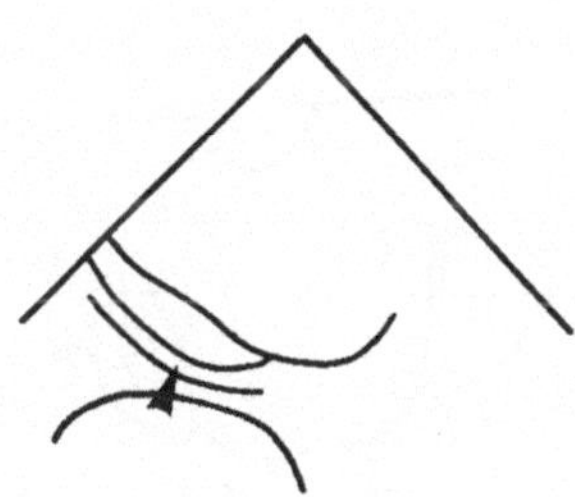

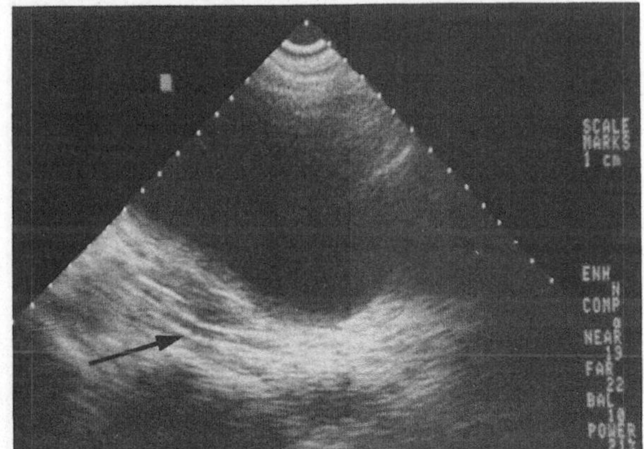

Abb. 6.29. A. iliaca interna *(Pfeil)*

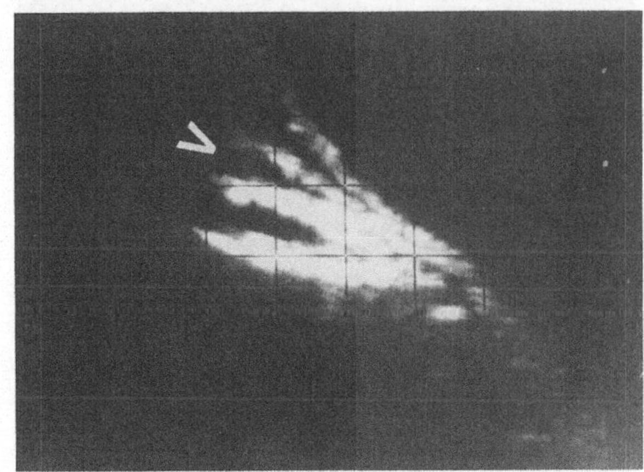

Abb. 6.30. Teilungsstelle der A. iliaca interna

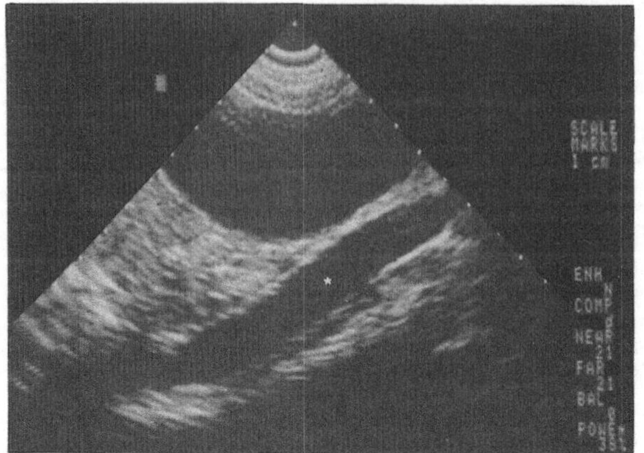

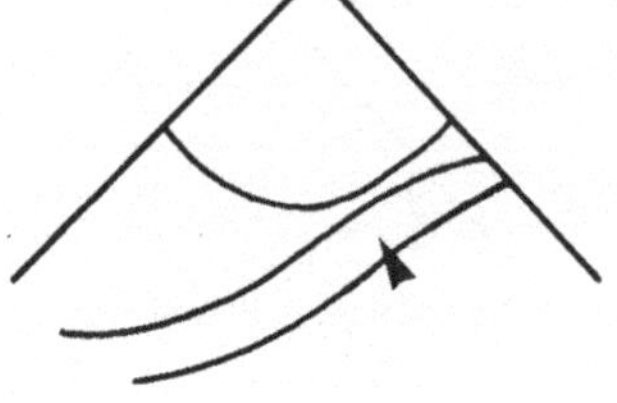

Abb. 6.31. Beckenwandvene *(Pfeil)*

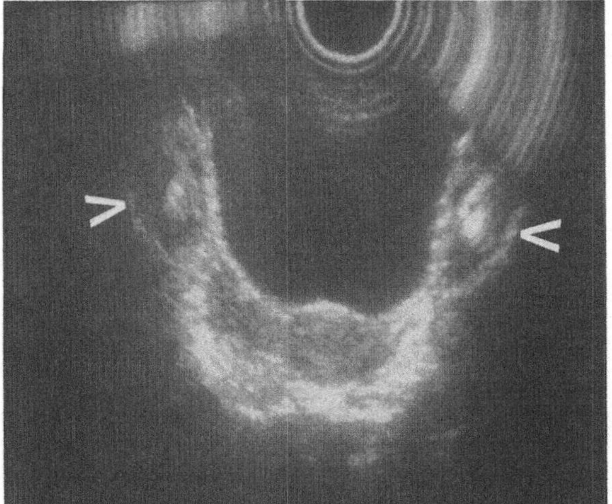

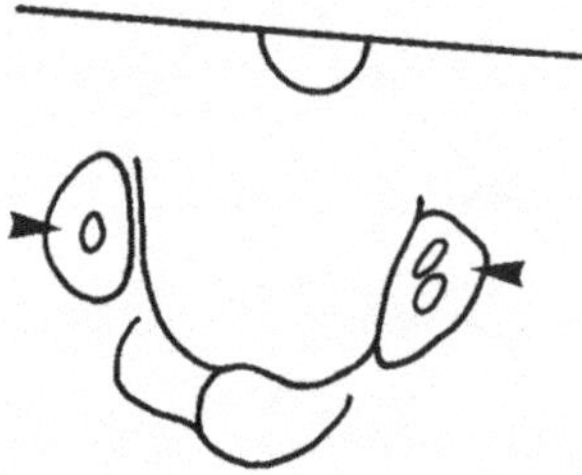

Abb. 6.32. Querschnitt. Die *Pfeile* kennzeichnen Hüftanschnitte

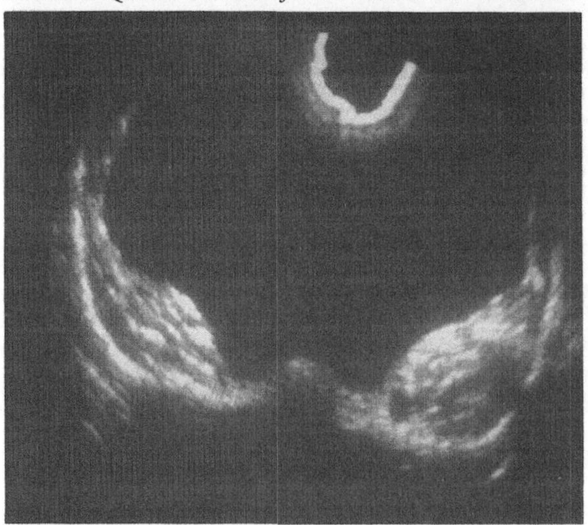

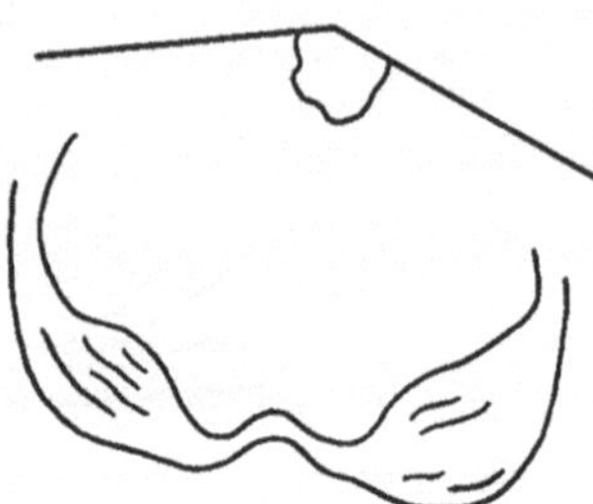

Abb. 6.33. M. iliopsoas beidseits im Querschnitt

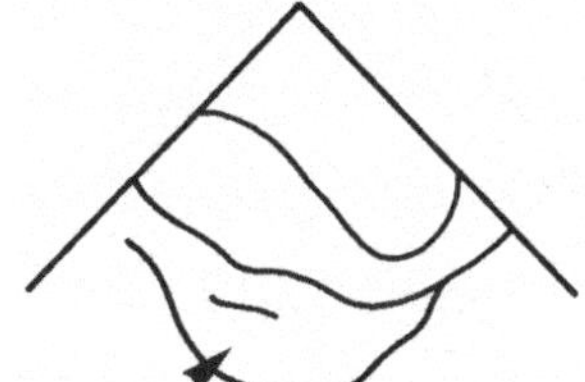

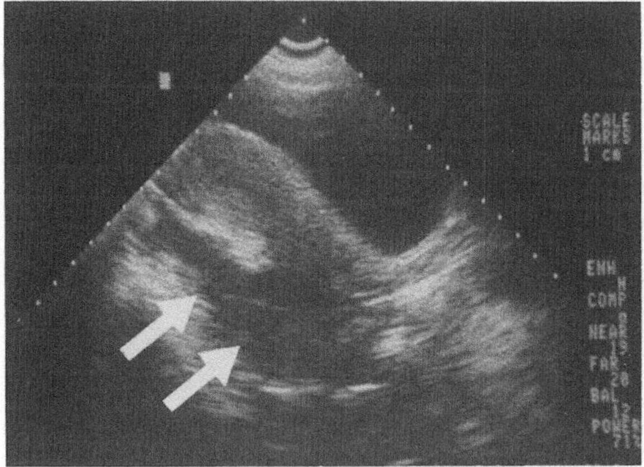

Abb. 6.34. Gefüllte Rektumschlinge hinter dem Uterus *(Pfeil)*

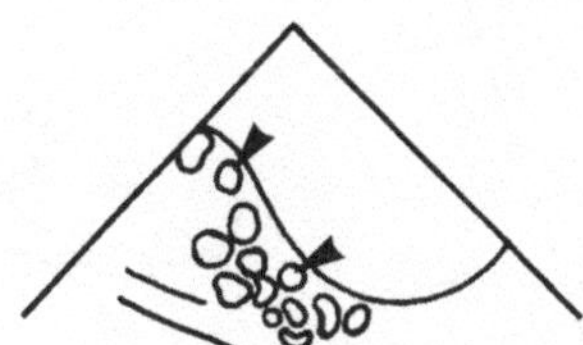

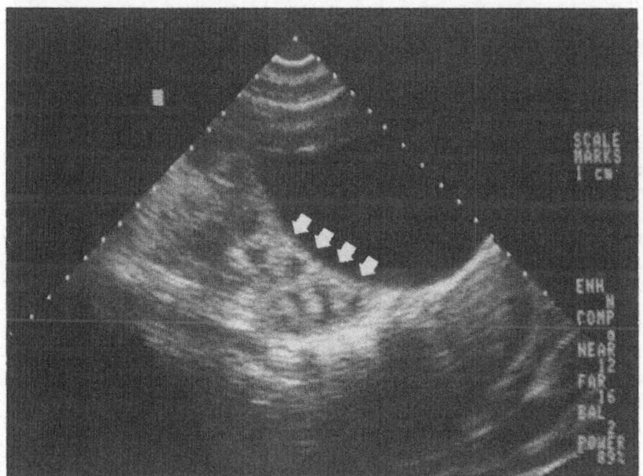

Abb. 6.35. Flüssigkeitgefüllte Dünndarmschlingen *(Pfeile)*

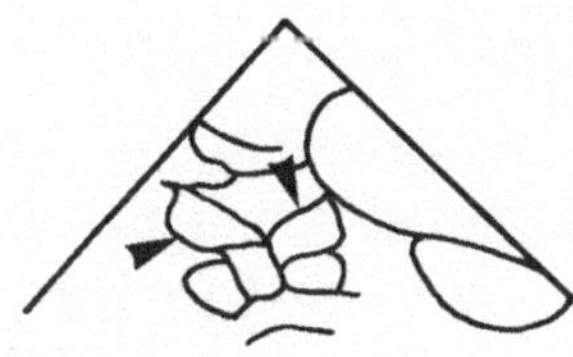

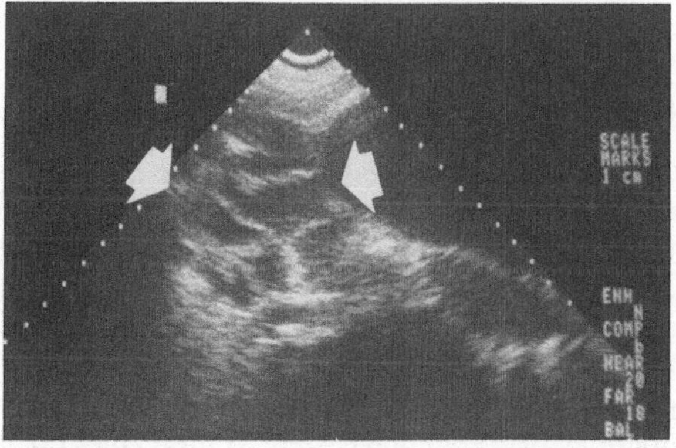

Abb. 6.36. Adnexvarikose *(Pfeile)*

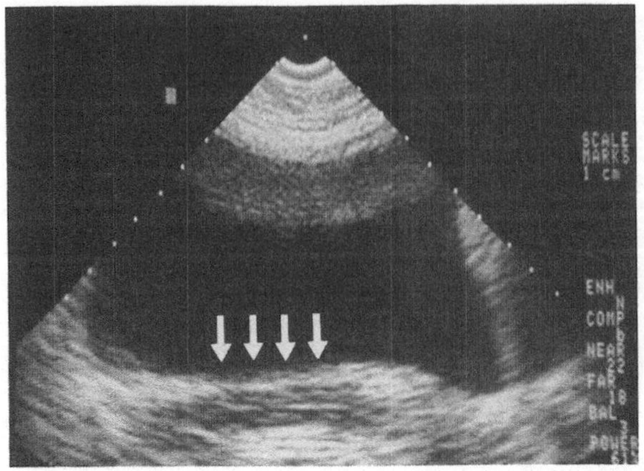

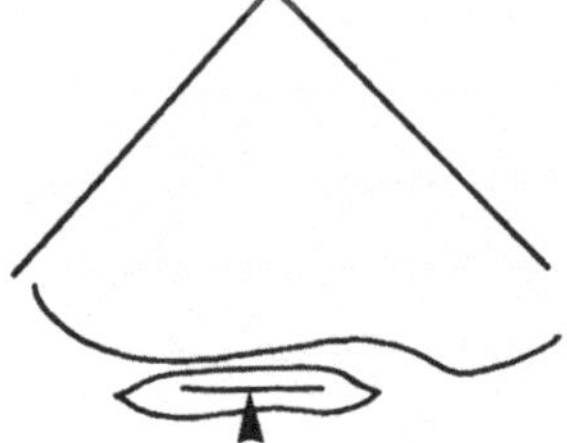

Abb. 6.37. Querschnitt mit Narbe nach Hysterektomie *(Pfeil)*

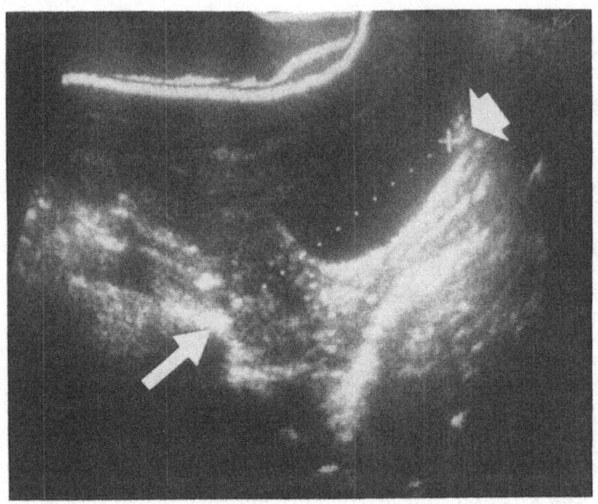

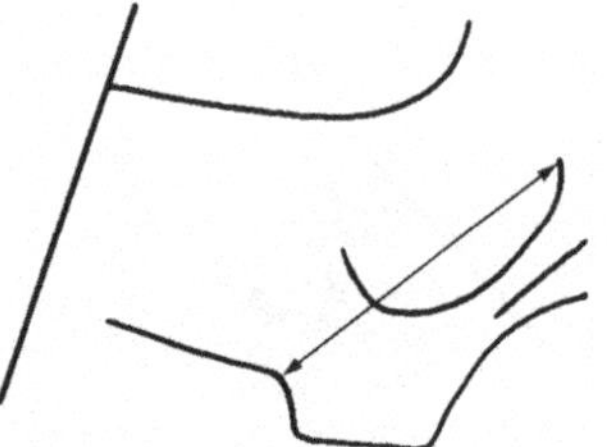

Abb. 6.38. Meßstrecke der Conjugata vera (12,4 cm)

Pelvimetrie

Obwohl Kratochwil bereits 1971 über die sonographische Beckenmessung berichtete, muß sich die grundsätzliche Möglichkeit zur Messung der Conjugata vera auf die Compoundscanner beschränken (Abb. 6.38). Da die Messung nicht einfach ist, sehr viel Erfahrung erfordert und mit keinem Real-time-Scanner durchführbar ist, hat sie keine wesentliche Bedeutung erlangt und gehört nicht zu den Routineaufgaben der gynäkologisch-geburtshilflichen Ultraschalldiagnostik. Eine in den letzten Jahren veränderte geburtshilfliche Strategie gegenüber der Beckenendlage - ein Hauptgebiet für die Beckenmessung - verminderte zusätzlich ihren Anwendungsbereich. Außerdem kann durch die alleinige

Messung der Conjugata vera noch keine umfassende Beckendiagnostik betrieben werden, so daß die sonographische Pelvimetrie v.a. gegenüber der Stereoröntgenmethode im Nachteil ist.

Literatur

Bald R, Hackelöer B-J (1982) Neue sonographische Kriterien zur Darstellung der Ovulation. Ultraschalldiagnostik 81, Ed: A Kratochwil, R Reinold, Thieme, Stuttgart, S 224-226

Bomsel-Helmreich O, Bessir R, Lan Vu Huyen (1981) Cumulus oophorus of the preovulatory follicle assessed by ultrasound and histology. In: Ultrasound and infertility Ed: AD Christie, Chartwell-Bratt, Bromley, S 105-119

Hackelöer B-J, Nitschke-Dabelstein S (1980) Ovarian imaging by ultrasound: An attempt to define a reference plane. Journal of clinical ultrasound 8: 497-500

Hackelöer B-J, Robinson HP (1978) Ultraschalldarstellung des wachsenden Follikels und Corpus luteum im normalen Zyklus. Geburtsh u Frauenheilk 38: 163-168

Hackelöer B-J, Fleming R, Robinson HP, Adam AH, Coutts JRT (1979) Correlation of ultrasonic and endocrinologic assessment of human follicular development. Am J Obstet Gynaecol 135: 122-128

Jellins, J.G.Kossoff, B.H.Barraclough, T.S.Reeve (1978) Comparative study of breast imaging by echography and xerography. Excerpta medica 299-304

Kelly-Fry E (1980) Breast imaging. In: Diagnostic ultrasound applied to Obstetrics and Gynaecology (Ed: R Sabbagha) Harper & Row, S 327-350

Kobayashi T (1980) Current status of brest echography. Progress in medical ultrasound 1: 173-178

Kossoff GE, Kelly-Fry E, Jellins J (1972) Average velocity of ultrasound in the human female breast. Journal of the acoustical society of America 53: 1730-1736

Kratochwil A, Urban G, Friedrich F (1972) Ultrasonic tomography of the ovaries. Ann Chir Gynaec Fenn 61: 211

Kratochwil, Jentsch A, Bresina KK (1973) Ultraschallanatomie des weiblichen Beckens und ihre anatomische Bedeutung. Arch Gynaecol 214: 273-276

Netter FH (1978) Farbatlanten der Medizin, Bd 3 Genitalorgane, Thieme Stuttgart

Schmidt, Holst W von, Garoff TL, Gabelmann J, Kubli F (1981) Monitoring of HMG-stimulated follicular development by real time ultrasound. Europ J Obstet Gynaec reprod Biol 12: 95-105

Terinde, Baumeister R, Distler A, Freundl W, Herberger G, Kozlowski J, (1980) Sonographische Kontrolle der Ovulation. Ultraschall 1: 140-151

Teubner, Kaick JG van, Pickenhan L, Schmidt W (1982) Vergleichende Untersuchungen mit verschiedenen echomammographischen Verfahren. Ultraschall 3: 109-118

The vertebrate ovary. Ed: RE Jones (1978) Plenum Press New York and London

7 Skrotum

7.1 Topographisch-anatomische Vorbemerkungen

In der Skrotalhülle befinden sich Hoden, Nebenhoden und Ductus deferens. Die Haut des Skrotums enthält in der Subkutis kein Fettgewebe, sondern reichlich glatte Muskulatur (Tunica dartos). Bei Kältereiz kommt es zur Kontraktion der Muskulatur, und die Haut legt sich in Falten (Wärmeregulation!).
Der M. cremaster gewährleistet die schwebende Lage des Hodens. Der linke Hoden steht meist tiefer als der rechte. Die Hoden werden von einer derben Faszie (Tunica albuginea) umschlossen. Eine bindegewebige Scheidewand (Septum scroti) trennt die beiden Hoden voneinander.
Das Parenchym des Hodenkörpers wird durch radiär gestellte, von der Tunica albuginea ausgehende Bindegewebswände (Septula testis) in zahlreiche keilförmige Lobuli unterteilt.

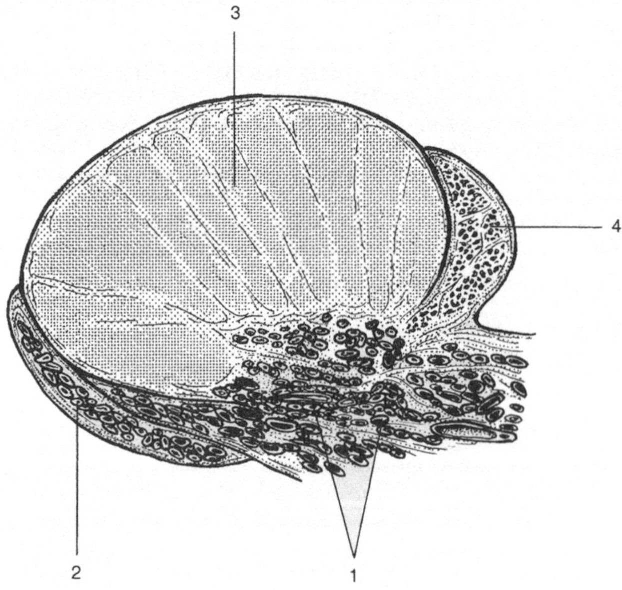

Abb. 7.1. Längsschnitt des Hodens.
1 Plexus pampiniformis; *2* Schwanz des Nebenhodens; *3* Hoden; *4* Kopf des Nebenhodens

Der hintere Rand des Hodens wird vom Nebenhoden umfaßt. Der Kopf (Caput epididymidis) liegt hinten oben; er ist abgestumpft und sitzt kappenförmig dem Hoden auf. Das Mittelstück des Nebenhodens (Korpus) ist dünner als der Kopf oder der Schwanz; es erscheint auf Querschnitten oval bis dreieckig. Der Schwanz (Cauda) geht in den kranialwärts ziehenden Samenleiter über (Abb. 7.1).
Beide Organe sind von Serosa überzogen (Epi- und Periorchium). Größere Flüssigkeitsansammlungen zwischen beiden Serosablättern findet man bei der Hydrocele testis. Eine geringe, spaltförmige Flüssigkeitsmenge im Cavum serosum testis ist auch normalerweise vorhanden.

7.2 Untersuchungstechnik

Sehr geeignet sind lineare Real-time-Scanner mit einer Frequenz zwischen 5 und 7,5 MHz. Der Hoden kann auf eine gepolsterte Unterlage gebracht oder in der behandschuhten Hand des Untersuchers gehalten werden. Nach reichlichem Auftragen von Kontaktgel wird der Schallkopf von ventral oder lateral aufgesetzt. Empfohlen wird auch die Untersuchung des Hodens von dorsal in Rückenlage des Patienten. Das Gesäß wird durch eine Rolle angehoben und der Applikator von dorsal her an den Hoden herangeführt; der Hoden liegt auf dem Applikator bzw. dem Wasservorlauf und wird von der freien Hand des Untersuchers gehalten. Die Untersuchung von dorsal kann auch in Bauchlage des Patienten vorgenommen werden.
Bei Verdacht auf Varikozele ist zusätzlich eine Untersuchung beim stehenden Patienten durchzuführen (mit Valsalva-Manöver). Das direkte Aufsetzen des Applikators (ohne Wasservorlauf) und das Halten des Hodens in der Hand des Untersuchers verschaffen den Vorteil einer schnelleren und besseren tomographischen Orientierung und Zuordnung von Tastbefunden.
Bei Anwendung eines Compoundscanners mit einem 5- oder 7-MHz-Schallkopf sollte der Hoden mit einer wassergefüllten, schüsselförmigen Folie bedeckt werden; der Schallkopf darf den Hoden nicht berühren, sondern nur flach in das Wasser eintauchen (Naser et al. 1979). Geeignet für die Untersuchung des Hodens ist auch die Immersionstechnik, wobei der Hoden frei im Wasser hängt. Die angewandten Schallfrequenzen liegen dann allerdings bei 3,5 MHz; insgesamt läßt die Auflösung zu wünschen übrig, außerdem sind die Geräte bekanntlich sehr kostenintensiv (Friedrich et al. 1980).

Schnittführung
Es empfiehlt sich bei allen Techniken, systematisch und kontinuierlich Quer- und Längsschnitte anzufertigen. Es sollte immer ein Rechts-links-Vergleich zwischen den beiden Hoden vorgenommen werden.

7.3 Echographische Anatomie

Das normale Hodenparenchym erzeugt ein mittelstarkes, sehr homogenes Reflexmuster. Die echographische Begrenzung des Hodens ist glatt (Abb. 7.2). Der Kopf des Nebenhodens am hinteren oberen Ende des Hodens läßt sich als kappenartiges Gebilde sichtbar machen (Abb. 7.3). Sein Reflexmuster ist unregelmäßiger als das des Hodens. Auf Querschnitten zeigt sich der Körper des Nebenhodens oval bis dreieckig (Abb. 7.4). Der Schwanz des Nebenhodens ist nicht immer zu erkennen. Eine dünne Flüssigkeitsschicht um den Hoden ist ohne pathologische Bedeutung. Der Ductus deferens läßt sich echographisch nicht beurteilen. Die Größe des normalen Hodens beträgt beim Erwachsenen: Länge 3,8 cm (Variationsbreite zwischen 3 und 6 cm), Breite 2,7 cm (Variationsbreite zwischen 2 und 3,5 cm) (Naser et al. 1979).

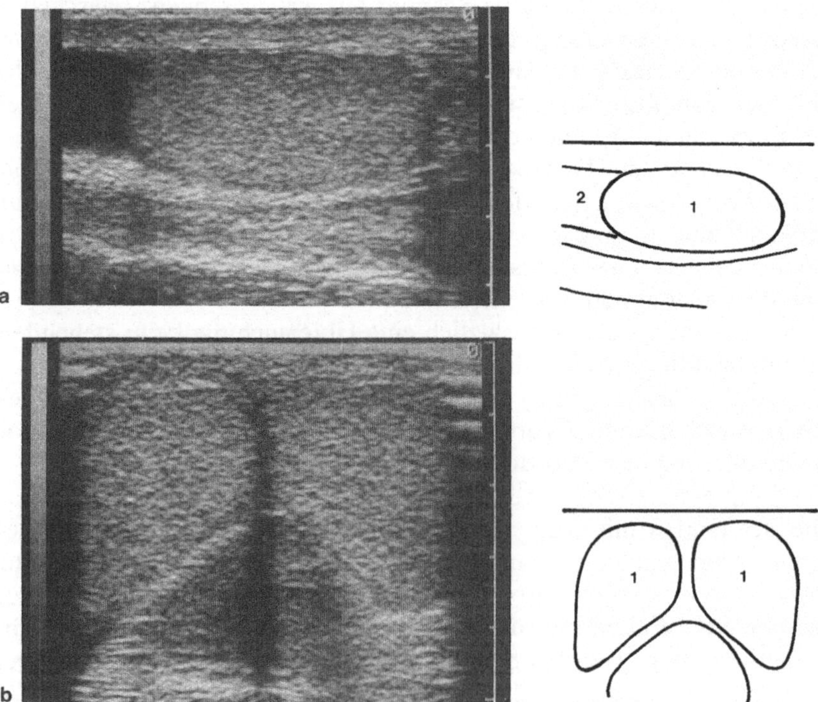

Abb. 7.2 a, b. Längs- und Querschnitte des Hodens. **a** Hoden im Längsschnitt bei mäßiger Hydrocele testis. **b** Darstellung zweier Hoden im Querschnitt bei schräg gestelltem Schallkopf. *1* Hoden; *2* Hydrozele

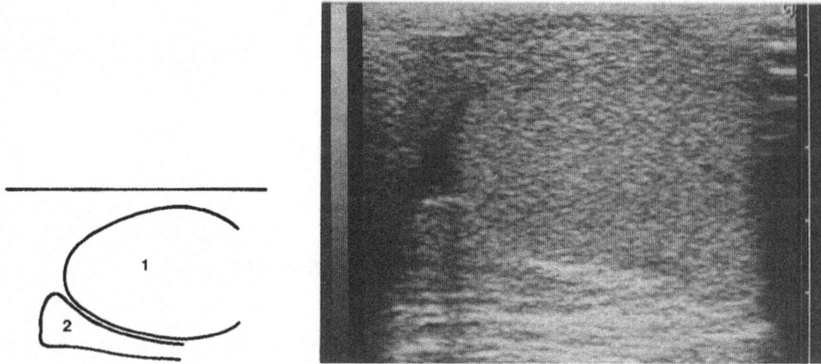

Abb. 7.3. Längsschnitt durch den oberen Anteil des Hodens mit Darstellung des Nebenhodenkopfs.
1 Hoden; *2* Nebenhoden

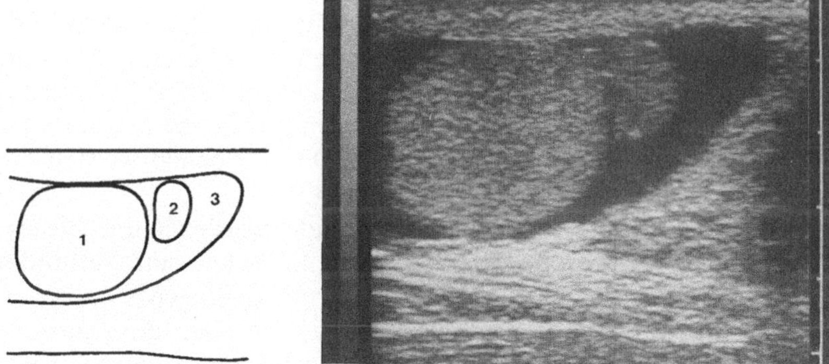

Abb. 7.4. Querschnitt des Hodens und Nebenhodens (Corpus epididymidis) bei mäßiger Hydrocele testis.
1 Hoden; *2* Nebenhoden; *3* Hydrozele

Literatur

Friedrich M, Claussen C, Felix R (1980) Neues Ultraschallverfahren in der Diagnostik von Hodenerkrankungen. Dtsch Med Wochenschr 105: 630

Naser V, Ikinger U, Kaick G van, Schweigler M (1979) Echographie des Scrotums und der Testes mit Hilfe einer neuen Untersuchungstechnik. Urologe [Ausg A]: 321

8 Extremitäten

8.1 Topographisch-anatomische Vorbemerkungen

Es kann nicht Sinn dieser anatomischen Einführung sein, eine vollständige Darstellung der einzelnen Muskeln, Knochen, Gelenke und Gefäße zu geben. Nur der grundsätzliche Aufbau der genannten Strukturen, soweit er für die echographische Anatomie von Interesse ist, soll umrissen werden.
Knochen, zugehörige Knorpelanteile und Bandapparat bilden das Stützgerüst der Extremitäten. Die langen Knochen besitzen einen Schaft (Diaphyse) und 2 verdickte Endteile (Epiphysen). Im wachsenden Organismus sind letztere rein knorpelig oder mit dem Schaft durch die knorpelige Epiphysenplatte verbunden. Die Struktur des Knochens, wie sie sich auf Längsschnitten darbietet, zeigt die Rinde (Kompakta oder Kortikalis) und das feine Schwammwerk der den Markraum durchziehenden Spongiosa. Die Knochen werden durch das Periost, eine gefäßreiche Membran, umhüllt.
Die Verbindungen der Knochen miteinander werden in unechte (Synarthrosen) und echte (Diarthrosen) Gelenke unterteilt. Erstere sind Verbindungen zweier Knochen durch zwischengelagertes Gewebe (kollagenes oder elastisches Bindegewebe, hyaliner Knorpel und Faserknorpel. Nur die Diarthrosen sind bewegliche Knochenverbindungen mit Gelenkspalt, knorpelüberzogenen Gelenkflächen und Gelenkkapsel. Der Überzug der Gelenkfläche ist fast ausnahmslos hyaliner Knorpel. Die Dicke der Knorpelschicht ist selbst innerhalb eines Gelenks unterschiedlich. In einzelnen Gelenken gibt es zusätzlich aus derbem fibrösem Bindegewebe bestehende Disci, Menisci, Lapra glenoidalia und intraartikuläre Bänder. In die Gelenkkapsel können Verstärkungsbänder eingewoben sein. Ein Teil der Gelenke besitzt Schleimbeutel, die Aussackungen der Membrana synovialis darstellen.
Die meisten Skelettmuskeln haben eine enge Beziehung zu den Knochen. Ursprünge und Ansätze der Muskeln sind Sehnen (parallele kollagene Fasern) wobei deren Form zwischen punktförmig und flächenhaft variiert. Die einzelnen Muskelfasern werden durch lockeres Bindegewebe zu Bündeln umschlossen. Die äußere Oberfläche des Muskels bildet die Faszie.
Die Gefäßversorgung der Extremitäten ist ebenfalls nur im Hinblick auf die echographische Darstellbarkeit interessant. Der Verlauf der größeren Arterien soll daher kurz aufgezeigt werden.
Obere Extremität: Die A. subclavia geht rechts aus dem Truncus brachiocephalicus und links unmittelbar aus dem Aortenbogen hervor. Sie zieht in einem fla-

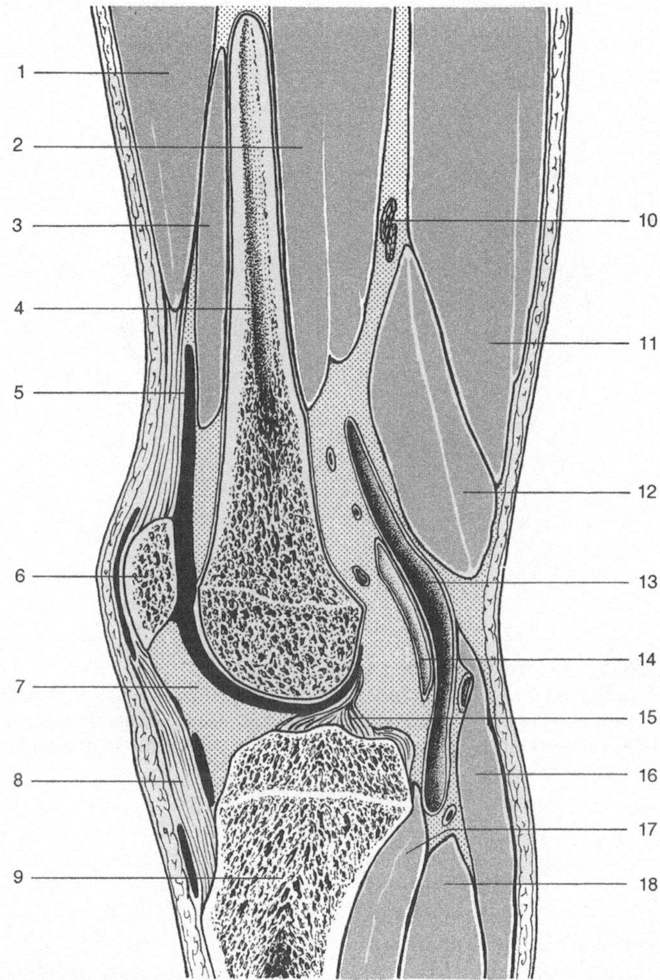

Abb. 8.1. Längsschnitt durch das Kniegelenk.
1 M. rectus femoris; *2* M. adductor magnus; *3* M. articularis; *4* Femur; *5* Bursa suprapatellaris; *6* Patella; *7* Corpus adiposum; *8* Lig. patellae; *9* Tibia; *10* N. ischiadicus; *11* M. semitendinosus; *12* M. semimembranosus; *13* V. poplitea; *14* A. poplitea; *15* Lig. cruciatum posterior; *16* M. gastrocnemius; *17* M. popliteus; *18* M. soleus

chen Bogen über die Kuppel der Pleura durch die Skalenuslücke (M. scalenus anterior und medius) über die 1. Rippe (hinter dem Schlüsselbein). Von hier an heißt sie A. axillaris und verläuft in der Tiefe der Achselhöhle, von vorn bedeckt durch den M. pectoralis major und minor und umgeben von den Stämmen des Plexus brachialis. Von der Höhe der vorderen Achselfalte ab (unterer Rand des M. pectoralis major) setzt sie sich als A. brachialis fort und verläuft in der medialen Bizepsfurche, die am Oberarm gut tastbar ist. Sie ist beidseits begleitet von einer V. brachialis. In der Tiefe der Ellenbeuge teilt sie sich in ihre Haupt-

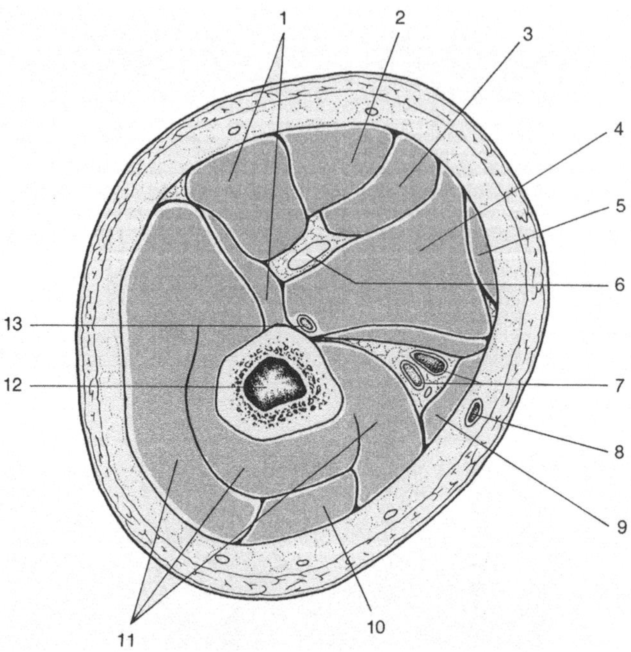

Abb. 8.2. Querschnitt durch den Oberschenkel.
1 M. biceps; *2* M. semitendinosus; *3* M. semimembranosus; *4* M. adductor magnus; *5* M. gracilis; *6* N. ischiadicus; *7* A. und V. femoralis mit N. saphenus; *8* V. saphena magna; *9* M. sartorius; *10* M. rectus femoris; *11* Mm. vasti; *12* Femur; *13* Ast der A. profunda

äste, die A. radialis und die A. ulnaris, die dem Verlauf der beiden Unterarmknochen folgen und in den Arcus palmaris superficialis einmünden.

Untere Extremität: Die A. iliaca externa zieht an der medialen Seite des M. psoas major nach kaudal und durchläuft die Lacuna vasorum lateral der V. iliaca externa. Von hier ab bis zum Adduktorenschlitz wird sie als A. femoralis bezeichnet. Der stärkste Ast, der von ihr abgeht ist die A. profunda femoris (etwa 3-6 cm unterhalb des Leistenbandes). Dieses Gefäß ist fast so stark wie der Hauptstamm und zieht in lateraler Richtung.

Vom Adduktorenschlitz bis zur Aufteilung in die beiden Schienbeinarterien trägt sie den Namen A. poplitea. Sie verläuft von medial her kommend in der Tiefe der Kniekehle über dem Planum popliteum des Femurs und über die Kniegelenkkapsel. Das Gefäß teilt sich in die A. tibialis posterior (die die eigentliche Fortsetzung des Gefäßes darstellt) und in die A. tibialis anterior etwa in Höhe des Oberrandes des M. soleus. Die tiefen Venen entsprechen den Arterien. Vena poplitea und V. femoralis sind unpaare Gefäße, während die weiter peripher verlaufenden Venen paarig oder mehrfach angelegt sind.

Einen Überblick über die anatomischen Strukturen der unteren Extremität zeigen Abb. 8.1 und 8.2.

8.2 Untersuchungstechnik

Sofern die Körpermaße bzw. die vorgegebene Eindringtiefe des betreffenden Geräts es gestatten, sollten für die Untersuchung der Extremitätenweichteile Frequenzen von 5 MHz eingesetzt werden. Kann der zu untersuchende Extremitätenabschnitt nicht bis in die Tiefe gleichmäßig echographisch abgebildet werden, so ist es besser, auf die hohe Frequenz zu verzichten und auf einen 3- oder 3,5-MHz-Schallkopf zurückzugreifen.
Für die spezielle Untersuchung der Arterien ist die Anwendung von Real-time-Scannern mit hochauflösenden Schallköpfen von mindestens 5 MHz erforderlich.
Die echographische Abbildung von größeren Weichteilprozessen und der Rechts-links-Vergleich können besser mit Compoundscannern vorgenommen werden.

Vorbereitung und Lagerung
Eine spezielle Vorbereitung ist nicht erforderlich. Die Lagerung der betreffenden Extremität ist von der jeweiligen Fragestellung abhängig. Rücken- und Bauchlage mit Unterpolsterung des zu untersuchenden Extremitätenabschnitts kommen in Betracht.

Schnittebenen
Grundsätzlich sind Längs- oder Querschnitte zu bevorzugen. Den Arterien muß mit dem Schallkopf „nachgegangen" werden. Das Aufsuchen der Gefäße erfolgt am günstigsten im Querschnitt. Durch Drehen des Schallkopfs um 90° läßt sich dann das Gefäß im Längsschnitt einstellen. Die Arterien können anhand der Pulsationen verfolgt werden.
Die Beobachtung der Muskelbewegung ist am besten im Längsschnitt möglich, während die Muskelfaszien besonders auf den Querschnitten deutlich zu erkennen sind.
Die spezielle Schnittführung bei der Untersuchung der Hüftgelenke wird in Abschn. 8.3 besprochen.

8.3 Echographische Anatomie

Die Hauptstämme der Extremitätengefäße sind echographisch schon mit 5-MHz-Applikatoren darstellbar (Abb. 8.3 und 8.4). Hochauflösende Geräte (Small-parts-Scanner), deren Schallköpfe mit Frequenzen um 8 MHz arbeiten, erreichen sogar eine Abbildung der peripheren Äste der Fuß- und Handarterien (Abb. 8.5).
Arterien unterscheiden sich von den begleitenden Venen durch den deutlicheren Randreflex, die Pulsation, die Inkompressibilität und die fehlende Reaktion bei einem Valsalva-Manöver. Außerdem ist die Strömungsrichtung des

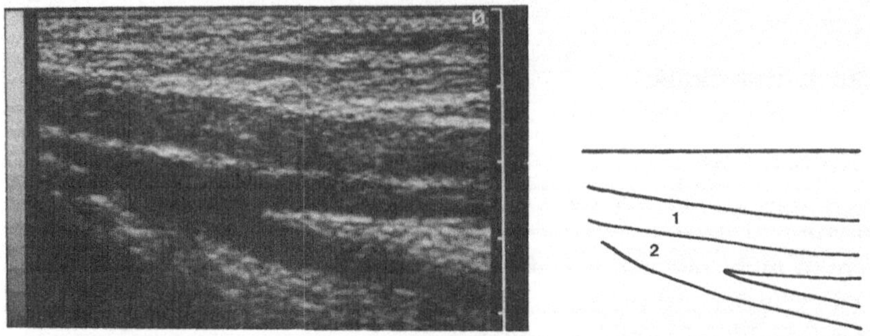

Abb. 8.3. Längsschnitt des Oberschenkels bei leicht gekipptem Schallkopf mit Darstellung von A. und V. femoralis.
1 A. femoralis; *2* V. femoralis

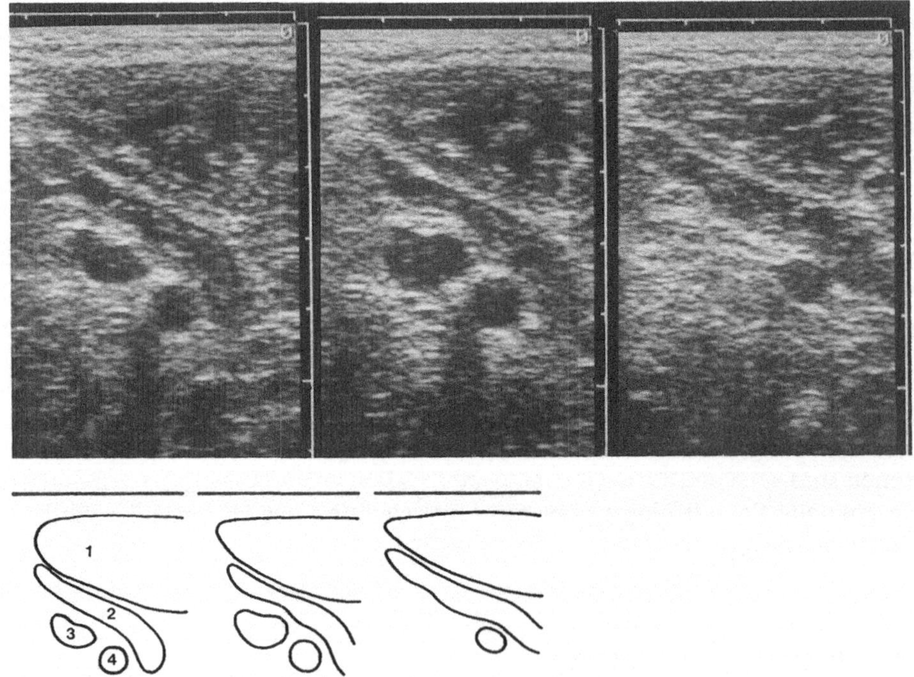

Abb. 8.4. Querschnitte von V. und A. axillaris mit den begleitenden Mm. pectoralis major und minor *(links)*. Unter Valsalva-Bedingungen deutliche Vergrößerung der Vene *(Mitte)*, bei Kompression ist die Vene kaum noch zu erkennen *(rechts)*.
1 M. pectoralis major; *2* M. pectoralis minor; *3* V. axillaris; *4* A. axillaris

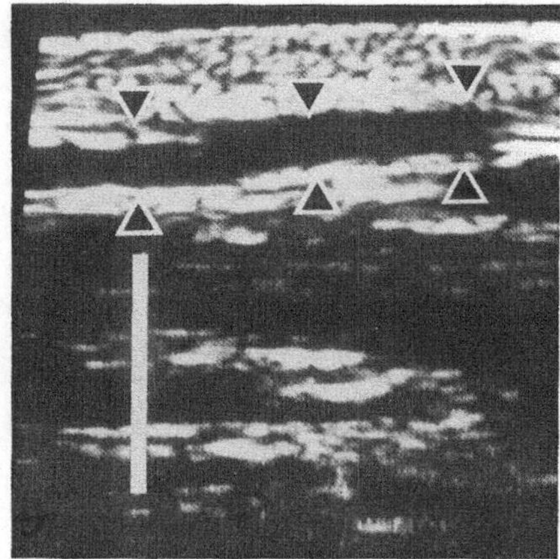

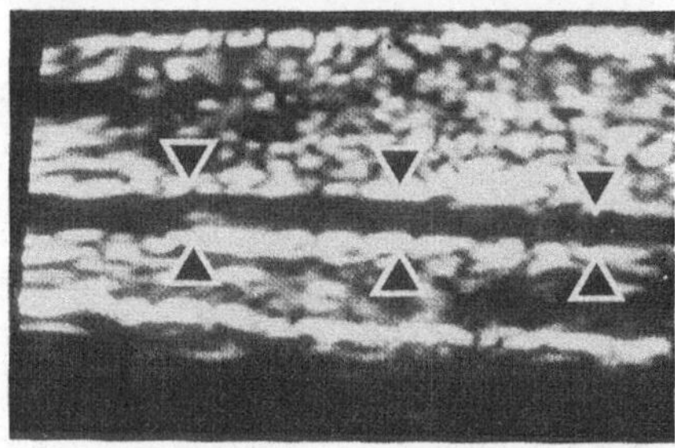

Abb. 8.5. Darstellung der Aa. digitales *(Pfeile)* mit einem hochauflösenden Ultraschallgerät. *Weißer Balken* = 1 cm

Bluts bisweilen an den fischzugartigen Echos innerhalb des Gefäßlumens von Venen zu erkennen; diese entstehen wahrscheinlich durch Turbulenzen des Blutstroms. Die normale arterielle Gefäßwand ist glatt, während arteriosklerotische Plaques und Gefäßwandverkalkungen deutlich sichtbare echographische Veränderungen hervorrufen. Es ist eine Erfahrungstatsache, daß Streuechos in Arterien häufiger und stärker auftreten als in Venen (Abb. 8.3). Die Arterien lassen sich durch die fortlaufende Beobachtung der Pulsationen verfolgen; der Schallkopf wird langsam in der Verlaufsrichtung des Gefäßes weitergeschoben. Hat man das Gefäß aus der Sicht verloren, so muß es über die Einstellung des Querschnittbildes wieder aufgesucht werden.

Die Untersuchung der Venen ist vergleichsweise schwieriger. Die großen Venen sind zwar durch ihre Kompressibilität und ihre Erweiterung bei einem Valsalva-Manöver von den Arterien zu unterscheiden. Auch sind Venenklappen größerer Gefäße bisweilen eindrucksvoll zu sehen (s. Abb. 3.2). Es fehlt aber für die echographische Verfolgung des Gefäßes eine Leitschnur, wie sie bei den Arterien durch die Pulsationen gegeben ist. Der parallele Verlauf zu den Arterien ist jedoch eine wichtige orientierende Hilfe (Abb. 8.3). Bei der Untersuchung der Venen ist zu bedenken, daß der Applikator nur mit schwachem Druck aufgesetzt werden darf, da sonst die Venen durch die Kompression im Bild verschwinden (Abb. 8.4).

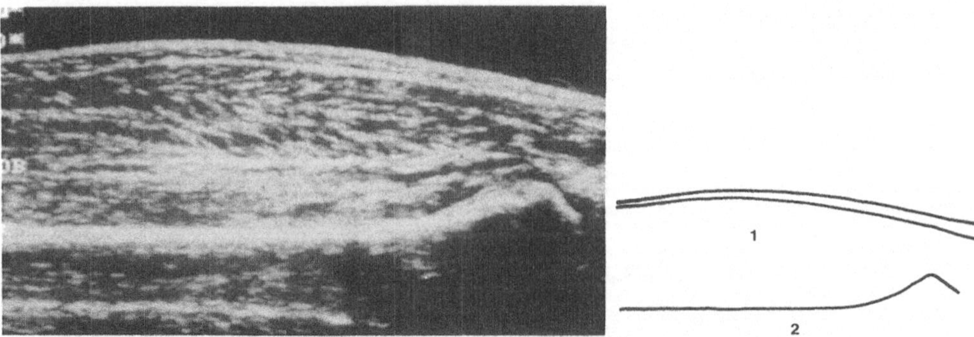

Abb. 8.6. Längsschnitt des Unterschenkels von dorsal in Compound-scantechnik.
1 Wadenmuskeln; *2* kaudale Tibia

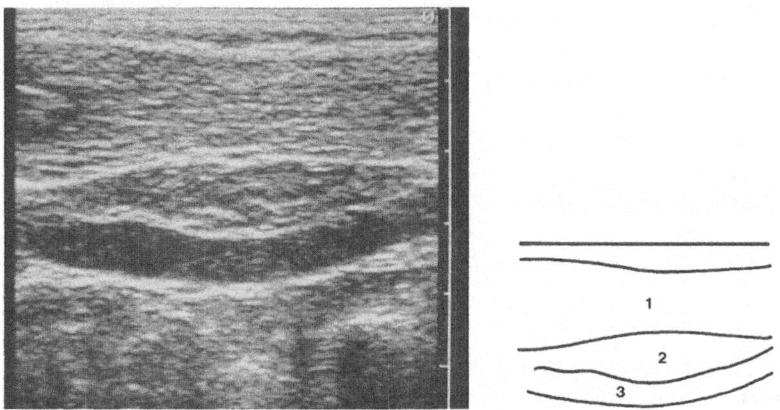

Abb. 8.7. Schnitt von ventral durch die Mm. pectoralis major et minor sowie durch die V. axillaris (Real-time-Technik).
1 M. pectoralis major; *2* M. pectoralis minor; *3* V. axillaris

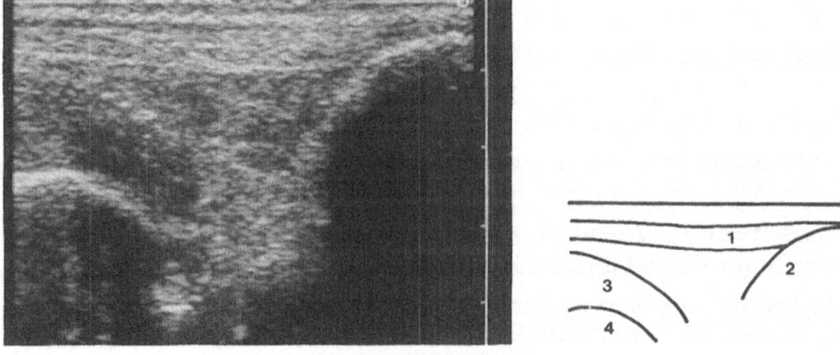

Abb. 8.8. Längsschnitt über der Achillessehne. Man erkennt deutlich den Ansatz der Sehne am Calcaneus.
1 Achillessehne; *2* Calcaneus; *3* M. flexor hallucis brevis; *4* Tibia

Die verschiedenen Muskeln und Muskelgruppen können in ihrer Gestalt erfaßt und in ihrem Bewegungsspiel beobachtet werden (Abb. 8.6 und 8.7). An den Muskelfaszien entstehen bei entsprechender Schallstrahlrichtung kräftige Reflexionen. Die Anordnung der Muskelfasern ist auf den Muskellängsschnitten besonders gut zu sehen. Größere Muskeln lassen sich leicht identifizieren (Abb. 8.7).

Die Skelettanteile werden nur in ihrer Außenkontur dargestellt. Die starke Reflexion des Schallstrahls an der Weichteil-Knochen-Grenze verursacht den typischen Schallschatten des Knochens (Abb. 8.6).

Bänder und Sehnen lassen sich echographisch meist schwer von der Umgebung abgrenzen. Eine Ausnahme macht die Achillessehne, die aufgrund ihrer typischen Lage und ihrer Größe abgebildet werden kann (Abb. 8.8).

Gelenkknorpel stellt sich echographisch als schmaler echoarmer Saum dar, der die Kontur des jeweiligen Skelettabschnitts umgibt (Abb. 8.9).

Die Knorpelanteile im Gelenkinneren können wegen der interponierten Skelettanteile in der Regel nicht sichtbar gemacht werden (Abb. 8.10).

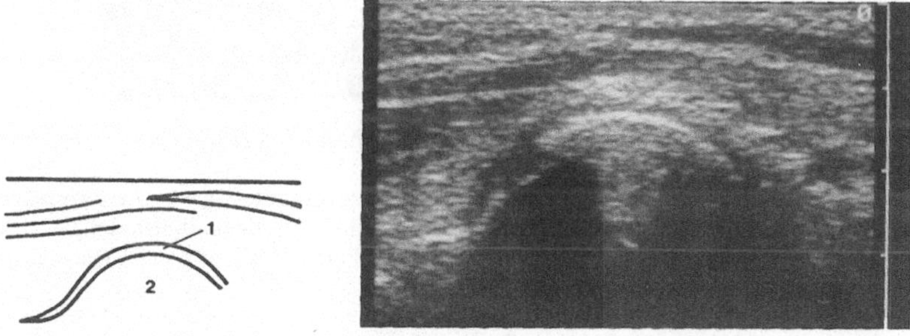

Abb. 8.9. Längsschnitt des Condylus lateralis femoris mit umgebender echoarmer Knorpelzone. *1* Knorpel; *2* Condylus lateralis femoris

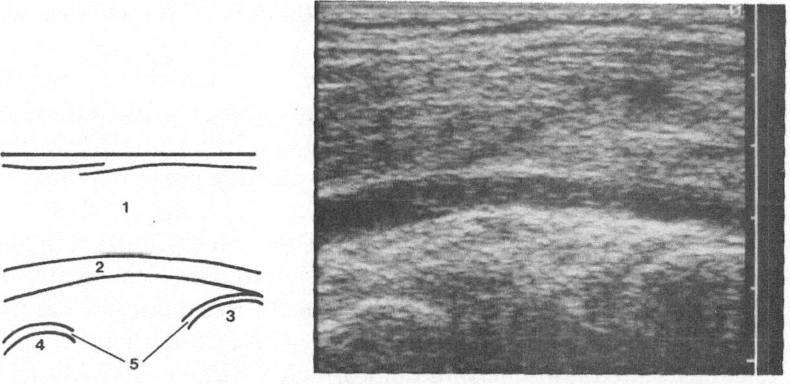

Abb. 8.10. Längsschnitt über der Kniekehle und der A. poplitea.
1 Muskel- und Bindegewebe der Kniekehle; *2* A. poplitea; *3* Tibia; *4* Femur; *5* Knorpel

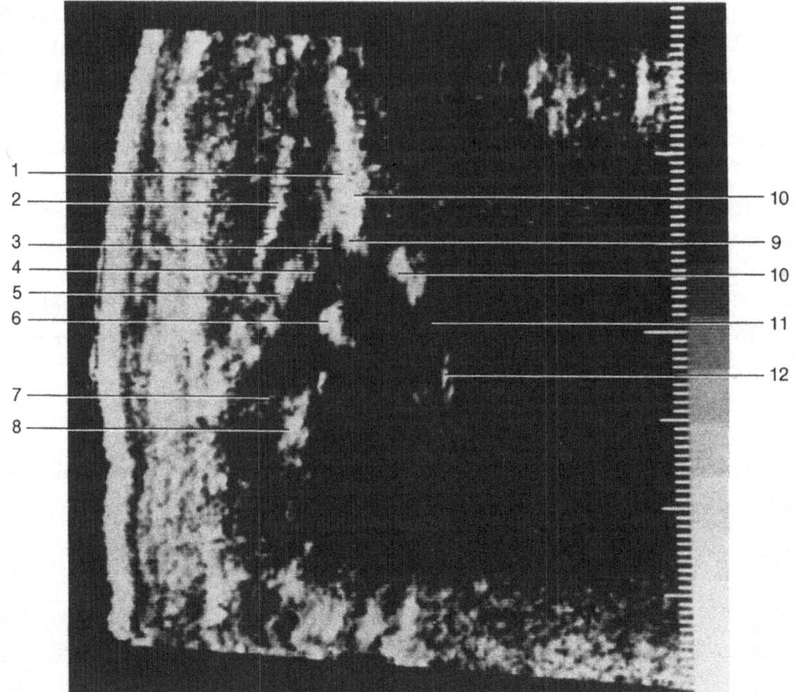

Abb. 8.11 a, b. Echographischer Längsschnitt der normalen Hüfte eines 6 Monate alten Säuglings. **a** Compoundscantechnik.
1 Periost; *2* Septum intermusculare; *3* knorpelig präformierter Erker; *4* Labrum acetabulare; *5* Gelenkkapsel; *6* Hüftkopfkern; *7* knorpelig präformierter Schenkelhalsanteil; *8* Knorpel-Knochen-Grenze am Schenkelhals; *9* knöcherner Pfannenerker; *10* Os ileum; *11* Y-Fuge; *12* Os ischiadicum

Ein beachtlicher Fortschritt wurde bei der echographischen Diagnostik des Hüftgelenks in den ersten Monaten des Säuglingsalters erzielt. Der überwiegend knorpelige Hüftkopf kann von den Schallwellen durchdrungen werden; dadurch ist eine echographische Abbildung des Hüftgelenks möglich (Graf, 1980, 1985).

Für diese Untersuchungstechnik, die v. a. zum Ausschluß einer Hüftkopfluxation bzw. einer Pfannendachdysplasie angewandt wird, sind besondere echographische und anatomische Kenntnisse und Erfahrungen erforderlich.

Nach Schuler (1983) kann für die Untersuchung ein Compound-scangerät mit einem 5-MHz-Transducer oder ein Real-time-Scanner, ebenfalls mit einem 5-MHz-Schallkopf verwendet werden. Die Untersuchung erfolgt bei Seitlagerung des Säuglings in einer Haltevorrichtung. Die Zentrierung liegt über der Spitze des Trochanter major und somit in der Regel unmittelbar über dem Acetabulum. Eine Wasservorlaufstrecke ist nicht erforderlich. Abbildung 8.11 a, b zeigt das echographische Bild der normalen Hüfte eines 6 Monate alten Säuglings. Der knöcherne Erker ist gut ausgebildet, nahezu eckig und scharf konturiert. Dem knöchernen Erker sitzt der Knorpelerker auf. Dieser besteht wie der

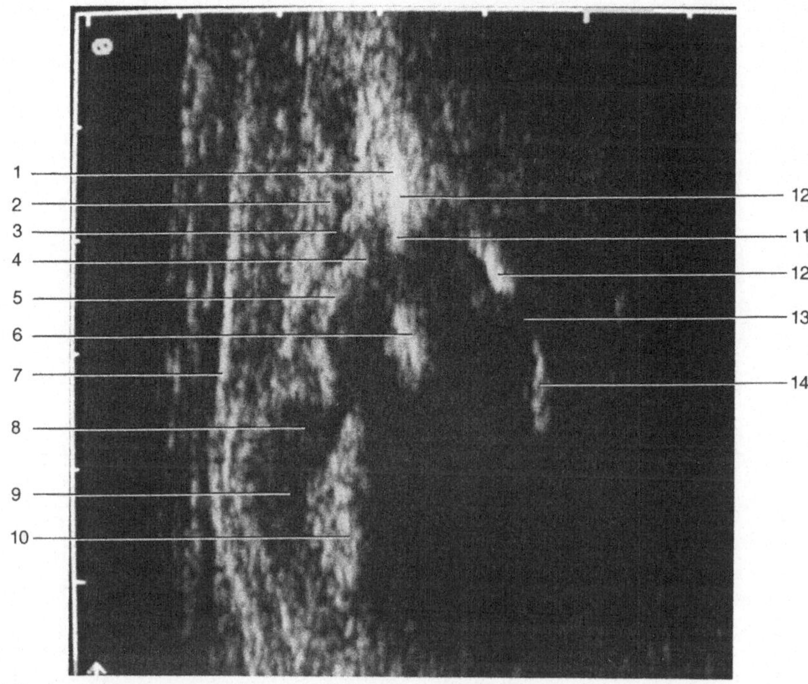

Abb. 8.11 b. Real-time-Technik (Aufnahmen: Dr. Schuler, Orthopäd. Klinik, Vincentius-Krankenhaus Karlsruhe).
1 Periost; *2* Septum intermusculare; *3* knorpelig präformierter Erker; *4* Labrum acetabulare; *5* Gelenkkapsel; *6* Hüftkopfkern; *7* Tractus iliotibialis; *8* knorpelig präformierter Trochanter major; *9* knorpelig präformierter Schenkelhalsanteil; *10* Knorpel-Knochen-Grenze am Schenkelhals; *11* knöcherner Pfannenerker; *12* Os ileum; *13* Y-Fuge; *14* Os ischiadicum

Hüftkopf aus hyalinem Knorpel und ist daher sehr echoarm. Dem Knorpelerker schließt sich das Labrum acetabulare an. Es besteht histologisch aus Faserknorpel, der starke Reflexionen auslöst. Insbesondere die Aufnahme in Realtime-Technik zeigt sehr eindrucksvoll das koxale Femurende mit dem Trochanter major und dem knorpelig formierten Anteil des Schenkelhalses sowie der Knorpel-Knochen-Grenze. Die knöchernen Strukturen lassen sich gut erkennen, insbesondere das Os ileum, das Os ischiadicum und der Hüftkopfkern.

Literatur

Graf R (1980) The diagnosis of hip dislocation by the ultrasonic compound treatment. Arch Orthop Traumat 97: 117-133

Graf R (1985) Sonographie der Säuglingshüfte. Ein Kompendium. Bücherei des Orthopäden, Bd. 43. Otte P, Schlegel K-F (Hrsg). Enke, Stuttgart

Schuler P (1983) Erste Erfahrungen mit der Ultraschalluntersuchung von Säuglingshüftgelenken. Orthopäd Praxis 19: 761

Sachverzeichnis